发电生产"1000个为什么"系列书

辅控运行1000问

托克托发电公司　编

中国电力出版社
CHINA ELECTRIC POWER PRESS

内 容 提 要

本书是《发电生产“1000个为什么”系列书》之一《辅控运行1000问》，针对600MW及以上大型火力发电机组，以问答形式介绍了火力发电厂辅控运行方面的系统知识。内容包括化学部分（电厂化学基础知识，锅炉补给水、循环水处理，制氢装置与氢气使用，生活污水与工业废水处理，凝结水精处理，汽水监督，发电机内冷水，停炉保护与锅炉清洗）；除灰部分（静电除尘器基础知识、布袋除尘器、气力除灰知识、刮板捞渣机基础知识、干式排渣机、烟气调质知识、厂外输灰）；输煤部分（燃料基础知识、输煤系统设备及运行调整、煤场管理与配煤掺烧等）；脱硫脱硝等内容。

本书可供600MW及以上容量大型火电机组人员进行系统培训、岗位培训使用，也可以作为电厂管理人员和高等院校等相关专业人员的参考用书。

图书在版编目（CIP）数据

辅控运行1000问/托克托发电公司编．—北京：中国电力出版社，2022.3
（发电生产“1000个为什么”系列书）
ISBN 978-7-5198-6393-7

Ⅰ.①辅…　Ⅱ.①托…　Ⅲ.①火电厂—辅助系统—控制系统—运行—问题解答　Ⅳ.①TM621.7

中国版本图书馆CIP数据核字（2022）第005413号

出版发行：中国电力出版社
地　　址：北京市东城区北京站西街19号（邮政编码100005）
网　　址：http：//www.cepp.sgcc.com.cn
责任编辑：宋红梅（010-63412383）
责任校对：王小鹏
装帧设计：张俊霞
责任印制：吴　迪

印　　刷：北京雁林吉兆印刷有限公司
版　　次：2022年3月第一版
印　　次：2022年3月北京第一次印刷
开　　本：880毫米×1230毫米　32开本
印　　张：11.75
字　　数：338千字
印　　数：0001—2000册
定　　价：50.00元

编审委员会

前言

当前，国内提出碳达峰、碳中和的目标，同时节能减排、提质增效、环保形势严峻，给火力发电企业赋予了更多的使命。大容量、高参数、高度自动化的大型火力发电机组在我国正日益普及。容量为600MW及以上的超（超）临界机组已成为我国火力发电厂的主力机型。新建大容量火电机组辅控运行系统也由分散控制过渡为集中控制，必然要求辅控运行、维护人员熟悉化学、输煤、除灰、脱硫脱硝等系统，能纵览全局，掌握所有辅控设备的工作原理和运行特点，掌握丰富的运行维护经验，保证机组安全、经济、环保、稳定运行，因此对辅控运行维护人员的技术培训和技能提升，显得尤为重要。

内蒙古大唐国际托克托发电有限责任公司目前是世界上最大的在役火力发电厂，包括了多种机组类型，辅控设备类型齐全，点多面广，覆盖区域大，环保设施多，环保责任大。为适应运行工作需要，公司注重对专业人员进行多角度、多种途径的培训工作，并以立足岗位成才，争做大国工匠为目标，内外部竞赛体系有机衔接，使大量的高技能人才快速成长、脱颖而出。

基于此，在总结多年来大型机组辅控设备运行与维护经验的基础上，结合培训工作，编写了《辅控运行1000问》。本书对发电厂的主要辅控系统分专业由点到面、由浅入深、逐项展开讲解，使辅控技术人员能够在短时间内掌握辅控各专业知识，提高技能技术水平，充分适应新形势下专业技术人才的培养和要求。

托克托发电公司专门组织理论水平高、实践经验丰富的专业人员进行编写。本书在编写过程中得到了托克托发电公司领导、人力资源部、辅控专业技术人员、大赛技术能手、现场技术人员的大力支持与帮助，并参阅了同类文献、设备厂家、设计院技术资料、说明书和图纸等，在此一并表示感谢。

由于编者水平有限，疏漏之处在所难免，敬请读者批评指正。以便再版时改正。

编者

2021 年 12 月

目　录

第二篇 除 灰 部 分

第三篇　输　煤　部　分

第四篇　脱硫脱硝部分

第五篇　安全生产规范

第一篇

化学部分

第一章 化学基础知识

1. 什么是原水、除盐水、疏水、凝结水、中水?

答:（1）原水：未经处理过的水。

（2）除盐水：利用各种水处理工艺，除去悬浮物、胶体和无机的阳离子、阴离子等水中杂质后，所得到的成品水。

（3）疏水：蒸汽在管道内因为压力、温度下降而产生的凝结水。

（4）凝结水：蒸汽做功后的乏汽由凝汽器通过冷却凝结下来的水。

（5）中水：废水或雨水经适当处理后，达到一定的水质指标，满足某种使用要求，可以进行有益使用的水。

2. 什么是水的浊度、硬度、碱度?

答:（1）浊度：溶液对光线通过时所产生的阻碍程度，它包括悬浮物对光的散射和溶质分子对光的吸收。水的浊度不仅与水中悬浮物质的含量有关，而且与它们的大小、形状有关。

（2）硬度：水中钙、镁离子的总浓度，按水中存在的阴离子的情况，划分为碳酸盐硬度（即通过加热能以碳酸盐形式沉淀下来的钙离子、镁离子，故又称暂时硬度）和非碳酸盐硬度（即加热后不能沉淀下来的那部分钙离子、镁离子，又称永久硬度）。

（3）碱度：水中含有能接受 H^+ 的物质的量。水中的碱度有五种形式存在，即碳酸氢盐碱度、碳酸盐碱度、氢氧化物碱度、碳酸盐碱度和碳酸氢盐碱度、碳酸盐碱度和氢氧化物碱度。

3. 什么是酸耗、碱耗、比耗、再生水平？

答： 酸耗、碱耗是指离子交换剂经过再生后，每恢复 1mol 的交换能力所需要消耗的再生剂酸、碱的质量，单位为 g/mol；除盐水的比耗就是再生剂的耗量相当于离子交换剂工作交换容量理论的倍数，也就是再生时的酸耗、碱耗与再生时理论上所需的酸耗、碱耗的比值；再生水平就是再生一定体积的离子交换剂所消耗的再生剂的量（以 100%的浓度计）。

酸耗、碱耗，酸、碱比耗和再生水平，都是反映除盐水处理水平高低的重要指标，努力降低酸耗、碱耗是提高经济效益的重要途径。

4. 什么是反渗透的回收率、脱盐率，反渗透的浓水、淡水？

答：（1）回收率：反渗透系统中进水转化成为产水或透过液的百分比。

（2）脱盐率：一般是指反渗透系统对盐的脱除率，计算公式为：脱盐率 =（总的给水含盐量－总的产水含盐量）/总的给水含盐量×100%。

（3）反渗透的浓水：反渗透处理后含盐量被浓缩的水。

（4）反渗透的淡水：反渗透处理后透过膜的水。

5. 什么是水的比电导、氢电导率、脱气电导率？

答：（1）比电导：又称电导率，指在特定条件下，规定尺寸的单位立方体的水溶液相对面之间测得的电阻倒数。对于水质检验，常用电导率表示。亦可作为水样中可电离溶质的浓度量度。

（2）氢电导率：水样经过氢型强酸阳离子交换树脂处理后测得的电导率。

（3）脱气电导率：水样经过脱气处理后的氢电导率。

6. 什么是有效氯、需氯量、转效点、转效点加氯、余氯？

答： 有效氯是指氯型杀菌剂加入水中所能产生的具有氧化能力的氯含量。由于水中含有一定的微生物、黏泥、有机物和其他还原性化合物，要消耗掉一部分有效氯，这部分被消耗的氯称为需氯量，加氯量正好达到需氯量控制点时，称为转效点。只有加氯超过需氯量之后，才能测出水中的游离余氯量。转效点加氯就是向水中加入足够量的氯，直到满足需氯量，再继续加氯使之有剩余氯产生，而剩余的部分氯称为游离余氯或简称余氯。

7. 什么是树脂的总交换容量、工作交换容量、再生交换容量?

答: (1) 总交换容量：表示每单位数量（质量或体积）树脂能进行离子交换反应的化学基团的总量。

(2) 工作交换容量：表示树脂在某一定条件下的离子交换能力，它与树脂种类和总交换容量，以及具体工作条件（如溶液的组成、流速、温度等）因素有关。

(3) 再生交换容量：表示在一定的再生剂量条件下所取得的再生树脂的交换容量，表明树脂中原有化学基团再生复原的程度。

8. 什么是树脂的湿视密度和湿真密度?

答: (1) 湿视密度：树脂在水中充分膨胀后的堆积密度，单位为g/mL。此值一般为0.6～0.85g/mL。

(2) 湿真密度：树脂在水中充分膨胀后树脂颗粒的密度，单位为g/mL。此值一般为1.04～1.3g/mL。阳树脂常比阴树脂的湿真密度大。

9. 什么是循环水的浓缩倍数?

答: 循环冷却水通过冷却塔时水分不断蒸发，因为蒸发掉的水中不含盐分，所以随着蒸发过程的进行，循环水中的溶解盐类不断被浓缩，含盐量不断增加。为了将循环水中含盐量维持在某一个浓度，必须排掉一部分冷却水，同时要维持循环过程中水量的平衡，为此就要不断地补充新鲜水。新鲜水的含盐量和经过浓缩过程的循环水的含盐量是不相同的，两者的比值 K 称为浓缩倍数，并以下式表示：

$$K = S_{循}/S_{补}$$

式中 $S_{循}$——循环水的含盐量，mg/L；

$S_{补}$——补充新鲜水的含盐量，mg/L。

用含盐量计算浓缩倍数比较麻烦，同时因倍数提高之后有些盐类沉积，故用含盐量算出的倍数也有误差。因此，一般选用在水中比较稳定的离子来计算倍数。这种离子在浓缩过程中不应受外界条件干扰，不分解、不沉积，投加的药剂中不应含有此离子。往往选择循环水中某种不易消耗而又能快速测定的离子浓度或电导率来代替含盐量计算浓缩倍数。一般常以补充水及循环水中的氯离子浓度来计算浓缩倍数。但循环水中以液氯杀菌而引入氯离子时，则不宜采用氯离子计算倍数。一般不宜用钙离子作计算基准。因钙会沉积，计算的倍数偏低。故通常选用 SiO_2、K^+ 及电导率来计算浓缩倍数，有时也可采用几种离子所测定的浓缩倍数的平均值来作倍数的基准。总之，浓缩倍数计算基准的选择需根据不同系统水质的情况确定。

10. 什么是缓冲溶液？为什么缓冲溶液能稳定溶液的 pH 值？

答：对溶液的酸度起稳定作用的溶液称为缓冲溶液。缓冲溶液能调节和控制被稳定溶液的 pH 值，其 pH 值不因加入酸、碱或稀释而产生显著的变化。如测硬度时，使用 $NH_3 \cdot H_2O$-NH_4Cl 缓冲溶液，当溶液中产生少量 H^+ 时，$H^+ + OH^-$-H_2O 使溶液中 [OH^-] 减少，$NH_3 \cdot H_2ONH_4{}^+ + OH^-$ 的反应向右进行，溶液中的 OH^- 含量不会显著减少；当溶液中产生少量 OH^- 时，$OH^- + NH_4{}^+ \rightleftharpoons NH_3 \cdot H_2O$ 的反应向右进行，溶液中的 OH^- 含量不会显著增加；当溶液稀释时，H^+、OH^- 溶液虽减少，但电离度增加，pH 值亦不会发生显著变化。所以缓冲溶液能够起到稳定溶液 pH 值的作用。

11. 什么是生化需氧量（BOD）、化学需氧量（COD）、总有机碳（TOC）、总有机碳离子（TOC_i）？

答：（1）生化需氧量（BOD）：在有氧条件下，由于微生物的活动，降解有机物所需的氧量，称为生化需氧量，单位为单位体积废水所消耗的氧量（mg/L）。

（2）化学需氧量（COD）：在酸性条件下，用强氧化剂将有机物氧化为CO_2、H_2O所消耗的氧量。

（3）总有机碳（TOC）：水中的有机物质的含量，以有机物中的主要元素碳的量来表示，称为总有机碳。

（4）TOC_i是指有机物中总的含碳量及可氧化产生阴离子的其他杂原子含量之和，称为总有机碳离子。

12.《化学监督导则》（DL/T 246）中规定化学运行人员有哪些职责?

答：（1）化学运行人员负责锅炉补给水处理系统、凝结水精处理系统、循环水处理系统、内冷水处理系统、制（供）氢系统、炉内加药处理及化学在线监控系统等的运行工作。

（2）负责机组运行中水、汽各项化学监督指标的质量监督与调整。

（3）负责油、气（氢气、六氟化硫等）质量监督。

（4）负责向值长汇报设备或监督指标出现的异常，必要时应向化学监督专责工程师、主管生产领导以至上级技术部门汇报。

13.《防止电力生产事故的二十五项重点要求》中对危险化学品储存和使用方面的要求是什么?

答：对危险化学品储存和使用方面的要求是：

（1）危险化学品应在具有“危险化学品经营许可证”的商店购买，不得购买无厂家标志、无生产日期、无安全说明书和安全标签的“三无”危险化学品。

（2）危险化学品专用仓库必须装设机械通风装置、冲洗水源及排水设施，并设专人管理，建立健全档案、台账，并有出入库登记。化学实验室必须装设通风设备，应有自来水、消防器械、急救药箱、酸（碱）伤害急救中和用药、毛巾、肥皂等。

（3）剧毒危险品必须储藏在隔离房间和保险柜内，保险柜应装设双锁，并双人、双账管理，装设电子监控设备，并挂“当心中毒”警示牌。

（4）化验人员必须穿专用工作服，必要时戴防护口罩、防护眼镜、防酸（碱）手套，穿橡胶围裙和橡胶鞋。化学实验时，严禁一边作业一边饮（水）食。

第二章　锅炉补给水系统

14. 天然水中的杂质一般有哪几种形态？

答： 天然水中杂质按照颗粒大小分为三类：

（1）悬浮物：颗粒直径在 10^{-4} mm 以上的颗粒。

（2）胶体：颗粒直径在 10^{-6}～10^{-4} mm 之间的颗粒。

（3）溶解物质：颗粒直径在 10^{-6} mm 以下的颗粒，其杂质为溶解物质（呈离子态）和溶解气体（呈分子态）存在于水中。

15. 什么是水的预处理？其主要内容和任务包括哪些？

答： 预处理是指水进入离子交换器装置或膜法脱盐处理装置前的处理过程。包括凝聚、澄清、过滤、杀菌等处理技术。只有做好预处理，才能确保后面处理装置的正常运行。

预处理的任务和内容包括：

（1）去除水中的悬浮物、胶体物和有机物。

（2）降低生物质含量，如浮游生物、藻类和细菌。

（3）去除重金属，如 Fe、Mn 等。

（4）降低水中钙镁硬度和重碳酸根含量。

16. 什么是混凝处理？简要说明混凝处理的原理。

答： 混凝处理包括凝聚和絮凝两个过程，其原理主要包括三个方面：

（1）混凝剂加入后，电离出高价反离子，对胶体的扩散层有压缩作用。

（2）混凝剂水解成为絮凝体，在其沉降过程中，对水中的悬浮微粒起到网捕作用。

（3）混凝剂加入后，水解产物成为对胶体微粒可以起到吸附架桥作用的扩散层。

17. 影响混凝效果的因素有哪些？

答： 混凝过程：从投加混凝剂起，经历水解、聚合、吸附、电中和，最终生成絮凝体的过程。主要影响因素有：水的 pH 值、混凝剂用量、水温、原水中胶体颗粒的浓度、原水中阴离子的组成、液体搅拌条件和接触介质等。

18. 经过混凝处理后的水，为什么还要进行过滤处理？

答： 因为经过混凝处理后的水，只能除掉大部分悬浮物，还有细小悬浮物杂质未被除去，为保证离子交换和膜分离水处理设备正常运行和具有较高的出水品质，必须还要经过过滤才能将那些细小的悬浮物及杂质除掉，以满足后期水处理设备的要求。

19. 为什么加混凝剂能除去水中悬浮物和胶体？

答： 混凝剂加入水中后，通过混凝剂本身发生的变化使水中胶体失稳，并与小颗粒悬浮物聚集长大，加快下沉速度而去除。混凝剂本身发生的凝聚过程中伴随着许多物理化学作用。

（1）吸附作用：当混凝剂加入水中形成胶体时，会吸附水中原有的胶体。

（2）中和作用：天然水中的自然液体大都带负电，混凝剂所形成的胶体带正电，由于异性电相吸与中和的作用，促使水中胶体黏结并析出。

（3）表面接触作用：当水中悬浮物量较多时，凝聚的核心可以是某些悬浮物，即凝聚在悬浮物的表面形成。

（4）网捕作用：凝絮在水中下沉的过程中，好像一个过滤网在下沉，又可把悬浮物带走。

通过以上四种作用，所以在水中加入混凝剂能除去水中的悬浮物和胶体。

20. 助凝剂在混凝过程中起到什么作用？

答： 助凝剂是为了提高混凝效果而投加的辅助药剂。它可以明显地改善混凝效果，并能减少混凝剂的投加量，缩短混凝时间。助凝剂的投加量以及与混凝剂的配比关系需通过试验来确定。

21. 机械搅拌澄清池运行中为什么要维持一定量的泥渣循环量？如何维持？

答：澄清池运行中，水和凝聚剂进入混合区后，将形成絮凝物，循环的泥渣和絮凝物不断地接触，以促进絮凝物长大，从而沉降，达到分离目的。一般通过澄清池的调整试验，确定澄清池运行参数，回流比一般为1∶3，定时进行底部排污。当澄清池运行工况发生变化时，还应根据出水的情况，决定排污。

22. 说明机械搅拌澄清池的工作原理。

答：原水进入水管后，在进水管中加入混凝剂，混凝剂在进水管内与原水混合后流进三角形环形进水槽，通过槽下面的出水孔均匀地流入第一反应室。由于搅拌器叶片的转动，将水、大量回流的泥渣以及混凝剂在第一反应室进行搅拌，并充分混合均匀，然后水被搅拌器的涡轮提升到第二反应室。在水进入第二反应室时，水中的混凝剂已完成了电离、水解、成核，并已开始形成细小的凝絮，到第二反应室及导流后，因流通截面增大，以及导流板防水流扰动的作用，使凝絮在稳定的低流速水中逐渐长大。水再进入分离室，此时水的流通截面更大，使水流速更缓慢，水中的凝絮在重力作用下渐渐下沉，从而达到与水分离的目的。分离出的清水流入集水槽，再由出水管进入滤池，泥渣回流循环或进入浓缩室定期排放。

23. 简述澄清池出水水质劣化的原因。

答：（1）水温较低，不利于混凝剂的水解、成核、吸附及聚沉等过程，因此，形成的絮凝体细小，不易与水分离沉降，水的澄清效果差，水温一般应不低于20℃。在调节水温时应保持±1℃/h的变化幅度，防止形成温度梯度导致水对流，造成出水浑浊。

（2）当原水中离子含量或有机物偏高时，常常会使出水水质恶化，带有颜色和臭味，甚至使泥渣上浮。此时应调整进水流量，或适当增加加药量及泥渣回流量。

（3）流量偏高，使水中凝絮因水流速偏高而无法聚集长大并沉降分离，导致出水浑浊。

（4）由于活性泥渣量偏少，混凝剂在成核接触凝聚、吸附和网捕作用的过程中其效力大大降低，导致出水水质恶化，可添加适量的活性泥。对于机械搅拌澄清池，可调节搅拌器的转速来调节泥渣的提升量，或减少进水流量来溢流养泥。直到反应室内泥渣沉降比在15%～20%之间，出水澄清为止。

（5）分离室内泥渣层太高而翻池。出水中带有大量泥渣和凝絮时，应增加泥渣浓缩池的排泥次数，或用底排排泥。

24. 过滤在水净化过程中有何作用？

答：水经过沉淀、澄清过程后，再经过过滤，可将水中残留下来的细小颗粒杂质截留下来，从而使水得到进一步的澄清和净化，进一步降低浑浊度。过滤还可以使水中的有机物质、细菌、病毒等随着浑浊度的降低而被大量去除，经过过滤，可以使水的浑浊度降到2mg/L以下，甚至降到接近于0。过滤后的水可以满足离子交换水处理设备的要求，并可提高离子交换树脂的工作交换容量。

25. 影响过滤运行效果的主要因素有哪些？

答：（1）滤速。过滤器滤速既不能太快，又不能太慢。滤速过慢，单位过滤面积的出力就小，水处理量就小；滤速过快，不仅增加了水头损失，也使过滤周期缩短，并会使出水水质下降。

（2）反洗。反洗的目的是除去滤层中滤出的泥渣，以恢复滤料的过滤能力。为达到这个目的，反洗必须要具有一定的时间和流速，这与滤料大小及密度、膨胀率及水温都有关系。反洗效果好，过滤器的运行才能良好。

（3）水流的均匀性。无论是运行或反洗时，都要求各截面的水流分布均匀。水流均匀主要取决于配水系统，只有水流均匀，过滤效果才能良好。

(4) 滤料的粒径大小和均匀程度。滤料的粒径大小和均匀程度对过滤效果影响极大。粒径通常选用0.5～1.2mm的。滤料均匀程度用不均匀系数表示，是指在一定粒径范围内的滤料，按质量计，能通过80%质量滤料的筛孔孔径与能通过10%滤料的筛孔孔径之比，即：不均匀系数越大，表示滤料粗细颗粒尺寸相差越大，滤料粒径越不均匀，对过滤和冲洗都越不利。

26. 过滤器排水装置的作用有哪些？

答：(1) 引出过滤后的清水，而不使滤料带出。

(2) 使过滤后的水和反洗水的进水，沿过滤器的截面均匀分布。

(3) 在大阻力排水系统中，有调整过滤器水流阻力的作用。

27. 在过滤器反洗时，应注意哪些事项？

答：保证反洗的强度合适；在空气或空气－水混洗时，应注意给气量和时间；保证过滤层洗净，同时要避免乱层或滤料流失。

28. 简述高效纤维过滤器的运行过程。

答：(1) 过滤过程：对纤维丝施以回转机具压榨，使其纤维丝纵向之间孔隙变小，水中的悬浮物均被挡住留在纤维丝外，过滤后得到清洁的处理水。当过滤器内被截留的悬浮污物增多，处理水量下降，压力达到设定值或达到设定时间，自动进入反洗过程。

(2) 反洗过程：反洗时让过滤器的压榨机具放松，使过滤纤维的孔隙在舒张的状态下，使压缩空气和处理水反洗，将污物通过排放管排除，然后又自动进入过滤程序，从而实现去污存清的原理。

29. 简述自清洗过滤器的原理。

答：(1) 过滤：原水由进水口进入机体，流经滤网，滤除水中的细小杂质，随着过滤介质中各种污染物在滤网内侧的累积，过滤通道被堵塞，进出水口压差逐渐增加。

（2）高压反洗：当压差达到预设定值时，系统自动启动行程电动机和反洗高压泵，此时传动装置带动装有吸嘴的排污轴在滤网内侧作旋转和水平往返运动，同时，在滤网外侧，高压反洗装置与排污装置同步动作，并呈对应关系，在不中断正常产水的前提下，只借助一小部分产品水，对滤网进行高压反洗，反洗水透过滤网，连同从滤网上剥离的杂质被吸嘴迅速吸入排污轴，最后由排污室排出。

（3）复位：一个反洗行程后，压差降低，各部件复位，系统重新进入正常运行状态。

30. 什么是超滤？其工作原理是什么？

答：超滤是以一种带有微孔的高分子滤膜（超滤膜）为过滤介质的过滤方式。超滤可以除去水中的小颗粒悬浮物、胶体、大分子有机物、细菌。其工作原理是带一定压力的水在超滤膜表面流动时，水分子、无机盐及小分子有机物可以透过超滤膜到达超滤膜的另一侧，而水中携带的悬浮物、胶体、微生物等颗粒性杂质则被超滤膜截留，从而去除了水中的悬浮物、胶体、微生物等杂质，达到净化水质的目的。

31. 简述超滤的运行方式。

答：超滤的运行方式分为错流过滤和死端过滤。

（1）错流过滤：超滤的进水以平行膜表面的流动方式流过膜的一侧，当给流体加压后，产水以垂直进水的方向透过膜，从膜的另一侧流出，形成产品水。

（2）死端过滤：超滤的进水以垂直膜表面的方式流动，产水以平行进水的方向透过膜，从膜的另一侧流出，形成产品水。

电厂通常采用死端过滤。当水质较差时，超滤可以错流运行，错流的浓水如果排放掉，则会使系统水回收率降低。与死端过滤相比，错流过滤结垢和污染倾向较低，出力下降的趋势相对较小。

32. 超滤运行时可能发生的故障有哪些?

答: (1) 清水泵故障，不打水或者不联锁启停。

(2) 反洗水泵故障。

(3) 超滤阀门卡涩不动作或开关不到位。

(4) 气动阀门气源管漏气或者气源压力低。

(5) 超滤反洗气源压力过高或者过低。

(6) 超滤膜污染或结垢导致压差高，产水流量小。

(7) 超滤膜丝断裂。

(8) 产水浊度大，或者浊度表故障。

(9) 反洗加药故障，加药泵不出力或者漏药。

(10) 超滤压力容器或者相关管路漏水。

33. 何谓超滤膜污染?

答: 超滤膜污染是指水中的微粒、胶体粒子或溶质分子与膜发生物化相互作用，或因浓差极化使某些溶质在膜表面的浓度超过溶解度，以及机械作用而引起在膜表面或膜孔内吸附、沉积而造成膜孔径变小或堵塞，使膜产生透过流量与分离特性的不可逆变化现象。

34. 简述超滤进出口压差增大的原因及处理方法。

答: (1) 膜积污多。超滤膜表面在运行过程中不断形成新的沉积物，所以需要定期进行反洗。

(2) 膜污染。天然水中杂质很多，预处理不当会造成装置污染。超滤膜污染主要是由有机物、胶体物质、细菌等污染造成的。检查发现污染后，应及时进行化学清洗。

(3) 进水温度突然降低。进水温度一般控制在 5～40℃，温度突然降低会引起水分子黏度的增加，扩散性减弱，所以必须调整加热器以保证水温在要求的范围内。

35. 简述超滤膜的清洗步骤。

答: (1) 先用清水冲洗整个超滤系统，水温最好采用膜组件所能承受的较高温度。

（2）选用合适的清洗剂进行循环清洗，清洗剂中可含 EDTA 或六聚偏磷酸钠等络合剂。

（3）用清水冲洗，去除清洗剂。

（4）在规定的条件下校核膜的透水通量，如未能达到预期数值时，重复第二步、第三步清洗过程。

（5）用 0.5%的甲醛水溶液浸泡消毒并储存。

36. 简述超滤产水水质差的原因及处理方法。

答：（1）进水水质变化大。应及时查找进水水质差的原因，采取相应的措施。

（2）断丝内漏。断丝的原因一般是由膜丝振动太大引起的，反洗时膜丝振动是不可避免的，发现断丝后要及时抽出破损的膜丝，进行封堵。

（3）污染严重。超滤装置运行中，膜表面会被截留的各种有害杂质所覆盖，甚至膜孔也会被更细小的杂质堵塞而使其分离性能下降，可采用反洗或化学清洗的方法清除污物。

37. 简述活性炭过滤的原理。

答：如果活性炭与被吸附物质之间是通过分子间引力而产生吸附，称为物理吸附。如果活性炭与被吸附物质之间产生化学作用，生成化学键引起吸附，称为化学吸附。活性炭吸附以物理吸附为主，但由于表面氧化物的存在，也进行一些化学选择性吸附。

38. 简述哪些因素影响活性炭的吸附。

答：（1）活性炭性质：微孔多的活性炭倾向于吸附小分子，大孔多的活性炭倾向于吸附大分子。

（2）吸附质的性质：主要指吸附分子的大小、浓度等因素。

（3）溶液 pH 值：不同 pH 值时，活性炭的吸附特性也会发生变化。

（4）温度：低温有利于活性炭的吸附，温度升高，吸附量会下降。

39. 新活性炭需经哪些处理才能投运?

答: 刚装入的活性炭，首先必须充满水浸泡 24h 以上，使其充分润湿。排除炭粒间及其内部孔隙中的空气，使炭粒不浮在水上，然后封人孔、试压并正洗，洗去活性炭中无烟煤粉尘，洗至出水透明无色、无微细颗粒后，即可投入使用。

40. 简述使用活性炭过滤器应注意的事项。

答：活性炭过滤器一般用在澄清或过滤处理之后，此时已去除了大部分悬浮物、胶体等杂质，常常用在反渗透设备之前，用于去除水中的有机物、残余氯。在使用中，活性炭过滤器应定期反洗，反洗流速不宜太高，以免滤料流失。活性炭过滤器一般应连续运行，定期测定出水的有机物含量、污染指数等，如出现大幅度降低，现场无法再生时，应及时更换。

41. 简述反渗透的除盐原理。

答: 若在浓溶液一侧加上一个比渗透压更高的压力，则与自然渗透的方向相反，就会把浓溶液中的溶剂（水）压向稀溶液侧。由于这一渗透与自然渗透的方向相反，所以称为反渗透。利用此原理净化水的方法，称为反渗透法。在利用反渗透原理净化水时，必须对浓缩水一侧施加较高的压力。

42. 反渗透膜性能要求和指标是什么?

答:（1）对水的渗透性要大，脱盐率要高。

（2）具有一定的强度和坚实程度，膜的产水量稳定。

（3）结构要均匀，能制成所需要的结构。

（4）能适应较大的压力、温度和水质变化。

（5）具有好的耐温、耐酸碱、耐氧化、耐水解和海生物污染侵蚀性能。

（6）使用寿命要长。

（7）成本要低。

43. 反渗透设备的运行操作要点是什么?

答: 高压泵启动时，应缓慢打开泵出口门，防止发生水力冲击，使膜元件或其连接件受损。运行中应防止膜元件压降过大而产生膜卷伸出破坏，防止元件之间连接件的O形密封圈发生泄漏。在任何时候产品水侧的压力不能高于进水及排水压力，即膜不允许承受反压。防止反渗透膜发生脱水现象。因此在停用前应降低压力，降低回收率，以减小浓度差。

44. 说明反渗透设备主要性能参数、运行监督项目。

答: 反渗透设备主要性能参数包括脱盐率、回收率、操作压力或过膜压差、产水量或水通量。

反渗透运行必须保证前面的预处理出水水质，监督反渗透入口水的pH值、电导（含盐量）、污染指数SDI、进水温度。监督反渗透进出口和各段压力值、浓水和淡水压力、出水pH值、电导（含盐量）、浓水和淡水流量、阻垢剂的加药量。根据以上参数，计算脱盐率、压力和校正后的淡水流量。

45. 反渗透膜的进水水质通常以什么作为控制指标? 如何测定?

答: 以污染指数作为控制指标，测定方法如下：在一定压力下将水连续通过一个小型超滤器（孔径为0.45μm），由开始通水时，测定流出500mL水所需的时间（t_0），通水15min后，再次测定流出500mL水所需的时间（t_{15}）。污泥密度指数SDI的计算式为：

$$SDI=(1-t_0/t_{15})\times 100/15$$

46. 简述反渗透系统给水SDI（污泥密度指数）高的原因及处理方法。

答: (1) 过滤器运行时间长。应按期进行化学清洗。

(2) 原水水质变化污染过滤器。查明原因，缩短清洗周期或加强预处理。

(3) 超滤断丝内漏。查漏、更换组件。

(4) 保安过滤器滤芯污堵。更换保安过滤器滤芯。

47. 反渗透运行必须关注的问题——余氯如何控制?

答: (1) 针对循环水水系，为达到杀菌目的，反渗透预处理管道内保持 $0.5\times10^{-6}\sim1.0\times10^{-6}$ 余氯浓度，但进入膜元件之前则需要彻底脱氯。

(2) 采用加氯杀菌后，需加亚硫酸氢钠或经无烟煤过滤消除余氯。

(3) 使用亚硫酸氢钠除余氯的反应式如下:

$$NaHSO_3 + HClO \longrightarrow HCl + NaHSO_4$$

使用无烟煤过滤清除余氯的反应式如下:

$$C + 2Cl_2 + 2H_2O \longrightarrow 4HCl + CO_2$$

注: 过量余氯对膜将造成不可逆转的损伤，导致脱盐率下降，难以修复，只能更换膜元件。

48. 什么是反渗透的浓差极化? 对反渗透有哪些影响? 有哪些消除措施?

答: 浓差极化是指反渗透膜分离过程中，水分子透过以后，膜界面中含盐量增大，形成较高的浓水层。此层与给水水流的浓度形成很大的浓度梯度，这种现象称为浓差极化。

对反渗透的影响:

(1) 降低水通量。

(2) 降低脱盐率。

(3) 导致膜上沉淀物污染和增加流道阻力。

消除措施:

(1) 严格控制膜的水通量。

(2) 严格控制回收率。

(3) 严格按照膜生产厂家的设计导则指导系统运行。

49. 简述反渗透脱盐率低、产水电导升高的原因及处理方法。

答：（1）原水水质变化、电导率变大。进水含盐量增加，渗透压会增加，消耗了部分进水的推动力，因而脱盐率会下降。采取措施进行相应调整，保证出水水质。

（2）预处理装置故障。易造成反渗膜的污染，应及时检查预处理装置并进行处理，使之恢复正常。

（3）进水 SDI 超标。检查过滤装置，如有故障及时消除。

（4）膜污染。进行化学清洗。

（5）压力容器内漏。压力容器进行查漏并进行更换。

（6）膜结垢。膜结垢是由于水中的微溶盐在给水转变为浓水时超过了溶度积而沉淀到膜上，应及时进行化学清洗或更换组件。

（7）进水温度升高。水的黏度下降，导致水的透过速度增加，与此同时溶质含量也升高，应及时对加热器温度进行调整。

50. 如何判定反渗透膜是否需要清洗？

答：达到下列标准需进行清洗：

（1）标准化产水量较初始值下降 10%及以上。

（2）系统各段间标准化压差较初始值上升 10%及以上，或达到膜生产商规定值。

（3）标准化脱盐率下降 10%及以上。

（4）已证实设备内部有严重污染物或结垢物。

51. 反渗透产水量下降的原因有哪些？如何处理？

答：原因：

（1）进水温度低。

（2）进水压力低，流量小。

（3）进水含盐量太大。

（4）有污染物或膜结垢。

处理方法：

（1）提高水温至合理范围内。

（2）提高供水压力，调大进水流速。

（3）及时化验供水含盐量。

（4）清洗或更换膜组件。

52. 为防止反渗透装置膜的污染，常采用哪些措施?

答:（1）对原水进行预处理。预处理包括混凝、沉淀、过滤等，以利于降低水中悬浮物的含量；另外还应进行杀菌灭藻处理，防止膜面上有微生物滋长。

（2）调节进水 pH 值。为了防止在膜表面上产生碳酸盐水垢和膜的水解，应加酸（盐酸或硫酸）调节进水的 pH 值，保持水的稳定性。加酸量应根据膜要求的 pH 值范围来确定。

（3）防止浓差极化。在反渗透脱盐过程中，由于水不断透过膜，从而使膜表面上的盐水和进口盐水之间产生一个浓度差，这种现象称为浓差极化。浓差极化会使盐水的渗透压加大，有效推动力减小，造成透水速度和脱盐率下降；另外，还可能引起某些微溶性盐类在膜面上析出。为此，在运行中应采用高进水流速，保持盐水侧的水流呈紊流状态，尽量减少浓差极化。

（4）定期清洗膜。反渗透装置在运行一段时间后，难免会在膜表面上积累一些垢、有机物、金属氧化物和胶体等，必须对其进行清除。清除的方法有低压水冲洗法和化学药剂清洗法。低压水冲洗法是除去膜表面上的污染物，化学药剂清洗法是除去膜上的金属氧化物、有机物等。清洗所用药剂和方法应根据污染源来确定。

（5）注意停用保护。当短期停用时，仍保持膜表面有水流动，一般是让淡水流过浓水侧。亚硫酸氢钠可用作微生物生长的抑制剂，在使用亚硫酸氢钠抑制微生物生长时，可以 500mg/L 的剂量每天加入 30～60min；膜元件长期停运保护时，可用 1%～1.5%的亚硫酸氢钠（食品级）作为其保护液。

（6）定期更换膜元件。反渗透膜随着运行时间的延长，总会受到一定程度的污染，即使采用了比较有效的清洗方法，也难免导致膜性能的下降，单位膜面积的透水量降低。因此应定期更换一定数量的膜元件，一般每年更换 20%左右。

(7) 根据水质特点，选用合适的阻垢分散剂，这对控制铁、铝及重金属污染物特别有效，同时能有效地抑制硅的聚合与沉积，降低反渗透的设备投资和运行费用。

53. DL/T 1076《火力发电厂化学调试导则》中对反渗透系统的检查及调试是如何规定的?

答: (1) 检查反渗透系统的温度表、压力表、流量表、电导率表、pH 表、余氯表、氧化还原电位表是否能正常工作。

(2) 反渗透系统的自动保护装置试验正常。

(3) 保安过滤器安装滤元。

(4) 反渗透系统安装膜组件。

(5) 调整反渗透系统进水达到设计要求。

(6) 当预处理系统运行达到稳定状态，即可按操作规程的步骤启动高压泵和反渗透装置。反渗透装置的脱盐率达到要求后并入系统运行，并检测 SDI、电导率、余氯量、pH 值、温度、压力、流量等指标。

54. DL/T 951《火电厂反渗透水处理装置验收导则》中对反渗透的组装是如何要求的?

答: (1) 在将反渗透膜元件装入膜壳前要对反渗透水处理装置进行水压试验，并进行彻底的水冲洗。水压试验按照 DL/T 543 中第 9 章的要求进行。水压试验合格后，进行水冲洗。如果反渗透膜壳内部有油污，需要用热碱水清洗干净。确认反渗透膜壳内无机械杂质后，才可装反渗透膜元件。

(2) 在装膜时，应将反渗透膜元件逐支推入膜壳内进行串接，并保证每支元件都能承插到位，以免连接不严密产生泄漏。

(3) 膜壳两端要留有不小于单支膜元件长度 1.2 倍的外延空间，以方便膜元件的更换和安装。

(4) 膜壳的底部用弧形垫块支撑，无悬空，并用 U 形管卡将膜壳固定在支架上。

(5) 为了方便拆卸，部分管段可以采用卡箍式连接；卡箍两端与管道的连接采用焊接。高压段管道的固定除考虑径向位移外，还应考虑纵向位移，要进行相应的固定。管道的连接和布置方式要便于检修、拆卸。

(6) 阀门的布置应该方便操作和检修，有可靠的固定和支撑。拆卸阀门时，不需要临时支撑与阀门相连的管道。

(7) 浓排水管道和淡水管道的布置必须保证在任何运行条件下不会在反渗透膜两侧出现大于膜制造商允许的逆向压差。同时，浓排水管道的设计应保证反渗透装置正常停用时最高一层的膜组件不会排空。

(8) 管道及阀门的布置应方便操作，整齐美观。管道安装不应有安装应力。

55. EDI 在运行过程中同时进行的三个主要过程是什么?

答: (1) 在直流电场作用下，水中电解质通过离子交换膜发生选择性迁移。

(2) 阴阳离子交换树脂对水中电解质进行离子交换，并构成“离子通道”。

(3) 离子交换树脂界面水发生极化所产生的 H^+ 和 OH^- 对交换树脂进行电化学再生。

56. EDI 产水水质差、电阻小的原因有哪些?

答: (1) 进水水质变化，电导率升高。EDI 相当于水的精处理设备，必须进行预脱盐，反渗透（RO）系统产水不合格，势必影响 EDI 的出水水质。

(2) 进水 pH 值低、CO_2 含量高。当水中有游离 CO_2 气体时，会严重干扰 EDI 过程的进行，可以通过调整加碱量，提高 pH 值使其转化成 HCO_3^- 除去。

(3) 组件接线烧蚀，电阻大。当组件内电阻增大、电流减小时，进水便不能够得到完全交换。

(4) 组件不通电（个别）。可能是结点烧断，进水得不到交换便进入产水系统。

（5）总电流太小。若总电流太小，造成各组件电流过低，进水便不能够得到完全交换。

（6）个别组件电流正常，但产水电阻小。可先检查极室是否有气体，若极室内有空气，会附着在电极表面形成气泡层，抑制电极反应。

（7）浓水压力高。当浓水压力高时，淡水与浓水压差减少。必须调整浓水压力，保证淡水与浓水的压差。

（8）组件阴、阳膜污染。膜长期运行不可避免地要受到污染，会使产水质量下降，在运行一定时间后，必须进行化学清洗。

57. 如何诊断反渗透装置运行故障?

答：（1）观察反渗透装置进水浊度、SDI，分析参数的变化是否异常。

（2）反渗透装置进水压力、二段压力、浓水压力、产品水压力等变化是否异常。

（3）反渗透装置进水电导率、产水电导率、进水流量、产水流量等参数是否异常。

（4）反渗透预处理系统运行参数的变化是否异常。

（5）运行中有无跑冒滴漏现象出现。

另外对反渗透各参数进行手测，避免仪表异常，如电导率等参数。

58. 反渗透停用时，如何进行膜的保护?

答：停用时间较短，如5天以下，应每天进行低压力水冲洗；冲洗时，可以加酸调整pH值在5～6。若停用5天以上，最好用甲醛冲洗后再投用。如果系统停用2周或更长一些时间，需用0.25%甲醛浸泡，以防微生物在膜中生长。化学药剂最好每周更换一次。

59. 简述除碳器的工作原理。

答：用一个装置将水从上喷淋而下，空气从下鼓风而上，经过塔中的瓷环填料，使空气流与水滴充分接触，由于空气中的二氧化碳量很少，分压很低，只占大气压力的0.03%，根据亨利定律，经过H型离子交换器处理的水，由于二氧化碳分压高，逸入分压低的空气流中而被带走，从而除去了水中的二氧化碳，也即除去了水中大量的阴离子 HCO_3^-。

60. 单元制复床除盐设备中，除碳器应该在什么位置？为什么？

答： 设在阳床后面，阴床前面，用一个装置将水从上喷淋而下，空气从下鼓风而上，经过塔中的瓷环填料，使空气流与水滴充分接触，由于空气中的二氧化碳量很少，分压很低，只占大气压力的0.03%，根据亨利定律，经过H型离子交换器处理的水，由于二氧化碳分压高，逸入分压低的空气流中而被带走，从而除去了水中的二氧化碳，也即除去了水中大量的阴离子 HCO_3^-，同时，提高了阴床入口酸度，有利于除硅。

由于除碳器的作用，可大大地减轻阴床的负担，从而提高了阴床的周期制水量，减少了再生剂的消耗。

61. 影响鼓风式除碳器效果的因素有哪些？

答：（1）负荷。由于进入除碳器水中的 CO_2 量很高。若除碳器的进水负荷过大，则可能恶化除碳器的效果。因此，除碳器的进水应连续、均匀且维持额定负荷运行。

（2）风水比。所谓风水比是指在除碳时处理每立方米除碳水所需要空气的立方米数。理论上，除去 CO_2 其风水比应维持在15～40m^3（空气）/m^3（水）。风水比低于上述值时，也会使除碳效果受到影响。

（3）风压。选择鼓风机时，应考虑塔内填料层的阻力以及其他阻力的总和。风压过低会使 CO_2 不能顺利地从风筒排出，已排出的还会重新溶解在水中，使水中 CO_2 含量增高。

（4）填料。填料主要影响水的分散度，分散度大，有利于除碳。填料不同，其比表面积不同，对水的分散度影响也不同，因而其除碳效果也不同。

（5）水温。提高水温会加快 CO_2 从水中的脱除速度，有利于除碳；同时由于大部分的除碳器都置于户外，适当提高水温对冬季运行有利。除碳器温度受阴离子交换树脂热稳定性的影响，所以水温以不超过 40℃为宜。

（6）除碳器鼓风机的进气质量要好，新鲜空气应不含灰尘。否则污染气体的杂质（如 CO_2、NH_3 等）会随之溶入水中，影响除碳效果和阴床进水的水质。所以，鼓风机入口最好要有过滤装置。

62. 什么是树脂的再生？

答：树脂经过一段时间运行后，失去了交换离子的能力，这时可用酸、碱使其恢复交换能力，该过程称为树脂的再生。

63. 离子交换树脂有哪些化学性质？

答：可逆性、酸碱性、中和水解及中性盐分解性、选择性、交换容量、化学稳定性、辐射稳定性。

64. 什么是离子交换器的正洗？其目的是什么？

答：阴阳床再生完成后，按运行制水的方向对树脂进行清洗，称为正洗。目的：清除树脂中残余的再生剂和再生产物，防止再生后可能出现的逆向反应。

65. 什么是逆流再生？

答：离子交换器再生时再生液流动的方向，与离子交换器运行时水流方向相反的再生工艺，称为逆流再生。

66. 简述逆流再生操作步骤。

答：操作步骤：小反洗→放水→顶压→进再生液→逆流置换→小正洗→正洗。

67. 何谓离子交换器的大反洗？其目的是什么？

答： 对于水流从上而下的固定床设备，在失效后，用与制水方向相反的水流由下往上对树脂进行冲洗，以松动树脂，去除污染物，这种操作称为反洗。

大反洗的目的：松动交换剂层，为再生创造良好的条件；清除交换剂层及其间的悬浮物和交换剂的碎粒、气泡等杂物。

68. 何谓离子交换器的小反洗？其目的是什么？

答： 交换器运行到失效时，停止运行，反洗水从中间排水管引进，对中间排水管上面的压脂层进行反洗，称为小反洗。

目的：冲去运行时积累在表面层和中间排水装置上的污物，污物由排水带走。

69. 阴阳树脂混杂时，如何将它们分开？

答： 可以利用阴阳树脂密度不同，借自上而下水流筛分分离的方法将它们分开。另一种方法是将混杂树脂浸泡在饱和食盐水，或16%左右NaOH溶液中，借助于树脂转型密度差和浮力，阴树脂就会浮起来，阳树脂则下沉。

如果两种树脂密度差很小，则可先将树脂转型，然后再进行分离，因为树脂的型式不同，其密度发生变化。例如：OH型阴树脂密度小于Cl型阴树脂密度，阴树脂先转型OH后，就易和阳树脂分离。

70. 简述除盐阳床产水Na^+偏高的原因。

答：（1）再生效果不好。

（2）入口水质不合格。

（3）未再生好的设备出口门不严或误投入运行。

（4）运行设备的再生入口门关不严或反洗入口门关不严及未关。

（5）树脂被污染。

（6）设备偏流。

71. 为什么不能把阴床放置在阳床前面?

答:(1)运行时,遇到水中的阳离子 Ca^{2+}、Mg^{2+}、Fe^{3+} 等产生反应,其结果是生成 $Ca(OH)_2$、$Mg(OH)_2$、$Fe(OH)_3$ 等沉淀,附着在阴树脂的表面,阻塞和污染树脂,阻止其继续进行离子交换,而且难以去除。

(2)阴离子交换树脂的交换容量比阳离子交换树脂低得多,又极易受到有机物的污染。

(3)强碱性阴离子交换树脂对于硅酸的交换能力要比硅酸盐的交换能力大得多,即最好是在酸性水的情况下进行交换,而阳离子交换器的出水刚好是呈酸性的水,因此,阴床设置在阳床之后,对去除水中的硅酸根十分有利。

(4)把交换容量大的强酸性阳树脂放在第一级,交换下来的 H^+ 迅速与水中的阴离子生成无机酸,再经过阴树脂交换下来的 OH^-,使 H^+ 与 OH^- 生成 H_2O,消除了反离子影响,对阴离子交换反应十分有利。

(5)阳离子交换器的酸性出水可以中和水中的碱度 HCO_3^-,生成的 H_2CO_3 可通过除碳器除去。所以阳床在前能够减轻阴床的负荷。

72. 如何从水质变化情况来判断阴、阳床即将失效?

答:(1)在阴、阳床串联运行的系统中,阳床先失效,那么,阴床出水的水质由于阳床的漏钠量增加,而使碱性(NaOH)增强,pH 值会升高,阴床去硅的效果显著降低,从而使阴床出水的硅含量升高,这时水的电导率也会升高。当发现上述水质情况变化时,表明阳床已失效,这时应停止运行,进行再生处理。

(2)如果在运行中阴床先失效,这时,由于在阳床出水的酸性水通过,因此,阴床出水的 pH 值下降,与此同时,集中在交换剂下部的硅也释放出来,使得出水硅量增加。此时,电导率的曲线会出现一个奇特的现象:先是向下降(误认为水质转好),十几分钟后,出现迅速上升。这时应立即停止运行,进行再生处理。

73. 试分析逆流再生离子交换器中间排水装置损坏的可能原因。

答：（1）在交换器排空的情况下，从底部进水。

（2）在大反洗过程中高速进水，树脂以柱体状迅速上浮，将中间排水装置托坏。

（3）在进再生液的过程中，再生液流速较高，将中间排水装置托坏。

（4）中间排水装置结构单薄，没有加强固定，强度较弱，或托架腐蚀严重。

74. 影响离子交换器再生效果的主要因素有哪些？

答：（1）再生方式。逆流再生的效果比顺流再生好。

（2）再生剂用量。用量过少，再生度低；用量过多，再生度不会显著增加，经济性却降低。再生剂用量要恰到好处。

（3）再生液浓度。浓度过低，再生效果不好；浓度过高，再生剂与树脂的接触时间减少，再生效果也不好。如用食盐为再生剂时，其浓度为5%～10%较为合适。

（4）再生液流速。维持适当的流速，实质上就是使再生液与交换剂之间有适当的接触时间，以保证再生时交换反应充分进行，并使再生剂得到最大限度的利用。

（5）再生液温度。再生液温度对再生效果的影响也很大，适当提高再生液温度，可加快离子的扩散速度，提高再生效果。

（6）再生剂的纯度。如果再生剂质量不好，含有大量杂质离子，就会降低再生程度，且出水水质也会受影响。

75. 离子交换器在运行过程中，工作交换能力降低的主要原因是什么？

答：新树脂开始投入运行时，工作交换容量较高，随着运行时间的增加，工作交换容量逐渐降低，经过一段时间后，可趋于稳定。出现以下情况时，可导致树脂工作交换能力的下降：

（1）交换剂颗粒表面被悬浮物污染，甚至发生黏结。

（2）原水中含有 Fe^{2+}、Fe^{3+}、Mn^{2+} 等离子，使交换剂中毒，颜色变深。长期得不到彻底处理。

（3）再生剂量小，再生不够充分。

（4）运行流速过大。

（5）树脂层太低，或树脂逐渐减少。

（6）再生剂质量低劣，含杂质太多。

（7）配水装置、排水装置、再生液分配装置堵塞或损坏，引起偏流。

（8）离子交换器反洗时，反洗强度不够，树脂层中积留较多的悬浮物，与树脂黏结一起，形成泥球或泥饼，导致水偏流。

76. 试述离子交换器运行周期短的原因。

答：（1）离子交换器未经调整试验，使再生剂用量不足，或浓度过小，或再生流速过低或过高。

（2）树脂被悬浮物玷污或树脂受金属、有机物污染。

（3）树脂流失，树脂层高度不够。

（4）由于排水系统的缺陷造成水流不均匀。

（5）反洗强度不够，或反洗不完全。

（6）正洗时间过长、水量较大。

（7）树脂层中有空气。

（8）中排装置缺陷，再生液分配不均匀。

（9）再生药剂质量问题。

（10）再生床压实层不足。

77. 对逆流再生离子交换器来说，为什么树脂乱层会降低再生效果？

答：因为在逆流再生离子交换器里，床上部树脂是深度失效型，而床下部树脂则是运行中的保护层，失效度很低，当再生时，新的再生液首先接触到的是保护层，这部分树脂会得到深度再生。而上部树脂再生度较低，如果在再生时树脂乱层，则会造成下部失效很低的树脂与上部完全失效的树脂层相混。用同量、同种再生剂时，下部树脂层就达不到原来的再生深度。另外，在再生过程中，如果交换剂层松动，则交换颗粒会上、下湍动，再生过的树脂会跑到上部、未再生的树脂会跑到下部，这样，就不能形成一个自上而下其再生程度不断提高的梯度，而是上下再生程度一样的均匀体，再生程度很高的底部交换层不能形成，因而也就失去了逆流再生的优越性。这样就会使出水水质变差，运行周期缩短，再生效果变差。

78. 说明逆流再生固定床操作中应注意的事项。

答：（1）再生过程严防树脂乱层。当采用空气顶压法时，在再生过程中，应保持气压稳定，不能中断气源；当采用水顶压法时，要保持水压稳定；当用低流速法时，要严格控制再生和置换流速。

（2）在逆流再生时，切不可使进再生液流量大于排水量，以防乱层，当采用空气顶压法时，应注意排出液中汽水混合是否正常，如有异常，应检查原因，加以消除；当采用水顶压法时，应注意调整好顶压水门、进再生液门、排废液门，使顶压水和废再生液在排液管内同时排出。

（3）进再生液时，必须严防带入空气，否则易引起树脂乱层；如果发现再生液有泄漏现象，应采取措施消除。

（4）置换（逆冲洗）再生液的配制用水，最好用除盐水。

（5）进水混浊度应小于或等于 2mg/L，否则应加强预处理，再生液应尽量达到澄清。

（6）在大反洗前，应先进行小反洗，松动上部树脂层，进行大反洗时，反洗流量应先小后大，缓慢增加，一般流速在 15m/h，防止整个树脂层活塞式移动，造成中排装置损坏或乱层。

（7）在再生全过程中，要特别注意检查在中排中是否夹带树脂颗粒。

79. 简述混床操作的注意事项。

答：（1）反洗分层时，流量由小到大，再由大到小，注意防止反洗水带出树脂或流量过大损坏中排装置。

（2）进酸碱再生液流量不能太大，应与中排排水达到平衡。

（3）混脂时，树脂层顶部的水一定要放到适当的高度。以免过多混脂时将树脂带出，过少混脂不均匀。

（4）运行或备用的混床，进酸碱门必须关严。

（5）再生混床的进出口阀门必须关严。

80. 混床有上、中、下三个窥视窗，它们的作用是什么？

答：上部窥视窗一般用来观察反洗时树脂的膨胀情况。中部窥视窗用于观察床内阴树脂的水平面，确定是否需要补充树脂。下部窥视窗用来检测混床准备再生前阴阳离子树脂的分层情况。

81. 补给水处理用混床和凝结水处理用混床（高速混床）二者结构和运行有何不同？

答：（1）所用树脂要求不同，因高速运行流速一般在80～120m/h，故要求树脂的机械强度必须足够高，与普通混床相比，树脂的粒度应该较大而且均匀，有良好的水力分层性能。在化学性能方面，高速混床要求树脂有较高的交换速度和较高的工作交换容量，这样有较长的运行周期。

（2）填充的树脂的比例不同，普通混床阴阳树脂体积比一般为2∶1，而高速混床为1∶1或1∶2，阳树脂比阴树脂多。

（3）高速混床一般采用体外再生，体内没有中排装置；无需设置酸碱管道，但要求其排脂装置应能排尽罐体内的树脂，进排水装置排水应均匀。

（4）高速混床的出水水质标准比普通混床高，普通混床要求电导率在0.2μS/cm以下，高速混床为0.15μS/cm以下；普通混床二氧化硅要求在20μg/L以下，高速混床为10μg/L以下。

（5）再生工艺不同，高速混床再生时，常需要空气擦洗去除截留的污物，以保证树脂有良好的性能。

82. 水处理的混床和精处理的混床的阴阳树脂配比为什么不一样?

答: 水处理混床进水杂质主要是无机盐类，电离出等量的阴阳离子，应按照等树脂交换容量来配比阴阳树脂；精处理混床进水以氢氧化铵为主，氨离子含量是其他杂质离子的百倍以上，氨离子消耗阳树脂交换容量，而氢氧根不消耗阴树脂交换容量，为提高制水量，应尽量提高阳树脂量。因为阳树脂的工作交换容量一般情况下为阴树脂的2～3倍，所以水处理和精处理混床阴阳树脂的比例不一样。

83. 混床已失效，准备再生，反洗分层时发现阴阳树脂分层不好，怎样处理?

答: 首先查明原因，一般有以下几种可能：

（1）反洗流速小。

（2）树脂失效度低。

（3）进水喷头上滤网或管上孔眼堵塞不畅。

（4）排水量小，床内存水太多。

处理方法：

（1）加大反洗流速。

（2）以进水进行反洗，加速失效，提高失效度。

（3）联系检修处理。

（4）增大排水量，使床内存水合适。

84. 体内再生混床的主要装置有哪些?

答: 体内再生混床的主要装置有：上部进水装置、下部集水装置、中间排水装置、酸碱液分配装置、压缩空气装置和阴阳离子交换树脂装置等。

85. 混床可以将两种树脂混在一起，为什么阴床内不能混有阳树脂?

答: 当阴床中混入少量阳树脂时，由于阴床再生使用的是NaOH溶液，Na^+会取代阳树脂交换基团上的H^+及其他的阳离子。在运行的情况下，阴床入口水中的 H^+ 又会把 Na^+ 置换下来，使阴床出口 Na^+ 含量升高，即所谓阴树脂“放钠”现象，表现为阴床出水电导率升高，以致无法以阴床出水电导率为控制失效标准。

86. 除盐水箱污染后应如何分析与处理？

答：除盐水箱污染一般原因：

（1）电导率表失灵，或在线硅表失灵，值班人员没有密切监视，使已超标的水继续送往除盐水箱。

（2）试验药剂有问题造成试验不准，误将不合格的水当作合格的水继续送往除盐水箱。

（3）一级除盐再生时阴床出水阀没有关严或泄漏，使再生液通过阴床出水母管漏入除盐水箱。

（4）一级除盐＋混床，混床再生时运行出口门没有关严或泄漏，使再生液通过阴床出水母管漏入除盐水箱。

（5）误操作，将再生的设备投入运行。

（6）树脂捕捉器缺陷，造成碎树脂进入热力系统。

（7）反渗透运行时低压冲洗系统阀门没关严或内漏，使生水进入除盐水箱。

处理方法：

（1）立即将已失效的固定床停止运行，并停止由此水箱输送补给水，尽快找出除盐水箱污染的原因。如水箱均已污染，应排掉除盐水箱的水，冲洗后注入质量合格的除盐水。

（2）如不合格的除盐水已送入锅炉，应快速排污、换水。如锅炉水 pH 值较低，显酸性，应加 NaOH 进行中和处理。如锅炉水很差，不能很快换水合格，应停炉，排净锅炉水。

（3）仔细分析检查混床出水阀及阴床出水阀是否完好严密，有缺陷的，应消缺处理。

87. 除盐水箱污染的主要原因有哪些？

答：（1）运行时不合格的除盐水进入除盐水箱。

（2）再生时再生液进入除盐水箱。

（3）除盐水箱密封不严造成污染。

（4）反渗透运行中低压冲洗门不严。

（5）运行中反洗进水门不严，生水进入除盐水箱。

88. 除盐水箱采用浮顶密封法有何优缺点？

答：（1）优点：使除盐水尽可能地避免与空气的直接接触，从而降低除盐水受污染的概率，保证生产安全，保护锅炉设备。隔绝空气与除盐水的接触，正常运行条件下，可保证出水电导率在0.2μS/cm以下。避免除盐水中进入杂质腐蚀锅炉设备。

（2）缺点：水箱不能从上部进水，从底部或侧部进水均可。

89. 当浓酸、碱溅到眼睛内或皮肤上、衣服上时如何处理？

答：当浓酸溅到眼睛内或皮肤上时，应迅速用大量的清水冲洗，再以0.5%的碳酸氢钠溶液清洗。当强碱溅到眼睛内或皮肤上时，应迅速用大量的清水冲洗，再用2%的稀硼酸溶液清洗眼睛或用1%的醋酸清洗皮肤。经过上述紧急处理后，应立即送医务所急救。当浓酸溅到衣服上时，应先用水冲洗，然后用2%稀碱液中和，最后再用水清洗。

90. 简述火力发电厂中电厂化学的任务与目的。

答：火力发电厂水处理工作者的任务不仅仅是为了制取水质合格的给水，而且还应在下列各方面采取有效的措施：

（1）净化原水。制备热力系统所需要的补给水工艺包括除去原水中的悬浮物和胶体颗粒的澄清、过滤等预处理，除去水中全部溶解性盐类的除盐处理。制备补给水的处理通常称为炉外水处理。

（2）给水处理。对于给水，进行除去水中溶解氧或加氧、提高pH值等加药处理，以保证给水的质量。

（3）凝结水处理。对直流炉机组及高参数机组，要进行汽轮机凝结水的除铁、除盐等净化处理。

（4）冷却水处理。对于闭式循环冷却水，要采取防腐、防垢的稳定性处理；对于直流冷却式循环水，要进行防止微生物滋生的处理。

（5）水汽监督。对热力系统各部分、各阶段的水汽质量进行监督，并在水汽质量劣化时进行的处理，也是水处理工作的内容之一。

（6）机组停运保养。随着机组容量的增加和参与调峰，机组停运保养工作越显重要，而且它与水处理工作也密切相关。它包括机组停运前对热力系统进行加药处理等工作。

（7）化学清洗。当锅炉水冷壁结垢量超过颁布标准时，必须对锅炉本体进行化学清洗。

（8）在化学清洗过程中，要求在不同阶段提供不同质量的水，因此水处理工作是保证化学清洗效果的重要因素之一。

91. 机组运行期间需要持续补水，损失途径有哪些？

答：有定期排污，炉膛吹灰，凝汽器排气，阀门管道的漏汽，轴封漏汽，化学取样等。

92. 树脂转型是仅仅能改变密度还是和交换容量也有什么关系？

答：有三种情况会涉及树脂转型：新树脂需要长时间存放，转成钠型和氯型，便于保存不易污染；混床树脂分层效果差，可以进氢氧化钠溶液使阳树脂全部失效转为钠型，增加阴阳树脂密度差，以便分层；树脂失效重新再生，使失效树脂转为氢型和氢氧型，树脂恢复交换能力，转型会改变树脂密度，对交换容量没有影响。

93. 新的强碱和强酸树脂是什么型？为什么？

答：强酸性阳树脂是将苯乙烯共聚白球颗粒，并磺化后而得，过量的硫酸以氢氧化钠中和成钠型，并用水洗涤，因此强酸型阳树脂通常以钠型出厂；强碱型阴离子树脂是将苯乙烯共聚物白球甲基化，然后用叔胺氨化然后用盐酸中和过量的胺成氯型，并用清水洗涤，因此强碱型阴树脂通常以氯型出厂。

94. 硫酸储罐呼吸器的作用是什么?

答: 防止浓硫酸吸收空气中的水分，呼吸器内一般装有硅胶干燥剂，通过观察硅胶颜色变化判断其是否失效，需要更换。

95.《防止电力生产事故的二十五项重点要求》中防止水处理设备腐蚀事故的措施内容是什么?

答:（1）除盐水箱、凝补水箱的内壁应采取合适的防腐措施并定期检查防腐层的完好性，避免腐蚀的发生并污染除盐水水质，如有脱落应及时修补并进行漏点检验。

（2）离子交换除盐设备、前置过滤器、盐酸储罐内壁应选用橡胶防腐并定期检查防腐层的完好性，如有脱落应及时修补并进行漏点检验。

（3）离子交换树脂再生的酸碱废液流经的沟道、水池等应做好防腐，并定期检查防腐层的完整性，如有损坏应及时修补。

（4）离子交换树脂再生用的酸管道内壁宜采用衬胶、衬塑防腐，并定期检查酸管道外壁的腐蚀情况，如有腐蚀泄漏应及时修补或更换。

（5）超滤产水箱至反渗透进口的管道宜选用不锈钢管道，以降低锈蚀产物污染反渗透的风险。

（6）除盐水箱至机组补水管应选用不锈钢管道，减少腐蚀产物随除盐水带入热力系统引起的风险。

（7）应定期对再生系统酸碱相关阀门进行检查，同时树脂再生应严格按照规程执行，防止酸碱漏入除盐水。

（8）应定期检查废水贮存池内壁的防腐层，如有破损、脱落等应及时进行修补。

第三章　循环水处理系统

96. 什么是冷却水系统？冷却水系统通常可分为哪几种类型？

答： 用水来冷却工艺介质的系统称为冷却水系统，冷却水通过换热器与工业介质间接换热，热的工艺介质在热交换过程中温度降低，冷却水温度升高。冷却水系统通常有两种方式：直流冷却水系统和循环冷却水系统。

（1）直流冷却水系统：在直流冷却水系统中，冷却水只通过换热设备一次，利用后就被排掉了，又称一次利用水，通常用水量很大，水经过换热器的温升较小，而排出水的温度也较低，水中的含盐量基本不浓缩，这种冷却水系统投资少，操作简单，但冷却水量大，不符合当前节约使用水资源的要求（沿海电厂用海水的直流冷却水系统除外）。

（2）循环冷却水系统：在循环冷却水系统中，冷却水可以反复使用，水经换热器后温度升高，由冷却塔或其他冷却设备将水温降下来，再由泵将水送至换热器，水不断地进行重复使用，符合目前节约用水的要求。循环冷却水系统分密闭式循环冷却水系统和敞开式循环冷却水系统两种。

1）密闭式循环冷却水系统：在密闭式循环冷却水系统中，水不暴露于空气中，水的再冷是通过一定类型的换热设备用其他的冷却介质（如空气、冷冻剂）进行冷却的，冷却水损失极小，不需要大量补充水，水没被蒸发或浓缩，水中各种矿物质和离子含量一般不发生变化。

2）敞开式循环冷却水系统：在敞开式循环冷却水系统中，冷却水通过换热器后水温升高，经冷却设备曝气与空气接触，由于水的蒸发散热和接触散热使水温降低，冷却后的水循环使用，在此过程中，水中各种矿物质和离子不断被浓缩，浓度增加，为维持各种矿物质和离子含量稳定在某一个定值上及维持冷却水系统的正常运行，必须对系统补充一定量的冷却水，并排除一定量的浓缩水。这种敞开式的循环冷却水系统由于蒸发、风吹、排污要损失一部分水，但与直流冷却水系统相比，可以节约大量的冷却水。

97. 循环冷却水的日常监测项目主要包括哪些？

答：日常监测项目主要包括氯离子、硬度、碱度、pH 值、钙硬、总磷、正磷、有机磷、电导率等。

98. 冷却水在循环过程中共有哪些水量损失？

答：（1）蒸发水量。冷却水在冷却塔中与空气对流换热，使部分水蒸发逸入大气，这部分损失的水量为蒸发水量。

（2）风吹损失水量。空气从冷却塔中带出部分水滴，称为风吹损失水量。

（3）排污水量。为了控制冷却水循环过程中因蒸发损失而引起含盐量浓缩，必须人为地排掉一部分水量，即排污水量。

（4）渗漏损失。在管道、阀件和贮水系统中因渗漏而损失的水量。

99. 什么是循环冷却水的阻垢处理？

答：某些化学药剂只需少量添加到冷却水中，就可以起到阻止生成水垢的作用，这称为阻垢处理，所用药剂称为阻垢剂。

100. 简述阻垢剂的阻垢原理。

答：阻垢作用不能理解为单纯的化学反应，它包括若干物理化学过程，用以解释阻垢原理的有晶格畸变、分散与络合等理论。

（1）晶格畸变理论，该理论认为阻垢剂干扰了成垢物质的结晶过程，从而抑制了水垢的形成。微小晶体按一定方向逐渐长大成大晶体。若水中存在阻垢剂则晶格成长方向被扭偏，甚至被阻挡，这样，微晶长不大，呈微小颗粒分散在水中。

(2) 分散理论。有些阻垢剂在水中会电离，当它们吸附在某些小晶体的表面时，其表面形成新的双电层，从而使它们像胶体那样稳定地分散在水体中。起这种作用的阻垢剂又称分散剂，分散剂不仅能吸附于颗粒上，而且也能吸附于换热设备的壁面上，同时阻止了颗粒在壁面上沉积；而且，即使发生沉积，沉积物与接触面的附着力比较小，沉积物比较疏松。

(3) 络合理论。有些阻垢剂，如有机磷酸在水中电离出 H^+，本身成为带负电荷的阴离子。这种阴离子能与水中的金属阳离子 Ca^{2+} 和 Mg^{2+} 等形成稳定的络合物，使它们不能参与结垢。

101. 循环冷却水运行过程中会存在哪些问题？

答：电厂使用的冷却水，主要用作换热器的冷却介质，循环使用后易带来如下问题：

(1) 结垢。循环冷却水在运行过程中，由于盐类浓缩作用、循环冷却水的脱碳作用、循环水温度的上升等原因，碳酸钙存在析出倾向，容易在凝汽器管内结垢。

(2) 腐蚀。冷却水在循环使用过程中，水在冷却塔内和空气充分接触，使水中的溶解氧得到补充，所以循环水中溶解氧总是饱和的。水中溶解氧是造成金属电化学腐蚀的主要原因。加上水浓缩后含盐量增加，电导率上升，也增加了腐蚀倾向。

(3) 微生物滋长。冷却水和空气接触，吸收了空气中大量的灰尘、泥沙、微生物及其孢子，使系统的污泥增加。冷却塔内的光照、适宜的温度、充足的氧和养分都有利于细菌和藻类的生长，从而使系统黏泥增加，在换热器内沉积下来，造成了黏泥的危害。另外微生物在新陈代谢过程中还会产生微生物腐蚀。

循环冷却水如果不加以处理，则以上问题的发生将使换热器的水流阻力加大，水泵的能耗增加，传热效率降低，换热器一旦发生腐蚀或结垢，尤其是局部腐蚀的发生，将使换热器很快泄漏并导致报废，给生产带来巨大的损失。因此，循环冷却水系统必须综合解决腐蚀、结垢和黏泥（微生物）三个问题。

102. 循环冷却水的浓缩倍数越高越好吗?

答: 循环水冷却水系统的水损失包括蒸发损失、风吹损失和排污泄漏损失，因此需要进行水的补充。如果将蒸发损失和风吹损失看作是不变的，那么，减少排污就可以减少补充水量，使浓缩倍数升高，从节约用水的角度来讲，显然是很有好处的。随着冷却水的浓缩，水中的有害杂质浓度升高，会引起更严重的腐蚀或结垢。同时，由于水在系统中停留时间长了，有利于微生物的繁殖，又加重污泥的沉积。要解决这些问题，需要投入更高的技术和费用，因此浓缩倍数不是越高越好。

103. 叙述在高浓缩倍数下运行时防止结垢的方法。

答:（1）改善补充水水质。对补充水进行必要的预处理、脱盐处理和加酸软化碱度处理，这是提高浓缩倍数的有效途径。

（2）旁路处理。从循环水系统中引出一部分循环水进行过滤、弱酸树脂处理、软化处理，再返回循环水中，可以适当地降低循环水中的浊度或硬度。

（3）集成高效的水处理技术。集成高效的水处理药剂、加酸、旁滤软化和脱盐处理等技术，配套自动监控技术、旁路监测和微生物监测技术，实现高浓缩倍数运行，是工业水处理节水技术的发展趋势，尤其对高硬度、高碱度、高含盐量的水质系统，更应该使用集成节水技术。

104. 循环水系统中预防水垢的方法有哪些?

答: 循环水系统中预防水垢的方法有:

（1）加阻垢剂法。在循环冷却水中加入少量（一般为几毫克/升）阻垢剂，通过歪曲晶格、络合和分散等多种作用，阻止水垢的生成。目前，加入的阻垢剂除含阻垢成分外，还含有防腐成分，它具有防垢和防腐双重功效，这种药剂更为普遍地称为水质稳定剂，这种处理为水质稳定处理。

（2）离子交换。一般用弱酸性阳离子交换树脂处理冷却水的补充水，除去水的碱度和碳酸盐硬度，从而减少水中结垢的物质。

（3）石灰处理。石灰处理就是向水中投加化学药剂（如石灰、苏打和熟石灰等），使碳酸盐类沉淀，减少随补充水进入循环水系统的碳酸盐量。

（4）膜分离。一般用纳滤（NF）膜或反渗透（RO）膜，将水中盐类包括结垢物质除去，因此，膜分离不但能够防垢，而且能够减轻由于盐类浓缩产生的其他问题。

（5）加酸。向循环水中投入酸，将水中碳酸盐硬度转变为非碳酸盐硬度，而非碳酸盐硬度一般难以在循环水系统中转化为沉淀物，加酸后循环水的 pH 值下降，如果加酸量太大，则可能引起设备的腐蚀和 $CaSO_4$ 垢的生成。

（6）物理法。物理法就是让水通过物理场，引起水的性能改变，达到防垢、除垢和杀菌的目的。现已有三种方法在应用：①高压静电处理；②高频磁处理；③超声处理。

105. 凝汽器胶球清洗系统有什么要求？

答： 胶球清洗系统运行每天不应少于 4h，投球数量不应低于凝汽器单流程管道数量的 10%，收球率不应低于 90%。

106. 胶球清洗凝汽器的作用是什么？

答： 胶球自动冲刷凝汽器管，对消除凝汽器管结垢和防止有机附着物的产生、沉积都起到一定的作用，可防止微生物的生长，保证汽轮机正常运行。

107. 防止凝汽器铜管发生局部腐蚀的措施有哪些？

答：（1）在铜管选材和质量验收时，一定要把好质量关，严格按照导则要求，特别应注意铜管的表面不应有残碳膜。氨熏试验合格、涡流探伤合格等。

（2）在铜管的搬运、安装过程中，要轻拿轻放，不允许摔、打、碰、撞；穿管时，要符合工艺要求，不应欠胀或过胀。

（3）做好铜管投运前及投运后的维护工作，使其在黄铜管表面形成良好的保护膜，防止“婴儿期”腐蚀现象。

（4）防止凝汽器的低流速运行，管内流速不应低于1m/s，做好冷却水的防腐防垢处理和运行中的胶球清洗工作。

（5）加强冷却水的加氯或其他方式的杀菌灭藻处理，防止生物和藻类在管壁滋长。

（6）做好铜管的镀膜工作。用硫酸亚铁等溶液在铜管表面上形成一层保护膜，从而改善铜管的耐蚀性能。

（7）加装阴极保护。对凝汽器进行阴极保护，防止凝汽器管板的电偶腐蚀和铜管端部的点蚀、冲刷腐蚀等。

（8）做好凝汽器停用时的保养工作。停用3天以内凝汽器循环水侧宜保持运行状态，当水室有检修工作时可将凝汽器排空，并打开人孔，保持自然通风状态。停用3天以上时，宜将凝汽器排空，清理附着物，并保持通风干燥状态。

108. 运行中防止凝汽器管结垢常采用的方法有哪些？

答：（1）加酸处理。改变水中的盐类组成，将碳酸盐硬度转变为非碳酸盐硬度。

（2）除盐处理。降低水中结垢物质的浓度。

（3）石灰或弱酸处理。降低循环水的碳酸盐硬度。

（4）水质稳定处理。向循环水中加阻垢剂、分散剂、水质稳定剂等物质，抑制碳酸钙的形成与析出，或使碳酸钙晶体畸变，从而阻止了碳酸钙水垢的形成。

（5）投入胶球清洗，坚持每天清洗一次。

109. 铜管换热器的主要成分为铜，按不同的使用要求，可在其中加入锌、锡、铝、砷等成分，其作用是什么？

答：铜的导热性良好，由铜和锌组成的合金，称为黄铜，含锌可增强铜的机械强度。但锌的含量必须加以适当控制。黄铜中加入锡，主要是防止铜管脱锌。黄铜中加入微量砷，其防止脱锌效果更佳；黄铜中加入适量铝，是因为铝能形成氧化膜，从而提高铜管的耐蚀性，但不耐脱锌腐蚀；而在铝黄铜管中加入微量砷，既保持铜管的耐蚀性，又有助于防止脱锌。

110. 凝汽器泄漏的危害是什么?

答: (1) 凝汽器泄漏造成凝结水、给水及锅炉水的含盐量增加，造成一系列水汽系统结垢、腐蚀。在凝结水、给水系统中，由于泄漏，水中硬度增大，漏入的盐类在锅炉运行中由于浓缩而结垢，影响锅炉热效率及出力，更严重时因为结垢造成爆管，威胁安全运行。由于蒸汽含盐量高造成在汽轮机叶片上积盐，影响热能转换效率，因而影响经济效益。

(2) 造成加药量和排污率上升，补给水率增加，使化学费用增加，排污量增加，使热能损失增大，影响锅炉热效率。

(3) 由于结垢，导致垢下腐蚀，缩短了设备寿命。

(4) 由于凝汽器泄漏，影响了混合式减温水的质量，形成过热器积盐。

111. 为什么硫酸盐还原菌能造成循环水系统腐蚀?

答: 硫酸盐还原菌是一种厌氧菌，常存在于循环水的黏泥、污垢中，适宜的生长环境温度是20～30℃，pH值为4～8范围内。由于它能把水中溶解性的硫酸盐还原为硫化氢，所以能在沉积物下造成酸性环境，产生沉积物下腐蚀。

112. 有机物附着在凝汽器管内形成的原因和特征是什么?

答: (1) 原因：冷却水中的水藻和微生物常常附着在凝汽器管内壁上，在适当的温度下，从冷却水中吸收营养，不断地成长和繁殖，而冷却水温度大都在水藻和微生物的适宜生存温度范围，所以，在凝汽器管内最容易生成这种附着物。

(2) 特征：有机附着物往往混杂一些黏泥、植物残核等，另外，还有大量微生物和细菌的分解产物（如蛋白质、脂肪和碳水化合物），所以凝汽器管内壁上有机物的特征大都呈灰绿色或褐红色黏膜状态，往往有臭味。

113. 循环水中微生物有何危害? 如何消除?

答: 微生物附着在凝汽器管内壁上便形成了污垢，它的危害和水垢一样，能导致凝汽器端差升高，真空下降，影响汽轮机出力和经济运行，同时也会引起凝汽器管的腐蚀。

防治方法：①加漂白粉；②加氯处理。

114. 杀菌剂如何分类？什么是氧化性杀菌剂和非氧化性杀菌剂？

答：化学杀菌法所用的杀菌剂可从不同角度进行分类。按对微生物杀菌的程度可分为微生物杀菌剂和微生物抑制剂。微生物杀菌剂能在短时间内产生各种生物效应，真正杀死微生物，多为强氧化剂。微生物抑制剂不能大量杀死微生物，而是阻止其繁殖，以达到控制微生物数量的目的。按照杀菌剂的化学成分可分为无机杀菌剂和有机杀菌剂。按照杀菌剂的杀菌机制可分为氧化性杀菌剂和非氧化性杀菌剂。

（1）氧化性杀菌剂是具有氧化性质的杀菌药剂，通常是强氧化剂，能氧化微生物体内起代谢作用的酶，从而杀灭微生物。卤素中的氯、溴、碘和臭氧、双氧水，过氧乙酸、过硫酸盐、高铁酸钾等都属于氧化性杀菌剂。但在循环冷却水中最常用的只是氯及其化合物，如液氯、次氯酸钠、次氯酸钙、漂白粉、氯化异氰尿酸及二氧化氯等。近年溴化合物已用于循环冷却水系统，其发展也越来越受到重视。

（2）非氧化性杀菌剂不以氧化作用杀死微生物，而是以致毒剂作用于微生物的特殊部位，以各种方式杀伤或抑制微生物。非氧化性杀菌剂的杀菌作用不受水中还原性物质的影响，一般对 pH 值变化不敏感。非氧化性杀菌剂的品种很多。按其化学成分有氯酚类、有机硫类、胺类、季铵盐类、醌类、烯类、醛类、重金属类等。考虑其杀菌能力、排放余毒及费用等各方面的情况，实际在循环冷却水系统中常用的品种并不多。最常用的是季铵盐、二硫氰酸甲酯、异噻唑啉酮、戊二醛等。

循环冷却水系统的杀菌一般以氧化性杀菌剂为主，多采用氯或氯化异氰尿酸为经常性杀菌剂，辅助使用非氧化性杀菌剂。氧化性杀菌剂的杀菌力强、价廉，其不足之处是水中还原性物质含量多时药剂消耗量大，效率低。非氧化性杀菌剂可以弥补上述的不足，对污垢的渗透及剥离作用优于氯，一般价格较高。

115. 为什么含有铜或者铜合金设备的冷却水系统还要考虑加铜缓蚀剂？

答：铜合金耐中性和弱碱性溶液腐蚀，但含氨溶液例外。氨对铜合金的腐蚀是由于铜、氧和氨反应会形成可溶性铜氨络合物所致，为了防止这种侵蚀作用，在配方中常加入苯并三氮唑、甲基苯并氮唑或巯基苯并噻唑之类的铜缓蚀剂。

116. 什么是碳酸盐硬度？什么是非碳酸盐硬度？

答：碳酸盐硬度是指水中钙、镁的碳酸氢盐、碳酸盐含量之和。因为天然水中碳酸根的含量很小，所以一般将碳酸盐硬度看作钙、镁的碳酸氢盐的含量。水的总硬度和碳酸盐硬度之差就是非碳酸盐硬度，它们是钙、镁的氯化物和硫酸盐等的含量。

117. 什么是沉淀软化？

答：沉淀软化是指加入化学药剂的处理方法。加入化学药剂，使水中含有的硬度和碱度物质，转变为难溶于水的化合物，形成沉淀而除去。沉淀软化常常用在预处理系统或循环水处理系统中，降低水中的硬度和碱度，常用的方法是石灰法。

118. 简述石灰处理的原理。

答：石灰处理就是向水中投加石灰、苏打、熟石灰等药剂使碳酸钙沉淀，减少随补充水进入循环水系统中的碳酸盐量，化学反应式为：

$$CaO + H_2O \rightleftharpoons Ca(OH)_2 \text{（消化反应）}$$

$$CO_2 + Ca(OH)_2 \rightleftharpoons CaCO_3\downarrow + H_2O$$

$$Ca(HCO_3)_2 + Ca(OH)_2 \rightleftharpoons 2CaCO_3\downarrow + 2H_2O$$

$$Mg(HCO_3)_2 + Ca(OH)_2 \rightleftharpoons CaCO_3\downarrow + MgCO_3\downarrow + 2H_2O$$

生成的 $MgCO_3$ 在水中有少量可溶，如果石灰加药量足够，则它转化成溶解度更小的 $Mg(OH)_2$。

$$MgCO_3 + Ca(OH)_2 \rightleftharpoons Mg(OH)_2 \downarrow + CaCO_3 \downarrow$$

反应式进行的结果，不仅除去了水中游离 CO_2 和碳酸盐硬度，而且也去除了与碳酸盐硬度相对应的碱度。

119. 对于高碱度的水，进行石灰处理，处理后的水质从哪几个方面评价?

答: 应从如下几个方面评价：

（1）悬浮物含量应在 20mg/L 以下。

（2）如原水中无过剩碱度，出水的残留碱度应能达到 0.75mmol/L 以下。

（3）水经石灰处理后，非碳酸盐硬度不变，碳酸盐硬度（无过剩碱度）降至残留碱度相等。

120. 循环水为什么加氯处理? 作用是什么?

答: 因为循环水中有机附着物的形成与微生物的生长有密切关系，微生物是有机物附着于冷却水通道中的媒介，当有机物附着在凝汽器铜管内壁上时，便形成污垢，能导致凝汽器端差升高，真空下降，影响汽轮机出力和经济运行。同时会引起凝汽器管的腐蚀，所以循环水中加氯来杀死微生物，使其丧失附着在管壁上的能力。其反应式为：

$$Cl_2 + H_2O \longrightarrow HClO + HCl$$

$$HClO \longrightarrow HCl + [O]$$

HClO 分解出的初生态氧有极强的氧化性，可将微生物杀死。

121. 循环水加酸需要注意哪些问题?

答: 虽然加酸处理可以防止碳酸盐水垢并提高浓缩倍率，但加酸量过大，则可能会造成硫酸钙、硅酸镁水垢，还可能引起硫酸对混凝土构造物的侵蚀，因此，不能一味单靠加酸控制循环水的水质。

122.《防止电力生产事故的二十五项重点要求》中对循环水缓蚀阻垢工作有何要求？

答：（1）采用循环冷却的凝汽器，应开展循环水缓蚀阻垢动态模拟试验，以确定循环水合理的浓缩倍率和加药量。

（2）循环水加药发生变化或补充水水质变化时，应重新进行动态模拟试验。

（3）采用海水直流冷却的凝汽器应合理选择杀菌剂并做好杀菌工作。

第四章　制氢装置系统与氢气使用

123. 简述氢气的危险特性。

答：（1）氢气无色、无臭、无味，空气中高浓度氢气易造成缺氧，会使人窒息。氢气比空气轻，相对密度（空气＝1）：0.07，氢气泄漏后会迅速向高处扩散；氢气与空气混合容易形成爆炸性混合物。

（2）氢气极易燃烧，属易燃气体。氢气点火能量很低，在空气中的最小点火能为 0.019mJ，在氧气中的最小点火能为 0.007mJ，一般撞击、摩擦、不同电位之间的放电、各种爆炸材料的引燃、明火、热气流、高温烟气、雷电感应、电磁辐射等都可点燃氢-空气混合物；氢气燃烧时的火焰没有颜色，肉眼不易察觉。

（3）氢气在空气中的爆炸范围较宽，为 4%～75%（体积分数），在氧气中的爆炸范围为 4.0%～94%（体积分数），因此氢气-空气混合物很容易发生爆燃，爆燃产生的热气体迅速膨胀，形成的冲击波会对人员造成伤亡，对周围设备及附近的建筑物造成破坏。

（4）氢气的化学活性很大，与空气、氧、卤素和强氧化剂能发生剧烈反应，有燃烧爆炸的危险，而金属催化剂（如铂和镍等）会促进上述反应。

124. 氢气使用安全技术规程中，对作业人员有何要求？

答：（1）作业人员应经过岗位培训、考试合格后持证上岗。特种作业人员应经过专业培训，持有特种作业资格证，并在有效期内持证上岗。

（2）作业人员上岗时应穿符合规定的阻燃、防静电工作服和符合规定的防静电鞋。工作服宜上、下身分开，容易脱卸。严禁在爆炸危险区域穿脱衣服、帽子或类似物。严禁携带火种、非防爆电子设备进入爆炸危险区域。

（3）作业时应使用不产生火花的工具。

（4）严禁在禁火区域内吸烟、使用明火。

（5）作业人员应无色盲、无妨碍操作的疾病和其他生理缺陷，且应避免服用某些药物后影响操作或判断力的作业。

125. 氢气安全使用技术规程中，对动火作业是如何规定的？

答：动火作业应实行安全部门主管书面审批制度。氢气系统动火检修，应保证系统内部和动火区域的氢气体积分数最高含量不超过0.4%。检修或检验设施应完好可靠，个人防护用品穿戴符合要求。防止明火和其他激发能源进入禁火区域，禁止使用电炉、电钻、火炉、喷灯等一切产生明火、高温的工具与热物体。动火检修应选用不产生火花的工具。

126. 氢气系统采用惰性气体置换法，应符合哪些要求？

答：（1）惰性气体中氧的体积分数不得超过3%。

（2）置换应彻底，防止死角末端残留余氢。

（3）氢气系统内氧或氢的含量应至少连续2次分析合格，如氢气系统内氧的体积分数小于或等于0.5%，氢的体积分数小于或等于0.4%时置换结束。

127. 氢冷发电机内氢气湿度过高或过低有何影响？

答：氢冷发电机内氢气湿度过高，不仅危害发电机定子、转子绕组的绝缘强度，而且会使转子护环产生应力腐蚀裂纹；而氢气湿度过低，又可导致对某些部件产生有害的影响，如定子端部垫块的收缩和支撑环的裂纹。

128. 当氢气发生泄漏并着火时，应采取哪些措施？

答：（1）应及时切断气源；若不能立即切断气源，不得熄灭正在燃烧的气体，并用水强制冷却着火设备，此外，氢气系统应保持正压状态，防止氢气系统回火发生。

（2）采取措施，防止火灾扩大，如采用大量消防水雾喷射其他引燃物质和相邻设备；如有可能，可将燃烧设备从火场移至空旷处。

（3）氢火焰肉眼不易察觉，消防人员应佩戴自给式呼吸器，穿防静电工作服进入现场，注意防止外露皮肤烧伤。

129. 当氢气发生大量泄漏或积聚时，应采取哪些措施？

答：（1）应及时切断气源，并迅速撤离泄漏污染区人员至上风处。

（2）对泄漏污染区进行通风，对已泄漏的氢气进行稀释，若不能及时切断时，应采用蒸汽进行稀释，防止氢气积聚形成爆炸性气体混合物。

（3）若泄漏发生在室内，宜使用吸风系统或将泄漏的气瓶移至室外，以避免泄漏的氢气四处扩散。

130. 氢气从储氢罐、氢管道或其破损处高速喷出时为什么会产生静电？

答：气体中一般都混有固体或液体杂质，这些杂质与气体一起高速喷出，使杂质与气体一起在容器内（管道内）运动，与容器内壁（管内壁）发生摩擦和碰撞，在相向分离时，微粒和容器壁（管壁）分别带上等量异号的电荷，即产生静电。氢气从储氢罐、氢管道中高速喷出时，容器壁（管壁）内部存有铁锈、水、螺栓衬垫处的石墨或氧化铝等杂质都是产生静电的主要原因。

131. 叙述制氢设备的工艺流程。

答：高纯度的氢气是通过电解纯水而获得的，由于纯水的导电性能较差，则需加入电解质溶液，以促进水的电解。电解产生的氢气和氧气，分别进入氢气分离洗涤器和氧气分离洗涤器，使气体与携带的碱液分离。分离出来的碱液经过滤、冷却后，通过循环泵打至电解槽；分离后的氢气进入冷却器，经过冷却，与氧气一同经气动差压调节后氢气进入储存罐，氧气直接排入大气。补充水经过补水泵打入氢、氧分离洗涤器后补至电解槽内。

132. 简述制氢装置的工作原理。

答：将直流电通入强碱的水溶液中，使水电解成为氢气和氧气。其反应式为：

阴极上：　$4H_2O + 4e^- \longrightarrow 2H_2\uparrow + 4OH^-$

阳极上：　$4OH^- - 4e^- \longrightarrow 2H_2O + O_2\uparrow$

总反应式：　$2H_2O = 2H_2\uparrow + O_2\uparrow$

133. 制氢站排水水封的作用是什么？

答：（1）当氢排空管排污、氢气排水器排污、冷凝分离器排水器排污时，避免氢气与外界气体（空气）直接接触。

（2）避免在室内大量排放氢气。

（3）避免外界气体（空气）进入氢气系统。

因此必须时刻保证氢气排水水封处于满水状态。应经常给氢气排水水封补水。

134. 简述制氢站碱液循环系统及碱液在系统中的作用。

答：（1）碱液循环系统：碱液在氢分离器和氧分离器中分离出氢气和氧气后，在两分离器底部的连通管内汇合，经碱液过滤器去除固态杂质，再进入循环泵，由循环泵加压后回到电解槽。在电解槽中，碱液从左端压板进入各主极板的进液孔，流经各电解小室，在各电解小室中进行电解，而后与电解出来的氢气或氧气一起，分别从各自的出气孔进入氢气道或氧气道，再分别进入氢分离器或氧分离器，从而构成完整的碱液循环系统。

（2）碱液作用：为了随时带走电解过程中产生的氢气、氧气和热量，并向极板区补充蒸馏水，必须要求系统内的碱液按一定的速度和方向进行循环。此外碱液的循环还可增加电解区域电解液的搅拌，以减少浓差极化电压，降低碱液中的含气度，从而降低小室电压，减少能耗。

135. 简述制氢装置系统压力或分离器液位波动较大的原因及处理方法。

答：原因：

（1）液位与压力变送器零点漂移。

（2）液位与压力变送器内有碱液。

（3）压力调节系统故障。

（4）氧液位调节系统故障。

处理方法：

（1）调整零位。

（2）清除液位与压力变送器内的碱液。

（3）排除压力调节系统故障。

（4）排除氧液位调节系统故障。

136. 简述制氢装置电解液停止循环或碱液流量低报警的原因及处理方法。

答：原因：

（1）碱液过滤器滤网堵塞。

（2）碱液循环量调节阀开度太小。

（3）循环泵内有气体。

（4）循环泵损坏。

（5）流量计及指示报警仪误差过大或指示失灵。

处理方法：

（1）清洗过滤器滤网。

（2）调整开度、保持循环量适度。

（3）用排气阀排放循环泵内的气体。

（4）更换备用循环泵，对循环泵进行检修。

（5）校准流量计，检修指示报警仪。

137. 简述电解水制氢设备氢气和氧气的纯度不合格的原因及处理方法。

答：原因：

(1) 分析仪不准。

(2) 碱液浓度过低。

(3) 碱液循环量过大。

(4) 氢氧分离器液位太低。

(5) 原料水水质不符合要求。

(6) 氢分离器、氧分离器差压过大。

(7) 石棉隔膜布损坏，致使氢氧气体互相混合、渗透。

(8) 电解小室的进液孔、出气孔或碱液循环系统被堵，气体产生压差而相互渗透。

(9) 极板与框架之间短路，框架发生电化反应或充当中间电极而发生“寄生电解”，产生气体。

处理方法：

(1) 检查分析仪，重校零位。

(2) 调整碱液浓度在规定范围内。

(3) 调整循环量在合适的范围内。

(4) 设置合理的液位值。

(5) 检查水质是否达标。

(6) 检查氢氧调节阀动作是否灵活。

(7) 停车进行电解槽大修。

(8) 提高原料水水质，冲洗电解槽，严重的需拆槽清洗。

(9) 检查极间电压，消除电气短路。

138. 当出现哪些情况时，水电解制氢系统应停机检查？

答：(1) 氢气或氧气的纯度下降至允许值下限时。

(2) 当回收利用氧气时，氧气中氢浓度超过规定值时。

(3) 水电解槽的电解小室电压，经多次测定均不正常时。

(4) 水电解槽出口氢侧、氧侧气体压力不平衡，其压力差超过允许值时。

(5) 氢气压缩机进气侧的氢气压力低于允许值时。

(6) 电力供应故障。

(7) 监测的空气中氢浓度超过1.0%时。

139. 为什么在水电解制氢装置运行中，必须确保氢、氧侧（阴极、阳极侧）的压力差小于0.5kPa?

答：在水电解制氢装置运行中，必须确保氢、氧侧（阴极、阳极侧）的压力差不能过大，若超过某一设定值后，就会造成某一电解小室或多个电解小室的“干槽”现象，从而使氢气、氧气互相掺混，降低氢气或氧气的纯度，严重时形成爆炸混合气，这是十分危险的，极易引起事故的发生。所以规定：应设置压力调节装置，以确保氢气、氧气之间的压差设定值。此值均小于现有水电解槽气道至隔膜框上石棉布的距离，并有一定的富裕度。

140. 简述制氢装置加热温度达不到要求的原因及排除方法。

答：原因：

（1）电加热元件损坏。

（2）测温元件或控制仪表失灵。

（3）气量偏差较大。

排除方法：

（1）更换新的电加热元件。

（2）修复测温元件或控制仪表。

（3）调整气量。

141. 制氢装置突然停车的常见原因有哪些?

答：（1）供电系统停电。

（2）整流电源发生故障。

（3）冷却水中断或流量过小压力不足引起跳闸。

（4）电流突然升高引起过电流或出现短路引起跳闸。

（5）快速熔断器烧坏而跳闸。

（6）由控制柜联锁使整流柜跳闸。

（7）槽压过高联锁使整流柜跳闸。

（8）碱液循环量下限联锁使整流柜跳闸。

（9）槽温过高联锁使整流柜跳闸。

142. 简述电解槽电压高的原因。

答：（1）电解槽温度低于正常温度。

（2）进电解槽阳极液浓度低。

（3）阳极液酸度增加。

（4）因整流故障造成过电流。

（5）阴极液浓度过高。

（6）膜被金属污染。

（7）电解液流量太低。

第五章　生活污水与工业废水系统

143. 简述废水的化学处理方法。

答：化学处理法指通过化学反应来分离、去除废水中呈溶解、胶体状态的污染物质或将其转化为无害物质的废水处理法。在化学处理法中，以投加药剂产生化学反应为基础的处理单元有混凝、中和、化学沉淀、氧化还原等。

144. 化学系统产生的废水有哪些?

答：产生的废水有：澄清设备的泥浆废水，过滤设备的反洗排水，超滤反洗水，反渗透浓水，离子交换设备的再生和冲洗废水，凝结水净化装置的排放废水等。

145. 简述离子交换设备的再生、冲洗废水的特点。

答：离子交换设备再生和冲洗产生的酸碱废水是间断排放的，废水排放量在整个周期有很大变化，其废水量大约是处理水量的10%。

这部分废水的pH值有的过高，有的过低。其中，酸性废水的pH值变化范围为1～5，碱性废水的pH值变化范围为8～13，具有很强的腐蚀性，还含有大量的溶解固形物、悬浮物、有机物、无机物等杂质，平均含盐量为7000～10000mg/L。系统内设置有反渗透装置的，这一部分废水还有没有硬度的特点。

146. 什么是生活污水生物处理法？分为哪两类?

答：生活污水的处理一般采用生物处理法。在自然界中，存在着大量依靠有机物生活的微生物，它们能够分解、氧化有机物，并将其转化为稳定的化合物。利用微生物分解、氧化有机物的这一功能，并采取一定的人工措施，创造有利于微生物生长、繁殖的环境，使微生物大量增殖以提高其分解、氧化有机物效率的废水处理方法称为生物处理法。一般根据在处理过程中起主要作用的微生物对氧气要求的不同，分为好氧生物处理和厌氧生物处理两大类。

147. 影响活性污泥法效率的因素有哪些？

答：(1) 溶解氧。

(2) 水温。

(3) pH 值。

(4) 营养物。

(5) 有毒物质。

148. 现代废水处理技术，按处理的程度可分为几级？各级的处理对象及处理方法是什么？

答：可分为一级、二级、三级处理。

(1) 一级处理：主要去除废水中悬浮固体和漂浮物质，同时还通过中和或均衡等预处理对废水进行调节，以便排入受纳水体或二级处理装置。主要包括筛滤、沉淀等物理处理方法。

(2) 二级处理：主要去除废水中呈胶体和溶解状态的有机污染物质，主要采用各种生物处理方法，BOD 去除率可达 90%以上，处理水可以达标排放。

(3) 三级处理：是在一级、二级处理的基础上，对难降解的有机物、磷、氮等营养性物质进行进一步处理。采用的方法有混凝、过滤、离子交换、反渗透、超滤和消毒等。

149. 《电力安全作业工作规程》中对电解制氯系统有何要求？

答：(1) 采用电解海水或食盐水制取次氯酸钠的系统，必须保证车间内通风良好，次氯酸钠储罐必须设置排氢装置，防止氢气在储罐内聚集。

(2) 电解制氯间内必须设置“严禁烟火”“当心中毒”“当心

腐蚀”等安全警示标志。

（3）制氯设备检修时，必须将设备可靠停止，充分冲洗干净，排出系统残存的氢气和氯气。在制氯间进行动火作业时，必须办理动火工作票。

（4）制氯设备运行时禁止两手同时接触电解装置的两极。

150.《防止电力生产事故的二十五项重点要求》中加强废水处理，防止超标排放的措施内容是什么？

答：（1）发电企业做好废水处理和废水资源化工作，处理后的废水应回收利用。环评要求厂区不得设置废水排放口的企业，一律不准设置废水排放口。环评允许设置废水排放口的企业，其废水排放口应规范化设置，满足环保部门的要求。同时应安装废水自动监控设施，并严格执行 HJ/T 353《水污染源在线监测系统安装技术规范（试行）》。

（2）应对电厂废（污）水处理设施制定严格的运行维护和检修制度，加强对污水处理设备的维护、管理，确保废（污）水处理运转正常。

（3）做好电厂废（污）水处理设施运行记录，并定期监督废水处理设施的投运率、处理效率和废水排放达标率。

（4）锅炉进行化学清洗时，必须制订废液处理方案，并经审批后执行。清洗产生的废液经处理达标后尽量回用，降低废水排放量。酸洗废液委托外运处置的，第一要有资质，第二电厂要监督处理过程，并且做好记录。

第六章　凝结水精处理系统

151. 凝结水设置精处理应综合考虑哪些方面的因素？

答：（1）锅炉的炉型和机组的参数，即直流锅炉或汽包锅炉，汽包锅炉的压力等级、容量等。

（2）冷却系统特性和冷却水种类，即空冷或水冷，冷却水是淡水、苦咸水或海水。

（3）凝汽器的结构及管材。

（4）机组的负荷特性，即基本负荷还是调峰负荷。

（5）给水的水化学工况，即全挥发性水工况、中性水工况或联合水工况。

152. 在凝结水处理系统中，氢型阳床过滤器的作用是什么？

答：（1）滤去凝结水中腐蚀产物和悬浮物，防止对混床树脂的污染。

（2）除去凝结水中的氨，降低混床进水的 pH 值，进而降低混床出水的氯离子含量。

（3）延长混床运行周期，减少混床的再生次数。

153. 精处理床体投运前进行再循环，再循环的作用有哪些？

答：（1）床体投运初期水质不合格，必须使其再循环合格后才能投运。

（2）启动再循环泵后用较小流量使树脂层均匀压实，防止运行中发生偏流。

154. 高速混床对所用树脂有何要求？

答：（1）要有较高的机械强度和良好的耐磨度。

（2）一般采用均粒径树脂，而且对树脂的粒径要求严格，过大或过小的离子交换树脂颗粒都不利于混床的运行。

（3）必须采用强酸性阳离子交换树脂和强碱性阴离子交换树脂作为交换剂。

（4）阴阳离子交换树脂配比必须合理。

155. 空冷机组凝结水的水质特点是什么？

答：由于汽轮机排气采用了空气冷却系统，其凝结水的水质特点与湿冷机组不同，主要表现在：

（1）凝结水温度高。

（2）二氧化碳含量、溶解氧以及悬浮杂质含量较高。

（3）铁含量高。

（4）含盐量低。

156. 凝结水处理用混床（高速混床）的工作特点有哪些？

答：（1）处理水量大，运行流速高。高速混床运行流速一般在100～120m/h。

（2）工作压力高。凝结水混床可以是低压力混床，也可以是中等压力混床。目前一般都采用3.0～3.5MPa的工作压力。

（3）失效树脂宜体外再生。

（4）增大混床阳树脂的比例。对于给水加氨的水汽系统来说，含有大量的氨，会消耗阳树脂的交换容量，而不消耗阴树脂的交换容量，即欲除去的阳离子浓度远大于欲除去的阴离子浓度，故与普通混床相比，应适当增加阳树脂比例。

157. 精处理旁路电动门开不到位可能的原因有哪些？

答：（1）阀门卡涩。

（2）电动头故障。

（3）电动头与阀门的连接部件故障。

（4）热工指令问题。

（5）热工逻辑问题。

（6）电动门失电。

158. 凝结水精处理混床出口氯离子含量大于进水氯离子含量，原因是什么？

答：精处理混床出口氯离子含量大于进水氯离子含量，说明运行中阴树脂吸附着的氯离子又释放到水中，使混床出水氯离子大于进水氯离子。

原因：

（1）混床阴阳树脂混合不均匀，上层阴树脂比例大，下层阳树脂比例大，运行时上部阳树脂的交换容量很快被水中 NH_4OH 消耗而先失效，于是树脂在碱性条件下工作，使 $ROH + Cl^- \longrightarrow RCl + OH^-$ 逆向进行，使先吸附的 Cl^- 又释放到水中，所以混床出水 Cl^- 含量升高。

（2）再生用碱不纯引起的。再生时碱液中 Cl^- 极容易被阴树脂吸着，当纯度很高的凝结水通过树脂时，阴树脂中的 Cl^- 和凝结水中的 Cl^- 会达到一个新的平衡。如果树脂中的 Cl^- 含量高，则凝结水中的 Cl^- 不但不能被交换，反而树脂中的 Cl^- 会释放到水中，使凝结水中的 Cl^- 含量增高。

解决办法：

（1）将树脂混合均匀。

（2）提高再生用碱的质量，降低碱液中 NaCl 含量，提高阴树脂的再生度。

（3）在混床前面增设氢型过滤器，降低混床进水的 pH 值。

159. 精处理床体为什么会发生偏流现象？有什么危害？应该如何处理？

答：床体内发生偏流的原因主要是布水不均匀引起的。床体布水装置均是弧形板加水帽，如水帽脱落、局部水帽堵塞、水帽缝隙设计不合理、弧形板变形、弧形板接口胶垫破损等因素会造成进水偏流。偏流会造成床体内树脂紊乱扰动、树脂层不平整，制水量严重下降。如确认床体发生偏流，应安排检修，针对问题进行处理。

160. 高速混床再生时为使失效树脂输送彻底，可采取哪些措施?

答: (1) 将混床底部的出脂装置设计得更合理。

(2) 输送管道内表面必须光滑，采用大半径弯头，避免有隐藏树脂的凹坑和死角。

(3) 有足够的输送压力以及合理的树脂与水的比例。

(4) 输送树脂应是连续的，不得中途中断传送介质，否则可能出现树脂堵塞现象。

(5) 在树脂输送管系统的尽头设冲洗阀，冲洗阀从两个方向冲扫树脂到接受点，避免管内残留树脂。

161. 使高速混床树脂分层彻底的方法或措施是什么?

答: 为使阴、阳树脂分层彻底，常用的措施如下:

(1) 混脂层分离法。该法在再生时，将混脂层单独抽出，送入混脂塔，使之不参加再生，从而保证阴、阳树脂的良好分离。

(2) 惰性树脂分层法。该法就是在阴、阳树脂中再加入一种无官能基团的惰性树脂，其相对密度介于阴、阳树脂之间。惰性树脂在阴、阳树脂层界面之间形成缓冲层来减少交叉污染。

(3) 浮选分离法。用高浓度的 NaOH 溶液浸泡阴、阳树脂，使树脂深度失效，从而引起阴、阳树脂产生较大的密度差，这样，阴树脂上浮，阳树脂下沉，从而可彻底分离混在一起的阴、阳树脂，保证出水水质。

162. 什么是高速混床树脂的交叉污染? 交叉污染对混床运行的出水水质有何影响?

答: 混床失效树脂再生前分离不彻底，将导致阴树脂中混有少量阳树脂，阳树脂中混有少量阴树脂。对于混杂的树脂，再生后，彼此以失效型存在于另一种再生好的树脂中，这种现象称为树脂的交叉污染。树脂的交叉污染将导致混床运行时出水水质恶化。因为阳树脂用盐酸再生时其中的阴树脂转为 RCl 型，阴树脂用氢氧化钠再生时，其中的阳树脂转为 RNa 型。当两种树脂混合后其中必有失效型的 RCl 阴树脂和 RNa 阳树脂，从而降低了混床树脂的再生度，因此导致混床运行时出水中的钠离子和氯离子含量高。

163. 为什么凝结水混床宜采用体外再生？

答：（1）可以简化混床的内部结构，减少水流的阻力，便于混床高流速运行。

（2）混床失效树脂在专用的设备中进行反洗、分离和再生，有利于获得较好的分离效果和再生效果。

（3）采用体外再生时，酸碱管道和混床脱离，可以避免因酸碱阀门误动作或关闭不严使酸碱漏入凝结水中。

（4）在体外再生系统中有存放已经再生好树脂的储存设备，所以能缩短混床的停运时间，提高混床的利用率。

164. 氨化混床与 H/OH 型混床相比有什么特点？

答：（1）氨化混床运行周期长（正常时可达 2～3 月），再生次数少。

（2）氨化混床的再生度必须比氢型混床的再生度高得多，即氨化混床再生时对阳、阴树脂分离度的要求很高。

（3）氨化混床对再生剂的纯度要求很高。

（4）再生氨化混床时的操作和测定，要比再生氢型混床时复杂、繁琐。在运行时，氨化混床中残留的钠离子及进水中的钠离子大多容易漏出混床进入除盐凝结水中。

（5）凝汽器的严密性要好，如有泄漏，则采用氢型混床运行。

（6）氨化混床必须与氢型混床一起运行以便协调系统中的氨含量。

（7）由于氨化混床有转型阶段和失效阶段，因此运行人员需要有一定的运行经验。

（8）由于氨化混床出水值比较高，而且阳树脂是氨型的，因此其除硅效果要比氢型混床差些。

165. 为了保证良好的再生效果，精处理混床树脂再生时的注意事项有哪些？

答：（1）提高树脂膨胀率，在不跑树脂的前提下，将树脂擦洗干净。

（2）关键步骤是反洗分层要彻底。

（3）树脂输送操作熟练，降低阴阳树脂混杂程度，置换充分，将再生出来的杂质离子排出。

（4）混脂均匀，提高出水水质和利用率。

166. 什么是锥斗分离法？有哪些特点？

答：锥斗分离法是因底部设计成锥形而得名的。锥体分离系统由锥形分离塔（兼做阴再生）、阳再生塔（兼储存）、混脂塔及树脂界面检测装置组成。该方法采用常规的水力反洗分层，然后从底部转移阳树脂。转移过程中，从底部向上引出一股水流，托住整个树脂层，维持界面下移。它具有以下特点：

（1）分离塔采用了锥体结构，树脂在下移过程中，过脂断面不断缩小，所以界面处的混脂体积小；锥形底部较易控制反洗流速，避免树脂在下移过程中界面扰动。

（2）底部进水下部排脂系统，确保界面平整下降。

（3）树脂输送管上安装有树脂界面检测装置，利用阴、阳树脂具有不同电导率信号（阳树脂的电导率大于阴树脂的电导率）或光电信号来检测阴、阳树脂的界面，控制输送量。

（4）阴树脂采用二次分离，进一步减少其中的阳树脂含量。

167. 与普通的混床精处理系统相比，直接空冷机组中的分床精处理系统有什么特点？

答：（1）树脂量大，树脂层厚，精处理出水水质比较好，加上直接空冷机组不存在凝汽器泄漏的问题，系统内的含盐量比湿冷机组少，因此分床精处理系统机组水质普遍优良，给水氢电导率一般维持在 0.15μS/cm 以下。尽管空冷机组凝结水中铁的腐蚀产物比湿冷机组大，但经过较厚的树脂层的截留作用，能漏入系统的固体颗粒已经很少。

（2）当水质优良、负荷波动不大时，若凝结水温度超出阴树脂的设计温度时，可将阴床暂时退出。但若水质较差、负荷变动较大时，建议短时间内阴床不退出，待水质稍好、负荷稳定后再退出阴床，并密切注意精处理后的水质变化，随时调节精处理后的加药量。混床则不能单独投运阳床。

（3）阳床和阴床相当于串联，精处理系统的压降较普通混床的压降高，会对除氧器的水位调节产生一定的影响。因此，运行过程中尽量避免阳床压降和阴床压降同时比较高的情况。

（4）由于阴再循环泵和阳再循环泵分开设计，再循环仅仅起到固化床体的作用，并不能把再生后树脂里面残留的酸（或碱）洗净，因此，树脂再生后必须彻底冲洗干净。否则，残留在树脂的中的酸（或碱）将会被带入机炉系统内，对设备造成危害。

（5）空冷机组凝结水中含固体杂质较多，导致树脂擦洗的次数和时间较多，会造成较多的碎树脂，尤其是阴树脂，需定期将碎树脂反洗出去，以免被带入锅炉内。

168. 精处理床体失效后，短期没有备用的床体，开旁路单床运行和继续使用失效的床体应该怎样选择？

答：参考床体出水电导率、钠含量，精处理床体失效基本是阳树脂失效，失效初期可以继续吸附铁离子等高价离子释放氨离子，出水电导率上涨钠不涨，继续运行钠含量会上涨，这时要注意锅炉水电导率变化，如锅炉水电导率明显上涨，应考虑退床；如凝结水水质差，已判定凝汽器泄漏，则不允许开旁路运行，床体失效也不能解列；如凝结水氢电导率低于 0.15μS/cm 且汽水指标良好，可以退床旁路运行。合理安排树脂再生、系统检修，尽可能缩短或避免床体失效运行。

169.《防止电力生产事故的二十五项重点要求》中防止设备大面积腐蚀的措施中对精处理系统的要求是什么？

答：（1）凝结水的精处理设备严禁退出运行。机组启动时应及时投入凝结水精处理设备（直流锅炉机组在启动冲洗时即应投入精处理设备），保证精处理出水质量合格。

（2）精处理再生时要保证阴阳树脂的完全分离，防止再生过程的交叉污染。阴树脂的再生剂应采用高纯碱，阳树脂的再生剂应采用合成酸。精处理树脂投运前应充分正洗，防止树脂中的残留再生酸带入水汽系统造成锅炉水 pH 值大幅降低。

（3）应定期检查凝结水精处理混床和树脂捕捉器的完好性，防止凝结水混床在运行过程中发生跑漏树脂。

第七章　炉内处理系统与汽水监督

170. 水汽系统微量杂质的来源大体上有几方面?

答: (1) 补给水带进的杂质。

(2) 凝汽器泄漏带入的杂质。

(3) 水汽系统自身的腐蚀产物。

(4) 水处理装置带入的微量杂质。

(5) 锅内处理和给水处理药品带入的杂质。

(6) 其他因素。

171. 热力设备常见的腐蚀形式有哪些?

答: (1) 氧腐蚀。

(2) 酸腐蚀。

(3) 应力腐蚀。

(4) 锅炉的介质浓缩腐蚀。

(5) 汽水腐蚀。

(6) 电偶腐蚀。

(7) 铜管选择性腐蚀。

(8) 磨损腐蚀。

(9) 锅炉烟侧高温腐蚀。

(10) 锅炉尾部的低温腐蚀。

172. 什么是沉积物下腐蚀? 一般有几种情况?

答: 当锅炉内金属表面附着水垢或水渣时，在其下面会发生严重的腐蚀，称为沉积物下腐蚀。沉积物下腐蚀一般可分为两种情况：酸性腐蚀和碱性腐蚀。

173. 锅炉金属的应力腐蚀有几种类型？

答：锅炉金属的应力腐蚀有三种类型，即腐蚀疲劳、应力腐蚀开裂及苛性脆化。

174. 什么是电化学腐蚀，有何特点？

答：电化学腐蚀是指金属表面与离子导电的介质发生电化学作用而产生的破坏。电化学腐蚀的特点是它的腐蚀历程可分为两个相对独立，并可同时进行的过程。在被腐蚀的金属表面上一般存在有隔离的阳极区和阴极区，腐蚀反应过程中电子的传递可通过金属从阳极区流向阴极区，因而有电流产生。

175. 什么叫流动加速腐蚀（FAC）？其机理是什么？

答：流动加速腐蚀（FAC）是将附着在碳钢表面上的保护性磁性氧化铁层逐步溶解到流水或湿蒸汽中的过程，由于保护性氧化层的减少或消除，管道基体金属快速剥离而减薄，甚至爆裂，引起给水系统管道故障或事故。

176. 金属表面氧化膜层能起保护作用，必须具备什么条件？

答：（1）氧化物层必须是难溶的，无裂缝和无孔的，金属氧化成氧化物的速度，即金属的溶出速度要小，不至于因此影响机组的使用寿命。

（2）对于在运行中因机械作用或化学原因造成的有限损伤，必须具有修复这些损坏部位膜的能力。

177. 怎样才能取得有代表性的水、汽样品？

答：为了取得有代表性的水、汽样品，必须做到以下几方面：

（1）合理地选择取样地点。

（2）正确地设计、安装和使用取样装置（包括取样器和取样冷却装置）。

（3）正确地保存样品，防止已取得的样品被污染。

178. 什么是汽、水系统的查定?

答: 汽、水系统的查定是通过对全厂各种汽、水的Cu、Fe含量，以及与Cu、Fe有关的各项目（pH、CO_2、NH_3、O_2等）的全面查定试验，找出汽水系统中腐蚀产物的分布情况，了解其产生的原因，从而针对问题，采取措施，以减缓和消除汽、水系统中的腐蚀。系统查定可分为定期查定和不定期查定两种。

（1）定期查定。按照规定的时间对汽、水系统进行普查，掌握整个汽、水系统的水质情况，定期的查定可以及时发现问题。

（2）不定期查定。当汽、水系统发现问题时进行跟踪查定，可以是系统的某一部分或针对某一变化的因素来查定，往往连续进行一段时间。不定期查定必须提前定出计划，组织好人力。

179. 简述水汽监督的特点。

答:（1）涉及面广。电厂水汽系统是包括锅炉、汽轮机、凝汽器、各种水泵等组成的水汽循环及水处理系统。另外，它还包括相对独立的冷却水系统及发电机内冷水系统等。因而电厂的水汽监督直接关系电厂锅炉、汽轮机、发电机三大主机的安全经济运行。如给水、锅炉水水质直接关系锅炉运行；蒸汽品质直接关系汽轮机运行；内冷水水质则直接关系发电机的运行。因此，做好水汽监督工作，对电厂生产来说，具有十分重要的意义。

（2）系统性强。水汽监督具有极强的系统性，上一环节处理不当，水质不良，就将直接影响下一环节的水质，并进而对整个水汽系统的运行产生不良影响。因而，这就要求在任何一个环节的监督上都不能出现问题。

（3）隐蔽性大。一般水质有所恶化，并不能直接显示出它的危害性，热力系统金属设备的结垢与腐蚀是长期运行所造成的。由于水汽监督出现了问题，特别是较长时间得不到解决，埋下了事故隐患。故在日常监督工作中，各个岗位的人员都必须认真操作，执行标准，保证水汽质量符合有关的规定要求，并能及时发现与消除事故隐患。

（4）技术要求高。由于各电厂所用水源水质的不同，机组配置与参数各不相同，对各个环节的用水，所采用的处理方法与工艺也将有所差异。因而必须针对本厂实际情况，研究与改进水汽监督工作，控制并掌握水汽系统的最佳运行条件是至关重要的。

(5) 需协作分工。水汽监督虽是化学监督的范畴，但不是化学专业单独能完成的，水汽监督除直接与三大主机的运行有关外，还涉及锅炉、汽轮机专业管理的众多生产设备。因此，要做好水汽监督工作，必须要加强协调管理，合理分工，各负其责。

180. 简述直流锅炉水汽系统的特点。

答：直流锅炉给水依靠补给水泵的压力，顺序流经省煤器、水冷壁、过热器等受热面，水流一次通过完成水的加热、蒸发和过热过程，全部变成过热蒸汽送出锅炉。直流锅炉没有汽包，水也无需反复循环多次才完成蒸发过程。不能像汽包锅炉那样通过锅炉排出锅炉水中杂质，也不能进行锅内锅炉水防垢处理并排出，给水若带杂质进入直流锅炉，这些杂质或者在锅炉管内生成沉积物，或者被蒸汽带往汽轮机中发生腐蚀或生成沉积物，直接影响机组运行的安全性及经济性。因此，直流锅炉的给水纯度要求很高。

181. 影响电导率测定的因素有哪些？

答：(1) 温度对溶液电导率的影响。一般温度升高，离子热运动速度加快，电导率增大。

(2) 电导池电极极化对电导率测定的影响。在电导率测定过程中发生电极极化，从而引起误差。

(3) 电极系统的电容对电导率测定的影响。

(4) 样品中可溶性气体对溶液电导率测定的影响。

182. 凝结水溶解氧不合格的原因是什么？如何处理？

答：原因：

(1) 凝汽器真空部分漏气。

(2) 凝结水泵运行中有空气漏入。

（3）凝汽器的过冷度太大。

（4）凝汽器管泄漏。

处理方法：

（1）对凝结水系统进行查漏、堵漏。

（2）将凝结水泵倒换备用泵，盘根处加水封。

（3）调整凝汽器的过冷度。

（4）对凝结器管及管板采取查漏堵漏措施，严重时将凝结水放掉。

183. 简述凝汽器泄漏应采取的应急措施。

答：（1）降负荷运行，将凝结水改为排放方式。

（2）限制减温水和低压缸喷水。

（3）控制凝汽器水位，防止凝结水余水倒回补给水系统。

（4）尽可能加大锅炉排污。

（5）启动磷酸盐加药泵，适当提高锅炉水 PO_4^{3-} 浓度。

（6）关闭凝汽器一侧热井取样门，观测电导率的变化，15min 后打开所有取样门，关闭另一侧取样门，观测电导率的变化，确认某一侧发生泄漏时，将其隔离，并做进一步处理。

（7）对于泄漏的凝汽器管，应采取查漏、堵漏措施，凝结水处理设备必须投入运行。

（8）整个查漏堵漏过程应迅速有效，此期间应加强凝结水、给水、炉水水质监督。

184. 给水 pH 值下限控制是多少？为什么？

答：给水 pH 值下限控制为 9.2，给水加氨主要是其可以中和游离二氧化碳产生的碳酸，经计算：氨将碳酸转化为碳酸氢铵时水的 pH 值约为 7.9，而将碳酸完全转化为碳酸铵时，水的 pH 值约为 9.2，因此将 9.2 作为给水 pH 的下限值。

185. 简述给水中加氨的目的和原理。

答：给水中加氨的目的是为了提高给水 pH 值，减缓设备的酸性腐蚀。加氨的作用原理是利用氨的碱性以中和二氧化碳的酸性，又因为氨是一种挥发性物质，凡是 CO_2 溶于水生成 H_2CO_3 的时候，NH_3 亦同时与其反应：

$$NH_3 \cdot H_2O + H_2CO_3 \longrightarrow NH_4HCO_3 + H_2O$$

$$NH_4HCO_3 + NH_3 \cdot H_2O \longrightarrow (NH_4)_2CO_3 + H_2O$$

这样加氨后中和了碳酸的酸性，同时又可调节 pH 值，使给水在碱性范围内，减缓腐蚀。

186. 给水溶解氧不合格的原因有哪些?

答: (1) 除氧器运行参数（温度、压力）不正常。

(2) 除氧器入口溶解氧过高。

(3) 除氧器装置内部有缺陷。

(4) 负荷变动较大，补水量增加。

(5) 排汽门开度不合适。

(6) 给水泵入口不严。

(7) 取样管不严漏入空气。

(8) 给水加联胺不足。

(9) 分析药品失效或仪表不准。

187. 除氧器的除氧原理是什么?

答: 除氧器是以加热的方式除去给水中溶解氧及其他气体的一种设备。其工作原理是基于亨利定律，即任何气体在水中的溶解度与它在汽水分界面上的分压成正比。在敞口设备中将水温升高时，水面上水蒸气的分压升高，其他气体的分压下降，结果使其他气体不断析出，这些气体在水中的溶解度就下降，当水温达到沸点时，水面上水蒸气的压力与外界压力相等，其他气体的分压为零。因此，溶解在水中的气体将被分离出来。

188. 简述锅炉给水的监督项目及意义。

答: (1) 硬度。目的是防止锅炉给水系统生成钙、镁水垢，并且减少炉内磷酸盐处理的加药量，避免在锅炉水中产生大量水渣。

（2）油。给水中有油，进入炉内后会附着在炉管管壁上并受热分解，危及锅炉安全。油在锅炉水中吸附水渣而形成漂浮态，促进泡沫生成，引起蒸汽品质劣化。含油的细小水滴被蒸汽携带到过热器，会导致过热器管生成沉积物而损坏。

（3）溶解氧。目的是为了防止给水系统和省煤器发生溶解氧腐蚀，同时也为了监督除氧器的除氧效果。

（4）联氨。监督给水中的过剩联氨量，保证除氧效果，并消除因发生给水泵关不严密等异常情况而偶然漏入给水中的溶解氧。

（5）pH 值。为了防止给水系统的腐蚀，保证一定的碱性范围而不使含氨量过多，必须监督 pH 值。

（6）总 CO_2。防止系统中铁、铜腐蚀产物增大。

（7）全铁、全铜。防止炉管生成铁垢、铜垢。监督全铁、全铜，也是评价热力系统腐蚀情况的依据之一。

（8）含盐量（或含钠量）、含硅量、碱度。保证蒸汽品质，避免锅炉排污率太高。

189. 汽包锅炉给水加氧处理的条件是什么？

答：（1）给水氢电导率应小于 0.15μS/cm。

（2）凝结水系统应配置全流量精处理设备。

（3）除凝汽器冷凝管外水汽循环系统各设备均应为钢制元件。对于水汽系统有铜加热器管的机组，应通过专门试验，确定在加氧后不会增加水汽系统的含铜量，才能采用给水加氧处理工艺。

（4）锅炉水冷壁管内的结垢量达到 200～300g/m^2 时，在给水采用加氧处理前宜进行化学清洗。

190. 加氧处理影响氧化膜形成的因素有哪些？

答：（1）电导率。

（2）pH 值。

（3）溶解氧浓度。

（4）金属表面状态。

191. 控制锅炉水 pH 不低于 9 的原因是什么?

答: (1) pH 值低时，锅炉水对锅炉钢材的腐蚀性增强。

(2) 锅炉水中磷酸根与钙离子的反应，只有当 pH 值达到一定的条件下，才能生成容易排除的水渣。

(3) 为了抑制锅炉水硅酸盐水解，减少硅酸在蒸汽中的携带量。但是锅炉水的 pH 值也不能太高，即 pH 值一般不应大于 11。若锅炉水 pH 值很高，容易引起碱性腐蚀。

192. 锅炉水中磷酸根含量太高有何危害?

答: 增加锅炉水的含盐量，影响蒸汽品质；有生成 $Mg_3(PO_4)_2$ 水垢的可能，这种水垢能黏附在炉管内形成二次水垢；若锅炉水含铁量大时，有生成磷酸盐铁垢的可能；容易在高压或超高压锅炉中发生 Na_3PO_4 的“隐藏”现象，造成药品浪费。

193. 锅炉水异常时应如何处理?

答: 如果锅炉水中检测出硬度或锅炉水的 pH 值大幅度下降或凝结水中的含钠量剧增，应采取紧急处理措施。

(1) 加大锅炉的排污量。在加大锅炉排污量的同时查找异常原因。

(2) 加大磷酸盐的加药量。如果锅炉水中出现硬度，应检查凝汽器、泵冷却水系统等是否发生泄漏。

(3) 加入适量的 NaOH 以维持锅炉水的 pH 值。如果锅炉水的 pH 值大幅度下降，对于有凝结水精处理的机组，应检查混床漏氯情况并对锅炉水的氯离子进行测定。对没有凝结水精处理的机组，重点检查凝汽器是否发生泄漏，同时加大磷酸盐剂量并加入适量的 NaOH 以维持锅炉水的 pH。

(4) 紧急停机。用海水冷却的机组，当凝结水中的含钠量大于 400μg/L 时，应紧急停机。

194. 锅炉水氢氧化钠处理的条件是什么?

答: (1) 给水氢电导率应小于 0.15μS/cm。

（2）凝汽器基本不泄漏，或者偶尔微渗漏能及时有效消除渗漏，或配置精处理设备。

（3）锅炉水冷壁内表面清洁，无明显腐蚀坑和大量腐蚀产物。最好在锅炉水采用加氢氧化钠处理前进行化学清洗。

（4）锅炉热负荷分配均匀，水循环良好，避免干烧，防止形成膜态沸腾，导致氢氧化钠的过分浓缩，造成碱腐蚀。

195. 水渣对锅炉安全运行有什么危害?

答: 锅炉水中水渣多，会影响锅炉的蒸汽品质，而且还有可能堵塞炉管，威胁锅炉的安全运行，所以应采用排污的办法及时将水渣排掉。因此，为了防止生成二次水垢，应尽可能地避免生成磷酸镁和氢氧化镁水渣。

196. 锅炉热化学试验的目的是什么?

答: 锅炉热化学试验，是为了寻求获得良好蒸汽品质的运行条件，确定锅炉的水质、锅炉负荷以及负荷变化速度、水位等运行条件对蒸汽品质的影响，从而确定运行控制指标。此外，还可以判定汽包内部汽水分离装置的好坏和蒸汽清洗效果。

197. 锅炉热化学试验需要进行哪些试验?

答: （1）锅炉水含盐量对蒸汽品质的影响。

（2）锅炉水含硅量对蒸汽含硅量的关系。

（3）锅炉负荷对蒸汽品质的影响。

（4）锅炉负荷变化速率对蒸汽品质的影响。

（5）汽包的最高允许水位。

（6）汽包水位的允许变化速度。

198. 按《火力发电厂化学调试导则》（DL/T 1076）要求，机组启动洗硅运行阶段的化学监督内容有哪些?

答: （1）锅炉压力达到洗硅压力时，锅炉进入洗硅运行。

（2）在锅炉升压洗硅过程中，根据锅炉的运行压力，控制锅炉水的二氧化硅含量，使蒸汽二氧化硅含量小于60μg/kg，维持锅炉水pH值在9～10之间。

(3) 洗硅过程中，在保证蒸汽品质合格的情况下，锅炉压力由低到高，升至一个压力等级后，尽量升负荷，保证蒸汽二氧化硅含量在限制值内。

(4) 锅炉水二氧化硅含量由排污来调节，如不能保持在限制值内则降压运行。

(5) 降压后增大排污，使锅炉水含硅量下降至高一个压力等级的锅炉水含硅量限制值内才能升压。

(6) 升压、升负荷、排污、控制锅炉水含硅量，如此反复，直至达到额定参数对应的蒸汽二氧化硅限值，洗硅结束。

199. 简述蒸汽洗硅的原理。

答：在汽包内的汽水分离装置只能减少蒸汽带水，而不能减少蒸汽的溶解携带。而二氧化硅在蒸汽中的溶解能力很强，并随汽包内蒸汽压力的升高而显著增加。为了获得良好的蒸汽品质，高参数锅炉汽包内大都安装蒸汽洗汽装置。蒸汽清洗就是使饱和蒸汽通过杂质含量很少的清洁水层。经过清洗的蒸汽其二氧化硅和其他杂质要比清洗前低得多。其基本原理是：

(1) 蒸汽通过清洁的水层时，它所溶解携带的二氧化硅和其他杂质以及清洗水中的杂质，将按分配系数在水和汽两相中重新分配，使得蒸汽中原有溶解携带的二氧化硅以及其他杂质一部分转移至清洗水中，这样就降低了蒸汽中溶解携带的二氧化硅和其他杂质的量。

(2) 蒸汽中原有的含杂质量较高的锅炉水水滴，在与清洗水接触时，会转入清洗水中。而由清洗水层出来的蒸汽虽然也会带走一些清洁水滴，但水滴内含二氧化硅和其他杂质量比锅炉水水滴要少得多，所以蒸汽清洗能降低蒸汽中水滴二氧化硅及其他杂质的含量。

200. 蒸汽含硅量、含盐量不合格的原因有哪些？

答：(1) 锅炉水、给水质量不合格。

（2）锅炉负荷、汽压、水位急剧变化。

（3）减温水水质劣化。

（4）锅炉加药控制不合理。

（5）汽水分离器分离元件缺陷。

201. 按《火力发电厂化学调试导则》（DL/T 1076）要求，锅炉启动阶段的化学监督内容有哪些？

答：（1）锅炉启动前，应检查所有的取样装置、加药设备，必须处于良好的备用状态。

（2）锅炉开始点火，启动氨泵、联氨泵向系统加药，调整加药量，使凝结水、给水符合水质标准要求。

（3）锅炉开始升压时，化学值班员投入取样装置中的冷却水系统，通知打开蒸汽、锅炉水、给水、凝结水等取样一次门，冲洗取样管10～15min，并调整取样流量为500～700mL/min，温度应小于30℃。通知锅炉值班员将连续排污开至100％。

（4）启动磷酸盐加药泵，维持锅炉水pH值、PO_4^{3-}的含量在标准范围内。

（5）锅炉升压后，开始做炉前给水、锅炉水、蒸汽的各项水质分析，并做好记录。此时根据水、汽质量，调整连续排污门开度及定排的排放频率，调整各加药泵冲程，尽快使水汽品质合格。

（6）锅炉压力达到洗硅压力时，锅炉进入洗硅运行。

（7）蒸汽品质不合格，汽轮机不应冲转。

202. 机组启动前化学运行应做哪些准备？

答：（1）各加药系统完好备用，溶药箱中已备满药液。

（2）检查取样装置，在线微机监测装置良好备用。取样冷却水量充足，压力正常。

（3）试验仪器良好备用。试验药品充足、齐全、无失效。

（4）化验发电机内冷水符合标准，否则立即换水至合格。

（5）通知仪表维护人员做好在线仪表投运准备工作。

203. 机组启动阶段，加强汽水取样排污的作用有哪些？

答：（1）可以冲洗取样管，将停机阶段取样管内产生的杂质冲洗掉。

（2）启动阶段水质变化较快，加强排污可以保证取样具有代表性、及时性、准确性。

204. 机组启动后，多个取样冷却器温度高，应进行哪些检查？

答：（1）检查机组闭式水系统是否导通，阀门是否开启正常。

（2）检查冷却水进出水阀门开启是否正常。

（3）温度过高可以联系检查一下冷却器内盘管是否有泄漏情况。

（4）看冷却水温度是否正常，有没有冷却水温度高的情况，检查相关系统。

（5）检查闭式水水样是否正常，有无气泡等。

（6）检查冷却水一二级冷却器是否有进水堵塞现象，关闭其他阀门后冷却水是否通畅。

205. 机组启动阶段，汽轮机冲转要求氢电导率合格，但经常遇到临近冲转时电导率仍不合格。电导率不合格的原因有哪些，应如何处理？

答：（1）系统水质差，锅炉水、饱和蒸汽等指标差，多排污，持续关注指标变化。

（2）树脂失效，对调好的交换柱。

（3）机组检修时更换过热器管，过热蒸汽品质差，加强排污。

（4）来水水样流量小，核实就地取样门开度。

（5）排污水样大，取样流量小，清理减压阀、过滤器。

206. 机组启动初期蒸汽电导率不合格的原因有哪些？

答：（1）冷却水不畅通，恒温装置有问题，导致水样温度高致电导率不合格。

（2）取样流量过大。

（3）加药量过多。

（4）取样水质不稳定，排污不完全。

（5）机组排污量小。

（6）表计异常。

207. 机组启动阶段，汽包压力升至 1.5MPa，过热蒸汽取样没有水样，可能原因有哪些？

答：（1）机组就地取样门未开启。

（2）就地化验站高温高压架一、二次门未开启。

（3）取样管堵塞。

（4）减压阀损坏。

（5）高温保护动作。

208. 定期冲洗水样取样器系统的目的是什么？

答：（1）冲走长管段运行中积存的沉积物、水垢、水渣等，防止污堵。

（2）清洁取样系统，阻止沉积物对水样产生的过滤作用而影响水样的真实性、代表性。

（3）活动系统设备，防止因长期的不操作而锈死失灵，影响正常的调整工作。

209. DL/T 805《火电厂汽水化学导则》中规定，根据机组的材料特性、炉型、给水水质有几种给水处理方式？几种给水处理方式是如何定义的？

答：对于有铜给水系统，宜采用 AVT(R)。对于无铜给水系统，宜采用 AVT(O)。对于设置凝结水精除盐装置且给水氢电导率符合给水加氧处理要求的无铜给水系统，宜采用 OT。

（1）AVT(R)：还原性全挥发处理，即锅炉给水加氨和还原剂（又称除氧剂，如联氨）的处理。

（2）AVT(O)：氧化性全挥发处理，即锅炉给水只加氨的处理。

（3）OT：加氧处理，锅炉给水加氧的处理。

210. 汽包锅炉为什么要排污？排污方式有哪些？

答：汽包锅炉运行时，给水带入锅内的杂质，只有少部分会被饱和蒸汽带走，大部分留在锅炉水中。随着运行时间的增加，锅炉水中的含盐量及杂质就会不断地增多，从而影响蒸汽品质。当锅炉水中的水渣较多时，不仅影响蒸汽品质，而且可能造成炉管堵塞，危及锅炉安全运行。因此，为了使锅炉水的含盐量和含硅量能在极限允许值以下和排除锅炉水中的水渣，在锅炉运行中，必须经常从锅炉中排出一部分锅炉水，并补充同量的含盐量较少的给水。

排污的方式有两种：

（1）连续排污方式：连续地从汽包中排放锅炉水。连续排污可以排除锅炉水中细小的或悬浮的水渣，以防止锅炉水中的含盐量和含硅量过高，污染蒸汽。

（2）定期排污方式：定期从锅炉水循环系统的最低点排除部分锅炉水。定期排污主要是为了排出水渣，排放速度很快。

211. 在什么情况下应加强锅炉的排污？

答：（1）锅炉刚启动，未投入正常运行前。

（2）锅炉水浑浊或质量超标。

（3）蒸汽品质恶化。

（4）给水水质超标。

212. 简述锅炉定期排污的注意事项。

答：（1）在锅炉炉水循环系统的最低点进行。

（2）排出的是水渣含量较高的部分。

（3）根据锅炉水质和锅炉蒸发量，定期进行。

（4）一般在低负荷时进行，排污量不超过锅炉蒸发量的0.5%，每次排污时间不超过1min。

213. 为保证优良的给水水质，应采取哪些措施？

答：（1）尽量减少热力系统的汽水损失，降低补给水量。

（2）采用合理、先进的水处理工艺和设备，保证优良的补给水质。

（3）防止凝汽器泄漏，减少凝结水被污染。

（4）对给水和凝结水系统采取有效的防腐或处理措施，以减少给水中金属腐蚀产物。

（5）停备用锅炉应做好停炉维护，减少热力系统的腐蚀。

（6）做好锅炉启动前的冷、热态水冲洗。

214. 锅炉汽包哪些装置与提高蒸汽品质有关？

答：汽包内的连续排污装置、洗汽装置和分离装置与蒸汽品质有关。

（1）连续排污装置。可以排除汽包内浓度较高的锅炉水，从而维持锅炉水浓度在规定范围内。因为蒸汽携带盐类与锅炉水浓度关系密切，与硅酸盐含量有直接关系，特别是高压锅炉。

（2）洗汽装置。使蒸汽通过含杂质量很小的清洁水层，减少溶解携带。

（3）分离装置。包括多孔板、旋风分离器、波形百叶窗等。利用离心力、黏附力和重力等进行汽水分离。

（4）夹层焊缝是否开裂，百叶窗疏水管是否满焊。

215. 当汽包锅炉给水水质劣化时，应如何处理？

答；给水劣化时，应首先倒换或少用减温水，以免污染蒸汽，查明给水劣化的原因。给水劣化的原因一般是补给水、凝结水、生产返回水、机组疏水产生的杂质。如出现硬度，常属于凝汽器泄漏或生产返回水脏污；凝汽器泄漏必须堵漏，才能保证给水水质；生产返回水的污染量较大，可以停用。如溶氧不合格，属于除氧器运行工况不佳，可以通过调整排气量处理，除氧器的缺陷需检修处理；如给水的 pH 值偏低，需检查补水水质是否正常，给水加药是否正常。一般厂内的给水组成比较稳定，对于一些疏水作为给水时，必须查定其符合给水水质的要求，才能允许作为补给水。

216. 简述锅炉水磷酸盐处理的作用。

答：（1）可消除锅炉水中的硬度。

（2）提高杂质对炉管腐蚀的抵抗能力，对锅炉水进行磷酸盐处理可维持锅炉水的pH值，提高锅炉水的缓冲能力，即提高杂质对炉管腐蚀的抵抗能力。当凝汽器泄漏而又没有凝结水精处理时，或有精处理设备但运行不正常时，或补给水中含有机物时，都可能引起锅炉水pH值下降。这时采用磷酸盐处理的锅炉水，其缓冲能力要比其他处理方式强。

（3）减缓水冷壁的结垢速率。

（4）改善蒸汽品质、改善汽轮机沉积物的化学性质和减缓汽轮机酸性腐蚀。

217. 何谓“盐类的暂时消失现象”？有什么危害？

答：“盐类暂时消失”现象，是指盐类在炉管内壁析出而使锅炉水磷酸盐浓度下降。当锅炉蒸发量降低或停运时，这些沉积的盐类再次溶解于锅炉水中。其危害是与其他沉积物一样，均会引起管壁温度高而导致爆管。同时，还会使炉管内壁锅炉水中产生游离氢氧化钠（NaOH），发生局部浓缩，破坏炉管内表面的磁性氧化铁保护膜，而导致炉管的碱性腐蚀。

218. 如何防止锅炉水产生“盐类暂时消失”现象？

答：（1）改善锅炉燃烧工况，保证炉管上的热负荷均匀。防止炉膛结焦、结渣，避免炉管上局部负荷过高。

（2）改善锅炉炉管内锅炉水流动工况，以保证水循环的正常运行。

（3）改善锅炉内的加药处理，限制锅炉水中的磷酸根含量，如采用低磷酸盐或平衡磷酸盐处理等。

219. 锅炉水磷酸根不合格可能产生的原因有哪些？

答：（1）磷酸盐的加药量过多或不足。

（2）加药设备存在缺陷或管道被堵塞。

（3）排污量不足或过多。

（4）炉负荷变化过大或给水质量剧变。

220. 简述蒸汽品质劣化的原因及处理方法。

答：（1）锅炉水品质不合格。加强排污，改善锅炉水品质。

（2）汽包内部水汽分离装置损坏，分离效果差；消除汽包内缺陷，提高分离效果。

（3）汽包水位高，蒸汽带水。由试验确定汽包正常水位。

（4）减温水不合格。改善给水质量，使减温水合格。

（5）锅炉运行工况急剧变化。由热化学试验确定锅炉最佳运行工况。

（6）炉内加药浓度太大，速度太快。调整炉内加药浓度和速度。

221. 当蒸汽品质恶化时，会造成哪些危害？

答：蒸汽品质恶化时，在蒸汽通流部分会沉积盐类附着物，过热器积盐会使过热器管道阻力增大，流速减小，会影响传热，造成过热器爆管。蒸汽管道阀门积盐，可能引起阀门失灵或漏汽。汽轮机调速机构积盐，会因卡涩拒动而引起事故停机。汽轮机叶片积盐，会增加汽轮机阻力，使出力和效率降低。

222. 汽轮机内形成沉积物的原因和特征是什么？

答：汽轮机内形成沉积物的原因如下：

（1）过热蒸汽在汽轮机内做功过程中，其压力、温度逐渐降低，钠化合物和硅酸在蒸汽中的溶解度也随之降低，它们容易沉积在汽轮机内。

（2）蒸汽中的微小浓 NaOH 液滴及一些固体微粒附着在汽轮机蒸汽通流部分并形成沉积物。

各种杂质在汽轮机内的沉积特性如下：

（1）钠化合物沉积在汽轮机的高压段。

（2）硅酸脱水成为石英结晶，沉积在汽轮机的中、低压段。

（3）铁的氧化物在汽轮机各级叶片上都能沉积。

223. 如何在机组运行中，保持较好的蒸汽品质？

答：（1）尽量减少进入锅炉水中的杂质。具体措施有：①提高补给水品质；②减少凝汽器泄漏，及时堵漏，降低凝结器含氧量；③防止给水系统的腐蚀；④及时对锅炉进行化学清洗。

（2）加强锅炉的排污。做好连续排污和定期排污工作。

（3）加强饱和蒸汽各点含钠量的监督，及时判断汽包内部装置是否发生缺陷；改进汽包内部装置。包括改进汽水分离装置和蒸汽清洗装置。

（4）调整锅炉的运行工况。包括调整好锅炉负荷、汽包水位、饱和蒸汽的压力和温度。避免运行参数的变化速率太大，降低锅炉水的含盐量等。

224. 为什么汽轮机的前后几级没有盐类沉积物？

答：汽轮机内各级的积盐情况不同，这主要与蒸汽的流动工况有关系。在汽轮机最前面的一级中，蒸汽参数仍然很高，而且蒸汽流速很快，其中的杂质尚不会从蒸汽中析出或者来不及析出，因此往往没有沉积物。在汽轮机的最后几级中，由于蒸汽中已含有湿分，杂质就转入湿分中，湿分能冲洗掉汽轮机叶轮上已析出的物质，所以在这里往往也没有沉积物。

225. 夏季环境温度高，恒温装置故障多发。如巡检发现汽水取样恒温装置温度显示35℃，应进行哪些检查？

答：检查恒温装置是否运行，如未投运核实原因；检查压缩机是否运行，电流指示是否正常，如压缩机运行，检查压缩机温度、制冷剂压力是否正常；检查冷却水门开启、管道温度是否正常；调整仪表取样流量，检查仪表取样温度与恒温装置显示温度偏差是否正常。

226. 写出 GB/T 12145《火力发电机组及蒸汽动力设备水汽质量》中关于闭式循环水质量标准要求。

答：（1）全铁系统：电导率≤30μS/cm（25℃），pH 值大于等于 9.5（25℃）。

（2）含铜系统：电导率≤20μS/cm（25℃），pH 值为 8.0～9.2（25℃）。

227. 水汽优化调整试验在什么情况下进行？

答：（1）发生不明原因的蒸汽品质恶化或汽轮机通流部分积盐加重。

（2）改变锅内装置、改变锅炉热力循环系统或改变燃烧方式。

（3）提高额定蒸发量。

228. 给水、锅炉水加药对药品纯度和配制有什么要求？

答：（1）汽包压力不高于 15.8MPa 的锅炉，加入热力系统的氨水或联氨中氯离子含量应小于 70mg/L，磷酸盐或氢氧化钠的纯度等级不低于化学纯。

（2）汽包压力高于 15.8MPa 的锅炉，加入热力系统的氨水或联氨中氯离子含量应小于 40mg/L，磷酸盐或氢氧化钠的纯度等级不低于分析纯。

（3）加入热力系统的所有药剂均应使用除盐水或凝结水配置。

229. 简述热力系统在线氢电导率仪的工作原理。

答：由于在进水回路上串接有阳离子交换器，即进入电导仪的水样都经过阳离子交换器处理。所以在线氢电导率仪除具有普通电导率仪的测量工作原理外，其作用原理还有两个：因给水采用加氨处理，水样经阳离子交换器处理后，除去氨，消除氨对水质测定的影响，使水质测定反映真实水质状况；另外，水样中杂质经阳离子交换器处理后，盐型转为酸型，同种阴离子的酸型电导率比盐型大很多，使水样的电导率测定更敏感。

230. 汽水品质不合格的危害性有哪些？

答：（1）热力设备的结垢。如果进入锅炉的水中有易于沉积的杂质，则在其运行过程中会发生结垢现象，垢的导热系数小，降低锅炉的传热效率，影响电厂的经济效益；且它又极易生成在高热负荷部位，使炉管壁温过高，金属强度下降，发生局部变形、鼓包，甚至爆管。

（2）热力设备的腐蚀。腐蚀不仅会缩短设备本身的寿命，金属腐蚀产物转入水汽中后会成为炉管上新的腐蚀源，带来更多的腐蚀杂质，加快炉管腐蚀，形成恶性循环。如果金属腐蚀产物被蒸汽带到汽轮机里，沉积下来会严重影响汽轮机的安全和运行的经济性。

（3）过热器和汽轮机内积盐。水质问题还会导致锅炉产生的蒸汽不纯，蒸汽带出的杂质沉积在蒸汽的流通部位，如过热器和汽轮机内，从而产生积盐现象。过热器积盐会引起金属管壁温度过高，以至爆管，汽轮机内积盐会大大降低汽轮机的出力和效率。当汽轮机内积盐严重时，还会使推力轴承负荷增大，隔板弯曲，降低汽轮机的工作效率或造成事故停机。

231. 简述水汽品质劣化时的处理原则。

答：当水汽品质劣化时，应迅速检查取样的代表性、化验结果的准确性，并综合分析系统中水汽品质的变化，确认判断无误后，应按下列三级处理原则执行。

一级处理：有发生水汽系统腐蚀、结垢、积盐的可能性，应在72h内恢复至相应的标准值。

二级处理：正在发生水汽系统腐蚀、结垢、积盐，应在24h内恢复至相应的标准值。

三级处理：正在发生快速腐蚀、结垢、积盐，4h内水质不好转时，应停炉。

在异常处理的每一级中，在规定的时间内不能恢复正常时，则应采用更高一级的处理方法。

232. 超超临界机组给水处理方式选择的原则是什么？

答：（1）根据材质选择给水处理方式。

（2）根据给水水质选择给水处理方式。

（3）根据机组的运行状况选择给水处理方式。

233. 巡检发现锅炉水 pH 值表上温度显示 42℃，接下来应做哪些检查？

答：（1）检查锅炉水比电导表，确认锅炉水水样温度，确认表 pH 值表计温度是否准确。

（2）如锅炉水取样温度确实高，应继续检查其他水样温度，如各水样温度都高，应检查恒温装置运行情况。

（3）如只有锅炉水水样温度高，应检查水样流量大小，水样过大应调整流量，观察锅炉水水样温度变化。

（4）锅炉水水样流量正常，应检查高温高压架锅炉水冷却器情况。

234. 给水加氧处理（OT）与给水除氧处理（AVT）相比有什么优点？

答：OT 优点：一定浓度的氧能使碳钢表面形成光滑、致密的三氧化二铁＋磁性四氧化三铁双层结构的保护膜，从而有效抑制水汽系统热力设备和管道的腐蚀。AVT：Fe_3O_4 氧化膜疏松、溶解度高、保护性差，尤其在水流急剧变化位置，FAC 严重，金属表面几乎没有或仅有非常薄的氧化膜，无法满足保护金属基体的需求，并容易引发一系列不利于机组安全经济运行现象，如 FAC、水冷壁沉积速率偏高、汽轮机沉积垢量多、疏水调门卡涩、节流孔铁污堵等。理论上，只要水质达标，不管是直流锅炉还是汽包锅炉，都可以采用加氧技术来抑制流动加速腐蚀（FAC）。

235.《防止电力生产事故的二十五项重点要求》中对锅炉整体水压试验有何要求？

答：（1）锅炉整体水压试验应使用除盐水并加入保护药剂。

药剂应为化学纯及以上等级药剂，并经过现场检验合格。

（2）由除盐水和保护药剂配制的保护液中的氯离子应小于0.2mg/L。

（3）锅炉水压试验后保护液可保存直至锅炉启动，但是应定期监测 pH。若锅炉水压试验后排放保护液，但在 2 周以内锅炉没有启动，应做好防锈蚀保护工作。

236. 巡检汽水化验站高温高压间，应检查哪些项目？

答：（1）检查高温高压架各取样门是否有滴漏现象。

（2）检查各个冷却器的温度是否正常。

（3）检查高温高压架各取样排污门是否存在内漏现象。

（4）检查闭式冷却水温度和压力是否正常。

（5）检查地沟排水情况，检查排污扩容器是否有水流出。

（6）检查高温架减压阀压力，及时调整减压阀，高温盘有流量计的及时调整流量在合适范围。

（7）检查门窗是否有损坏，照明是否良好，冬季时暖气温度是否正常等。

237. 精处理床体倒换树脂重新投运后，锅炉水电导率上涨、蒸汽氢电导率上涨，应如何处理？

答：先退床，大概率为树脂进入热力系统，关闭该床体出入口手动门。联系机组尽可能开大连排。看是否有备用床，若有备有床，则及时投运备用床，尽可能缩短开旁路时间，保证精处理100%投运。若无备用床，需单床运行，可联系机组降负荷保证凝结水全部通过单床处理（不走旁路），直至汽水指标恢复正常。如指标持续劣化，可申请停机。期间还需保证补给水品质。后续分析原因，联系化环专业配合检查床体水帽是否松动，或其他原因。

第八章　发电机内冷水系统

238. 发电机内冷水处理方法主要有哪些？

答：（1）单床离子交换微碱化法。

（2）离子交换-加碱碱化法。

（3）氢型混床-钠型混床处理法。

（4）凝结水与除盐水协调处理法。

（5）离子交换-充氮密封法。

239. 简述内冷水离子交换-加碱碱化处理方法。

答：（1）发电机内冷水箱以除盐水或凝结水为补充水源。

（2）发电机内冷水系统设置一台混合离子交换器。

（3）在离子交换器出口处设置碱化剂加药点。

（4）碱化剂采用优级纯氢氧化钠，用除盐水配制成0.1%～0.5%的溶液备用。

（5）采用计量泵加药，根据内冷水的pH值和电导率控制加药速度和加药量。

（6）控制系统内冷水pH值在8.0～8.9。

（7）在机组运行过程中，根据系统内冷水pH值的变化，适时调节碱化剂的加入量，维持系统内冷水pH值和电导率在合格范围内。

240. 内冷却水系统应配置哪些设备？

答：新投运的机组，应采用下列配置。已投运的机组宜在大修和技改中逐步实施、完善。

（1）每路进水端设置有5～10μm滤网，必要时应加装磁性过滤器。

(2) 内冷却水系统应设置旁路混合离子交换器。

(3) 定子、转子的内冷却水安装进出水压力、流量、温度测量装置；定子还应有直接测量进、出水压差的测量装置。

(4) 内冷却水系统安装电导率、pH 值的在线测量装置。

(5) 内冷却水系统的管道法兰和所有接合面的防渗漏垫片，不得使用橡胶、石棉纸板等可能造成堵塞和提高水质硬度的材料。

241. 为什么要对发电机内冷水进行处理？

答：随着运行时间的增加，由纯铜（又称紫铜）制成的发电机线棒，使内冷水含铜量增加，铜导线的腐蚀日益严重，其腐蚀产物还可能污堵线棒，限制通水量，甚至造成局部堵死。为了保证水内冷发电机的安全经济运行，所以要对发电机内冷水进行处理。

242. 简述冷却方式为水-氢-氢的发电机定子冷却水质三级处理值。

答：(1) 一级：pH 值（25℃）＜8.0 或＞9.0；电导率（25℃）＞2.0；含铜量＞20μg/L；pH 值控制为 8.0～8.9 时，溶解氧大于 30μg/L。

(2) 二级：电导率（25℃）＞4.0；含铜量＞40μg/L。

(3) 三级：含铜量＞80μg/L。

243. 发电机内冷水对电导率有何要求？

答：发电机内冷水对电导率有严格的要求，因为无论定子绕组还是转子绕组，线圈导线都将带有电压，而定子进出水环和转子水箱都是零电压，所以连接绕组的绝缘水管和其中的水都承受电压的作用。水在电压的作用下，将根据其电导率的大小，决定其电阻损耗值，此损耗与水中的电导率成正比地增加。定子绕组电压高，所以损耗值从定子考虑，当电阻率超出标准，大于发电机电子电阻损耗时，定子对地绝缘电阻成为导体，造成发电机定子接地，将会导致重大事故。

244. 发电机内冷水水质差有哪些危害？

答：发电机的定子线棒由通水的空心铜导线和导电的实心扁铜线组成，其空心铜导线内通有冷却水，若冷却水水质差，使内冷水含铜量增加，则会引起空心铜导线结垢、腐蚀，垢和腐蚀产物可能污堵空心铜管，限制通水量，甚至造成局部堵死。另外，若内冷水电导率超标，将会造成线圈接地。为了保证水内冷发电机安全经济运行，一定要严格监督，控制内冷水水质。

245. 发电机内冷水不合格的原因有什么？如何处理？

答：不合格原因：

(1) 除盐水或凝结水不合格。

(2) 加药量不合适。

(3) 系统缺陷，冷却水污染。

(4) 系统投运前未进行冲洗。

处理方法：

(1) 找出水质不合格原因，联系有关部门予以消除，并更换冷却水。

(2) 调整加药量。

(3) 联系有关部门消除系统缺陷，消除泄漏，并及时更换冷却水。

(4) 冲洗内冷水系统。

246.《防止电力生产事故的二十五项重点要求》中防止发电机腐蚀事故的措施内容是什么？

答：(1) 水内冷发电机的内冷水质应按照 DL/T 801 和 DL/T 12145 的要求进行优化控制，水质不达标的发电机应对水内冷系统进行设备改造。

(2) 铜导线内发生堵塞或有腐蚀产物沉积时，应及时进行疏通或者开展化学清洗。

第九章　停炉保护与锅炉清洗

247. 热力设备停用腐蚀有什么危害?

答: (1) 短期内使停用设备金属表面遭到大面积破坏。

(2) 加剧热力设备运行时的腐蚀。热力设备运行时，停用腐蚀的产物进入锅炉内，使锅炉介质浓缩，腐蚀速度增加。同时，停用腐蚀的部位往往有腐蚀产物，表面粗糙不平，保护膜被破坏，成为腐蚀电池的阳极。停机腐蚀的部位可能成为汽轮机应力腐蚀破裂或腐蚀疲劳裂纹的起始点。

248. 根据防锈蚀原理不同，防锈蚀方法有哪些?

答: (1) 阻止空气进入热力设备水汽系统。

(2) 降低热力设备水汽系统的相对湿度。

(3) 加缓蚀剂。

(4) 除去水中溶解氧。

(5) 使金属表面形成保护膜。

249. 停炉保护方法的基本原则是什么?

答: 停炉腐蚀主要是氧腐蚀，氧腐蚀的条件是有氧存在，且金属表面潮湿，存在水分。停炉保护的基本原则就是避免金属表面存在氧腐蚀的这两个条件。所采取的基本原则主要为:

(1) 保持停用锅炉水、汽系统金属表面的干燥，防止空气进入，维持停用设备内部的相对湿度小于20%。

(2) 在金属表面造成具有防腐蚀作用的保护膜。

(3) 使金属表面浸泡在含有除氧剂或其他保护剂的水溶液中。

250. 怎样进行停（备）用防锈效果的评价?

答: 应根据机组启动时水汽品质和热力设备腐蚀检查结果评

价停用保护效果。保护效果良好的机组在启动过程中，冲洗时间短，水汽品质应符合水汽品质标准。机组检修期间，应对重点热力设备进行腐蚀检查，如对锅炉受热面进行割管检查，对汽包、除氧器、凝汽器、高低压加热器、汽轮机低压缸进行目视检查，这些部位应无明显停用腐蚀现象。

251. 简述停（备）用凝汽器汽侧的防锈蚀方法。

答：（1）短期（一周之内）停用时，应保持真空。不能保持真空时，应放尽热井积水。

（2）长期停用时，应放尽热井积水，隔离可能的疏水，并清理热井及底部的腐蚀产物和杂物，然后用压缩空气吹干，或将其纳入汽轮机干风保护系统之中。

252. 停（备）用机组选择防锈蚀方法的选择原则及应考虑的因素是什么？

答：对停用的机组选择防锈蚀方法的基本原则：根据机组的参数和类型，机组给水、锅炉水处理方式，停（备）用时间的长短和性质，现场条件、可操作性和经济性。

（1）停（备）用所采用的化学条件和运行期间的化学水工况之间的兼容性。

（2）防锈蚀保护方法不会破坏运行中所形成的保护膜。

（3）防锈蚀保护方法不应影响机组按电网要求随时启动运行。

（4）有废液处理设施，废液排放应符合 GB 8978 的规定。

（5）冻结的可能性。

（6）当地大气条件（例如海滨电厂的盐雾环境）。

（7）所采用的保护方法不影响检修工作和检修人员的安全。

253. 停（备）用锅炉保护采用氨水法与氨-联氨法，其注意事项是什么？

答：（1）充保护液过程中，每 2h 分析联氨浓度和 pH 值一次，保护期间每天分析一次。

(2) 保护期间如发生汽包或分离器水位下降，应及时补充保护液。必要时可向汽包、分离器或过热器出口充入氮气，维持氮气压力在 0.03～0.05MPa。

(3) 氨保护液对铜质部件有腐蚀作用，使用时应有隔离铜质部件的措施。

(4) 过热器、再热器充保护液时，应注意与汽轮机的隔离，并考虑蒸汽管道的支吊。

(5) 保护结束后，宜排空保护液，再用合格的给水冲洗锅炉本体、过热器和再热器。

(6) 保护液必须经过处理至符合排放标准后才能排放。

254. 停（备）用锅炉保护采用热炉放水余热烘干法，如何进行？

答：(1) 停炉后，迅速关闭锅炉各风门、挡板，封闭炉膛，防止热量过快散失。

(2) 固态排渣汽包锅炉，当汽包压力降至 0.6～1.6MPa 时，迅速放尽锅炉水；固态排渣直流锅炉，在分离器压力降至 0.6～2.4MPa 时，迅速放尽锅炉内存水；液态排渣锅炉可根据锅炉制造厂要求执行热炉带压放水。

(3) 放水过程中全开空气门、排汽门和放水门，自然通风排出锅内湿气，直至锅炉内空气相对湿度达到 70%或等于环境相对湿度。

(4) 放水结束后，一般情况下应关闭空气门、排汽门和放水门，封闭锅炉。

255. 停（备）用锅炉保护采用负压余热烘干法，其技术要点及注意事项是什么？

答：技术要点：

负压余热烘干法原理与余热烘干法原理相同。锅炉停运后，压力降至锅炉制造厂规定值时，迅速放尽锅炉内存水，然后立即对锅炉抽真空，加快锅炉内湿气的排出，提高烘干效果。

注意事项：

（1）汽包锅炉降压、放水过程中，应严格控制汽包上、下壁温差不超过制造厂允许值；直流锅炉降压、放水过程中，应控制联箱和分离器的壁温差不超过制造厂允许值。

（2）抽气器必须有足够的抽气能力，抽气器的工作水或蒸汽流量应满足要求，压力要稳定，以防水或蒸汽被吸入锅炉。

（3）锅炉系统应严密，抽气系统尽可能设置为固定系统，并有可靠的隔离措施。

256. 停（备）用锅炉保护采用成膜胺法，如何进行？其技术要点是什么？

答：直流锅炉停炉前，停止向给水加联氨，调节给水加氨量使省煤器入口给水 pH 值为 9.2～9.6。机组滑参数停机过程中，主蒸汽温度降至 500℃以下时，利用给水加药泵或专门的加药泵向热力系统加入成膜胺。锅炉停运后，按规定放尽锅炉内存水。其技术要点是：机组滑参数停机过程中，当锅炉压力、温度降至合适条件时，向热力系统加入成膜胺（一种长链有机胺类物质，如十八胺、咪唑啉等），在热力设备内表面形成一层单分子或多分子的憎水保护膜，从而达到阻止金属腐蚀的目的。

257. 采用十八胺停炉保护后，机组启动时有哪些注意事项？

答：（1）在停炉防腐加药期间，必须确保停运给水泵加药门关闭。在加药过程中需要停运给水泵时，必须先将对应的加药门关闭方可停运给水泵。

（2）启机时的系统水冲洗与正常操作相同，水的排放或存留只允许在本机组范围内，不能与相邻机组相混。

（3）机组启动初期，空冷机组应考虑适当减少空冷岛的风量，以适当提高凝结水的水温（低于树脂最高允许运行温度，即70℃），以利于十八烷胺膜的洗脱。

（4）当凝结水中的十八烷胺含量两次测试均为零时，方可投入凝结水精处理和在线化学仪表。

258. 为什么要对锅炉进行化学清洗?

答: 新锅炉在安装或在制造过程中，由于锅炉内存有大量杂质，如氧化皮、腐蚀产物、焊渣以及设备出厂时涂覆的防护剂（油脂类物质）等各种附着物，还有砂子、水泥和保温材料的碎渣等，如不经过化学清洗除掉，锅炉投运后会产生下列危害：

（1）直接妨碍炉管管壁的传热或者导致水垢的生成，而使炉管过热和损坏。

（2）促进锅炉运行中产生沉积物下腐蚀，以致使炉管变薄、穿孔引起爆管。

（3）在锅炉水中形成碎片和水渣，严重时引起炉管堵塞或破坏正常的水、汽循环工况。

（4）使锅炉水的含硅量等水质指标长期达不到标准，以致蒸汽品质不良，危害汽轮机的正常运行。

对运行锅炉进行化学清洗是为了除掉锅炉运行过程中生成的水垢、金属腐蚀产物等沉积物，以免锅炉内沉积物过多而影响锅炉的安全运行。

锅炉的化学清洗，是使受热面内表面清洁、防止受热面因腐蚀和结垢引起事故的必要措施，同时也是提高锅炉热效率、改善机组水汽品质的有效措施之一。

259. 简述锅炉化学清洗的一般步骤和作用。

答:（1）水冲洗。冲去锅炉内杂质，如灰尘、焊渣、沉积物。

（2）碱洗或碱煮。除去油脂和部分硅酸化合物。

（3）酸洗。彻底清除锅炉的结垢和沉积物。

（4）漂洗。除去酸洗过程中的铁锈和残留的铁离子。

（5）钝化。用化学药剂处理酸洗后活化了的金属表面，使其产生保护膜，防止锅炉发生再腐蚀。

260. 锅炉化学清洗过程中各工艺步骤中酸洗这一步骤的控制标准是什么?

答: (1) 酸洗过程中对进出口酸液浓度、铁离子浓度进行监测，至浓度达到平衡。

(2) 监视管段基本清洗干净。

(3) 再循环 1h，可结束酸洗。

(4) 清洗时盐酸与金属接触的时间不宜超过 10h。

(5) 应控制清洗液中 Fe^{3+} 浓度小于 300mg/L。

261. 锅炉化学清洗中，小型试验的目的是什么?

答: (1) 垢量的测定。

(2) 检验清洗效果和缓蚀剂的缓蚀效果。

(3) 确定各种清洗条件，制订锅炉的清洗方案。

262. 锅炉化学清洗中，氨洗除铜的原理是什么?

答: 氨洗除铜原理主要在于铜离子与氨生成稳定的络离子而被除去。由于沉积物中铜主要以金属铜的形式存在，而氨不能络合金属铜，所以通常要在 NH_4OH 溶液中添加氧化剂过硫酸铵 $[(NH_4)_2S_2O_8]$，氧化反应如下：

$$(NH_4)_2S_2O_8 + H_2O \longrightarrow 2NH_4HSO_4 + [O]$$

$$Cu + [O] \longrightarrow CuO$$

$$CuO + H_2O + 4NH_3 \longrightarrow [Cu(NH_3)_4]^{2+} + 2OH^-$$

263. 锅炉化学清洗系统中，不参加化学清洗的设备、系统主要有哪些?

答: (1) 拆除汽包内不宜清洗的装置和清洗回路中的标准流量孔板元件。

(2) 水位计及所有仪表、取样、加药等管道，均应与清洗液隔离。

(3) 汽包内孔眼朝上的排管，其下端要有排水孔，防止积酸。

(4) 过热器若不参加清洗，应采取保护措施（如充满保护液）。

264. 简述化学清洗的质量指标。

答：(1) 清洗后的金属表面应清洁，基本上无残留的氧化物和焊渣，不应出现二次锈蚀和点蚀，不应有镀铜现象。

(2) 用腐蚀指示片测量的金属平均腐蚀速度应小于 $8g/(m^2 \cdot h)$，腐蚀总量应小于 $80g/m^2$。

(3) 运行锅炉的除垢率不小于 90%为合格，除垢率不小于 95%为优良。

(4) 基建锅炉的残余垢量小于 $30g/m^2$ 为合格，残余垢量小于 $15g/m^2$ 为优良。

(5) 清洗后的设备内表面应形成良好的钝化保护膜。

(6) 固定设备上的阀门、仪表等不应受到腐蚀损伤。

265. 主蒸汽压力大于 12.74MPa 的汽包锅炉，一般需要化学清洗的运行年限及垢量标准是多少？

答：主蒸汽压力大于 12.74MPa 的汽包锅炉，一般需要化学清洗的运行年限是 5～10 年。垢量大于 $300g/m^2$ 时应进行化学清洗。

266. 锅炉化学清洗中，柠檬酸清洗的工艺优缺点是什么？

答：(1) 优点：清洗系统简单，不需对阀门采取防护措施，危险性较小。

(2) 缺点：酸洗液中铁含量过高和溶液 pH 值小于 3.5，易产生柠檬酸铁沉淀，会影响酸洗效果。该介质不宜用于清洗钙垢、镁垢和硅垢。

267. 化学清洗后锅炉如何保养？

答：锅炉清洗后如在 20 天内不能投入运行，应进行防腐保护，防腐保护分为液体保护法和气体保护法。

液体保护法：

（1）氨液保护。钝化液排尽后，用100mg/L的氨液冲洗至排出液不含钝化剂时，再用300～500mg/L的氨液充满锅炉，进行保护。

（2）氨-联氨溶液保护。将氨浓度为50mg/L、联氨浓度为200～250mg/L、pH值为9.5～10的保护液充满锅炉，进行保护。

（3）乙醛肟溶液保护。用纯水配制乙醛肟浓度为500～800mg/L，并用氨水将此溶液pH值调到10.5以上，然后注入热力设备中，可保护设备半年以上。

（4）二甲基酮肟液保护。用纯水配制二甲基酮肟浓度为500～800mg/L，并用氨水将此溶液pH值调到10.5以上，然后注入热力设备中进行保护。

气体保护法：在严冬季节，可采用充氮法保护或气相缓蚀剂保护。使用的氮气纯度应大于99.5%，锅炉充氮压力应维持在0.01～0.03MPa。

268.《防止电力生产事故的二十五项重点要求》中防止锅炉腐蚀事故的化学专业相关措施内容是什么？

答：（1）所有出厂的管束、管道和设备均应经过严格的吹扫。管道和管束内部不允许有积水、泥沙、污物和明显的腐蚀产物。对经过吹扫和清洗的省煤器、水冷壁、过热器、再热器管束及其联箱，管道以及可封闭的设备，其所有的开口处均应有可靠的密封措施，防止在运输过程中进入雨水、泥沙和灰尘。外表面应涂刷防护漆，内表面应无明显的氧化铁皮及腐蚀产物。热力系统管束、管道和设备运输到生产现场后应规范保管，设备安装前应经过严格的吹扫，避免在保管过程中受到污染，将杂质带入汽水系统，引起腐蚀结垢。

（2）汽包、除氧器、高低压加热器等大型容器，在出厂时均应清洗干净后密封，采用气相保护法或氮气进行保护。（DL/T 889《电力基本建设热力设备化学监督导则》）

（3）锅炉整体水压试验应使用除盐水并加入保护药剂。药剂应为化学纯及以上等级药剂，并经过现场检验合格。由除盐水和保护药剂配制的保护液中的氯离子应小于0.2mg/L。锅炉水压试验后保护液可保存直至锅炉启动，但是应定期监测pH。若锅炉水压试验后排放保护液，但在2周以内锅炉没有启动，应做好防锈蚀保护工作。(DL/T 889《电力基本建设热力设备化学监督导则》)

(4) 锅炉化学清洗应按照DL/T 794的要求开展。化学清洗应由有资质单位进行。清洗应避免过洗、欠洗、镀铜、晶间腐蚀等现象。清洗过热器、再热器时应有防止立式管内气塞和腐蚀产物沉积的措施，清洗液不会对材质产生应力腐蚀。清洗后的锅炉在20天内不能投入运行，应做好防锈蚀保护工作。(DL/T 889《电力基本建设热力设备化学监督导则》，DL/T 794《火力发电厂锅炉化学清洗导则》)

(5) 严格执行DL/T 246《化学监督导则》相关要求。通过热化学试验或调整试验，确定机组水汽监督项目与指标。锅炉的水汽品质必须严格执行GB/T 121、DL/T 246和DL/T 561的控制标准，燃气轮机的水汽品质宜按比锅炉压力等级高一等级的水汽标准控制。

(6) 应依靠在线化学仪表监督水汽品质，并确保其配备率、投入率和合格率。条件具备时，在线数据可实时上传至科研院。应按照DL/T 677的技术要求，定期开展在线化学仪表的检验工作。

(7) 凝结水精处理设备严禁退出运行。机组启动时应及时投入凝结水精处理设备（直流锅炉机组在启动冲洗时即应投入精处理设备），保证精处理出水质量。

(8) 精处理再生时要保证阴阳树脂完全分离，防止再生过程的交叉污染，树脂输入和输出时应彻底。阴树脂的再生剂应采用高纯碱，阳树脂的再生剂应采用合成酸，严禁使用副产酸。精处理混床在投运前应充分循环冲洗，冲洗至出水水质合格才能投入运行。

(9) 应定期检查凝结水精处理混床和树脂捕捉器的完好性，防止凝结水混床在运行过程中跑漏树脂。运行过程中，应防止树脂污染。

（10）水汽品质异常时，应按 DL/T 561 中“水汽品质劣化时的处理”的原则执行并应将异常情况及时报告。尽快查明原因，进行消缺处理，恢复正常。若不能恢复，并威胁设备安全经济运行时，应采取紧急措施，直至停止机组运行。

（11）检修期间，应按照 DL/T 1115 相关规定，机、炉专业应按化学检查的具体要求进行割管或抽管，化学人员进行相关检查和分析。启停或超温频繁、过热器垢量超过 400g/m^2、氧化皮有脱落时，应在 B 修期间安排割管检查。

第二篇

除 灰 部 分

第十章　静电除尘器系统

269. 除尘器的作用是什么?

答: 将飞灰从烟气中分离并清除出来，减少飞灰对环境的污染，并防止引风机叶片急剧磨损。

270. 简述静电除尘器的工作原理。

答: 静电除尘器是利用高压直流电压产生电晕放电，使气体电离；烟气在静电除尘器中通过，烟气中的粉尘在电场中荷电；荷电粉尘在电场力的作用下向极性相反的电极运动，到达极板或极线时，粉尘被吸附到极板或极线上；通过振打装置落入灰斗，从而使烟气净化。

271. 简述粉尘荷电的过程。

答: 在电除尘器阴极与阳极之间施加足够高的直流电压时，两极间产生极不均匀的电场，阴极附近的电场强度最高，产生电晕放电，使其周围气体电离，气体电离产生大量的电子和正离子，在电场力的作用下向异极运动。当含尘烟气通过电场时，电子和正离子与粉尘相互碰撞，并吸附在粉尘上，使中性的粉尘带上电荷，实现粉尘荷电。

272. 荷电尘粒是如何被捕集的?

答: 在电除尘器中，尘粒的捕集与许多因素有关，如尘粒的比电阻、介电常数和密度、气流速度、温度和湿度、电场的伏-安

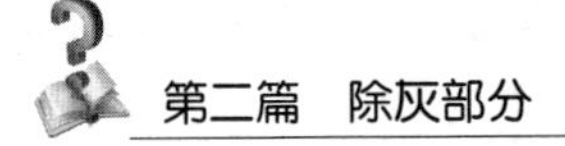

特性以及收尘极的表面状态等。荷电的尘粒在电场中受到静电力、紊流扩散力和惯性飘移力的共同作用，在这些力的综合作用下，尘粒以一定的平均速度向收尘极板驱进，当尘粒到达收尘极板表面以后，就释放电荷并被捕集。

273. 常用的电除尘器分为哪几种？

答：（1）按收尘极型式分为管式和板式两种。

（2）按气流方向分为卧式和立式两种。

（3）按粉尘荷电区、分离区的布置分为单区和双区两种。

（4）按清灰方式分为湿式和干式两种。

274. 电除尘器的优点是什么？

答：（1）除尘效率高。

（2）处理烟气量大。

（3）运行时耗电低。

（4）对尘粒粒径的适应性强，特别在捕集细微尘粒方面更有优势。

（5）维护简单，检修方便。

（6）电除尘器为干式除尘，收集的干灰可以综合利用。

275. 电除尘器的缺点是什么？

答：（1）钢材消耗量大，初期投资大。

（2）占地面积大。

（3）对制造、安装、运行的要求比较严格。

（4）对烟气特性反应敏感。

276. 电除尘器本体系统主要包括哪些设备或系统？

答：电除尘器本体系统主要包括：收尘极系统（阳极）、电晕极系统（阴极）、烟箱系统、气流均布装置、壳体、储排灰系统、槽形板装置、管路系统及辅助设施等。

277. 阳极系统由哪几部分组成？其功能是什么？

答：阳极系统由阳极板排、极板的悬吊和极板振打装置三部分组成。其功能是捕获荷电粉尘，并在振打力作用下使阳极板表面附着的粉尘成片状脱离板面，落入灰斗中，达到除尘的目的。

278. 阳极清灰装置由哪些零部件组成？

答：阳极清灰装置由清灰组件、减速机、链轮、滚子链等零部件组成，清灰组件是阳极清灰装置的核心部件。

279. 阴极系统由哪几部分组成？其功能是什么？

答：阴极系统由电晕线、电晕框架、框架吊杆及支撑套管、阴极振打装置组成。其功能是在电场中产生电晕放电使气体电离。

280. 电除尘阴极小框架的作用是什么？

答：（1）固定电晕线。

（2）产生电晕放电。

（3）对电晕极进行振打清灰。

281. 电除尘器阴极大框架的作用是什么？

答：（1）承担阴极小框架、阴极线及阴极振打锤、轴的荷重，并通过阴极吊杆把荷重传到绝缘支柱上。

（2）按设计要求使阴极小框架定位。阴极大框架一般是用型钢拼装而成，它悬吊在每个电场前后的阴极吊杆上，其上有用来安放阴极小框架的带有缺口的角钢，也有为固定阴极小框架而带螺孔的角钢，另外在有振打轴一侧的大框架上还有轴承底座。

282. 电除尘器槽形极板的作用是什么？

答：作用是降低烟气流速，提高电除尘器的收尘效率。在烟气粉尘情况相同的条件下，当烟速提高时，除尘效率有所下降，加装槽形极板后烟气流速下降的趋势相对减缓，除尘效率也有较大的提高。

283. 什么是电晕放电?

答: 电晕放电是指当极间电压升高到某一临界值时，电晕极处的高电场将其附近气体局部击穿，而在电晕极周围出现淡蓝色光辉并伴有嗞嗞响声的现象。

284. 什么是电晕电流?

答: 电晕电流是指发生电晕放电时，在电极间流过的电流。

285. 什么是火花放电?

答: 火花放电是指在产生电晕放电后，继续升高极间电压，当到某一数值时，两极间产生一个接一个、瞬时的、通过整个间隙的火花闪络和噼啪响声的现象。

286. 什么是反电晕?

答: 反电晕是指沉积在收尘极表面上高比电阻粉尘层产生的局部反放电现象。

287. 什么是电晕封闭?

答: 电晕封闭是指当含尘气体浓度较高时，在电晕线周围的负离子抑制电晕放电，使电晕电流大大降低甚至趋于零的现象。

288. 什么是二次扬尘?

答: 二次扬尘也称二次飞扬，是指已沉积在收尘极上的粉尘因黏附力不够受气体冲刷或振打清灰等因素的影响，使粉尘重新返回气流当中的现象。

289. 什么是气流分布不均匀?

答: 气流分布不均匀是指由于漏风、窜气、烟道转变、气流均布装置设计不合理等因素，造成电除尘入口断面上气流分布不均匀，除尘效率下降的现象。

290. 什么是电场短路?

答:电场短路是指由于极板变形,电晕线断线,灰斗满灰和绝缘子结露等原因使阴阳极之间绝缘被破坏,二次电压非常小,二次电流非常大,电场无法正常运行的现象。

291. 什么是爬闪?

答:爬闪是指由于绝缘套管或绝缘子表面结露、积污、破坏等原因而引起的局部击穿或沿面放电现象。

292. 电除尘器高压主回路主要由哪些设备组成?

答:电除尘器高压主回路主要由高压供电柜、升压变压器、硅整流箱、隔离开关、高压电缆、阴极线、阳极板等组成。

293. 电除尘器高压控制装置的主要功能是什么?

答:电除尘器高压控制装置的主要功能是根据被处理烟气和粉尘的性质,随时调整供给电除尘器工作的最高电压,使之能够保持平均电压在稍低于即将发生火花放电的电压下运行。

294. 高压控制柜内的主要器件有哪些?

答:高压控制柜内的主要器件有:低压操作器件、调压晶闸管、一次取样元件、电压自动调整器、阻容保护元件等。

295. 低压自动控制系统一般包括哪些装置?

答:低压自动控制系统一般包括:阴、阳极程序振打控制装置;灰斗料位监测及卸灰自动控制装置;绝缘子加热恒温自动控制装置;安全联锁控制装置;高压安全接地开关控制装置;绝缘子室低温监视与显示报警装置;变压器油温保护装置;进出口烟箱温度巡测装置;综合报警装置;粉尘浓度检测装置与微机闭环控制装置等。

296. 整流变压器和高压控制柜的冷却方式分别是什么?

答:整流变压器的冷却方式是油浸自冷,高压控制柜的冷却方式是空气强冷。

297. 简述运行中对高压硅整流变压器检查的内容及要求。

答：（1）整流变压器无漏油，油位正常。

（2）整流变压器温度正常。

（3）各部件齐全完好，二次绝缘子无脱落、无裂痕，表面无灰尘、无污垢。

（4）变压器干燥剂正常无变色。

298. 什么叫电晕线肥大？

答：电晕线越细，产生电晕越强烈，但因为在电晕极周围的离子区有少量的粉尘粒子获得正电荷，便向负极性的电晕极运动并沉积在电晕线上。如果粉尘的黏附性很强，不容易振打下来，电晕线上的粉尘越集越多，即电晕线变粗，大大地降低电晕放电效果，这种现象就是电晕线肥大。

299. 电除尘器供电装置常用电子元器件有哪些？

答：常用电子元器件有：二极管、晶体三极管、单结晶体管、结型场效应晶体管、晶闸管、运算放大器等。

300. 电除尘器高压柜智能控制器主要有几种供电运行方式？

答：（1）火花跟踪控制。

（2）最高平均电压控制。

（3）火花率设定控制。

（4）临界少火花控制。

（5）双半波间歇供电控制。

（6）单半波间歇供电控制。

301. 什么是脉冲供电控制方式？

答：脉冲供电控制方式是指通过对电压给定环节的有效控制，使输出的高压波形发生间隙性变化，克服反电晕。

302. 什么是间隙供电控制方式？

答：间隙供电控制方式是指通过控制系统的工作使输出的高压直流电出现间隙变化，即电场内两极间的电压是间隙的。

303. 什么是火花频率自动跟踪控制方式？

答：火花频率自动跟踪控制方式是指整定一个最大火花放电频率，即通过测得的火花放电频率来调节输出电压以达到最佳状态。

304. 电除尘器中对自动电压调整器的功能有哪些要求？

答：对自动电压调整器的功能要求是：自动跟踪性能好、适应性强、灵敏度高、能够向电场提供最大的有效平均电晕功率；具有可靠的保护系统，对闪络、拉弧和过电流信号能迅速鉴别和作出正确的处理；当某一环节失灵时，其他环节仍能协同工作进行保护，使设备免受损坏，保证稳定、可靠地运行。

305. 合理的收尘极板应具备哪些条件？

答：（1）具有较好的电气性能，极板面上电场强度和电流密度分布均匀，火花电压高。

（2）集尘效果好，能有效地防止二次飞扬。

（3）振打性能好，清灰效果显著。

（4）具有较高的机械强度，刚度好，不易变形。

（5）加工制作容易，金属耗量少，每块极板不允许有焊缝。

306. 电除尘器高压隔离开关的作用是什么？

答：（1）将电场与高压直流电源隔离，以保证被隔离的电场能安全地检修。

（2）改变高压设备的运行方式。

307. 高压硅整流变压器的特点是什么？

答：（1）输出负直流高电压。

（2）输出电压高，输出电流小，且输出电压需跟踪不断变化的电场击穿电压而改变。

（3）回路阻抗比较高。

（4）温升比较低。

308. 硅胶在变压器运行中起什么作用？

答：运行中的变压器上层油温与下层油温间有一个温差，使油在热虹吸内循环的作用下，油的有害物质如水分、游离碳、氧化物等随着油的循环而被吸收到硅胶内，使油净化，保持油的良好电气、化学性能，变压器加装热虹吸后，能起到对油的再生作用。

309. 运行中对高压控制柜检查的内容及要求有哪些？

答：（1）表计显示与上位机显示值一致，各指示灯完好。

（2）晶闸管温度正常及冷却风扇工作情况良好。

（3）主回路（主要是电缆头）无过热情况。

（4）火花率应控制在规定范围内。

310. 运行中对低压控制柜检查的内容及要求有哪些？

答：（1）各温度表、指示灯完好。

（2）振打控制无偏差、无出错。

（3）卸灰、电加热自动控制符合要求。

（4）柜内端子排线无松动，熔断器完好，热偶继电器、空气断路器无异常，各装置清洁无杂物。

311. 运行中对配电设备检查的内容及要求有哪些？

答：（1）各隔离开关位置正确，接触良好。

（2）配电盘内电缆接头良好，无焦味、发热、发红等现象。

（3）配电盘内外清洁，无灰尘。

（4）检查完应将配电盘关闭。

312. 运行中对高压隔离开关检查的内容及要求有哪些?

答: (1) 隔离开关位置指示到位情况。

(2) 隔离开关机械闭锁良好。

(3) 高压电缆及接引处无放电现象。

(4) 绝缘部件及导线连接处无放电现象。

(5) 阻尼电阻无裂纹，位置无偏移。

(6) 开关柜门锁好。

313. 电除尘的投运条件有哪些?

答: (1) 锅炉烟风系统启动，烟气温度高于酸露点温度。

(2) 高压供电设备空载升压试验符合要求。

(3) 阴阳极板、槽板振打已投运，且运转良好。

(4) 各电加热器已投运，温度已达到规定值。

(5) 除灰系统处于良好备用。

314. 气流均布装置的作用是什么?

答: 气流均布装置的作用是使烟气流速均匀。

315. 电除尘器正常运行中监视的内容有哪些?

答: (1) 监视除尘器电压、电流和各加热点温度在正常范围内。

(2) 调整火花率，使之符合要求。

(3) 检查高压硅整流变压器油箱内的油温、油位等，均应不超过规定值。

(4) 高压输出无闪络、异常放电现象。

(5) 定期检查振打及驱动装置、各加热系统、卸灰及排灰系统运行是否正常。

(6) 除尘器人孔门密封良好，漏风率不大于2%。

(7) 监视除尘器进出口烟温是否正常。

316. 针对设备出现的异常情况，电除尘器运行中的调整内容有哪些？

答：针对设备出现的异常情况，采取一些特殊调整手段，是一种有效但不是根本性的解决办法，这些情况有：

（1）当运行条件恶化引起电气设备过热，如高位布置整流变压器在酷热天气下运行而发热严重、阻尼电阻过热，晶闸管冷却风扇故障使元件发热严重时，为了保持电场投运，可降参数（一般通过调节电流极限来限流）运行。如前级电场输灰能力下降，也可通过降参数适当将灰量转移到后级电场。

（2）振打控制方式的调整，当电极普遍积灰严重时，也可在一段时间内采用连续振打，但不得将整个通道进行连续振打。

（3）当电场中CO浓度过高（如1%＜CO＜2%）时，为确保安全，可通过降低运行水平使电场电压达不到击穿值，避免出现火花引燃易爆气体。

317. 电除尘器运行中的注意事项有哪些？

答：（1）电场正常运行中严禁随意扭动安全联锁开关。

（2）运行中禁止操作两点式隔离开关。

（3）运行中严禁打开电除尘器的各部人孔门和封盖。

（4）各部接地装置不准随意挪动和拆除。

（5）运行中禁止用手触摸设备的裸露部分。

（6）锅炉处于低负荷运行或投油助燃时，阴阳极板、槽形板振打系统置于“手动”位置运行，以防油灰混合物粘在极板极线上，从而影响电除尘的正常运行。

（7）在设备运行中严禁操作电气开关。

（8）在运行中调节电压、电流必须缓慢调整。

（9）运行中注意监视高压控制柜的表计动态和低压控制柜的信号、温度指示情况。

318. 静电除尘器启动前的检查内容是什么？

答：（1）检修工作结束，工作票收回，人员全部撤离，人孔门关闭。

（2）各振打机构转动灵活，无卡涩，各振打轴防护罩完好。

（3）电除尘器外壳、烟道、灰斗保温完整良好。

（4）人孔门关闭严密，密封垫完好，锁紧螺栓齐全、紧固。

（5）各阴打、阳打、槽打减速机油位正常，油质良好。

（6）电除尘楼梯、扶手、栏杆、平台等牢固齐全，巡检过道畅通。

（7）整流变压器油位、油色正常，变压器无渗油、漏油现象。

（8）高压隔离开关室内清洁无杂物，阻尼电阻清洁完好。

（9）隔离开关操作手柄操作灵活，触头接触良好。

（10）电气接线无松动，空气断路器进出线头无烧焦、变色等现象。

（11）高、低压控制柜内部清洁，接线牢固，无松动。

319. 电除尘器冷态伏安特性试验的步骤是什么？

答：合上被测电场的高压隔离开关，投入电场，操作选择开关置于“手动”位置，使电流、电压缓慢上升；二次侧电压每上升 5kV 时，记录与此相对应的二次电流、一次电压和一次电流值；当电场开始闪络或电流、电压达到最大额定输出值时，手动把电压缓慢降下来，并记录二次击穿电压值。

320. 粉尘的荷电量与哪些因素有关？

答：在电除尘器的电场中，粉尘的荷电量与粉尘的粒径、电场强度、停留时间等因素有关。

321. 阴、阳极膨胀不均对电除尘器运行有哪些影响？

答：当阴、阳极膨胀不均时，极线、极板弯曲变形，使局部异极间距变小，二次电压升不高或升高后跳闸，影响除尘效率。

322. 根据烟气性质的影响主要采取哪些措施来改善电除尘器的性能？

答：降低电场风速，保证电场风速在一个合理的范围内，避免二次飞扬的产生；电晕线采用芒刺线，改善高浓度烟气中粉尘的电荷，防止反电晕及电晕封闭的产生；改善烟气成分，作调质处理，以利于粉尘荷电等。

323. 振打周期内，为什么阳极振打时间比阴极振打时间短？

答：原因有两方面：一是阳极收尘速度快，积灰比阴极多；二是阴极清灰效果差，振打时易产生二次飞扬。

324. 电场频繁闪络的原因是什么？

答：（1）电场外部有异常放电点，如隔离开关高压电缆及阻尼电阻等处。

（2）电场内部有异常放电点，如极板变形，电晕线断线等。

（3）火花率设定不合理。

（4）前级电场的振打时间、周期设置不合理。

（5）烟气工况变化大。

325. 漏风对电除尘器运行有哪些影响？

答：（1）电除尘壳体漏风。电除尘器处于负压运行工况，若壳体有漏点，会使外部空气漏入，造成电除尘器的烟速增大、烟温降低，除尘效率下降。

（2）灰斗漏风。会使灰斗内的积灰产生二次飞扬，除尘效率下降。

（3）其他部位漏风。如烟道阀门、绝缘套管、取样孔等漏风，增加烟气处理量，由于温度下降出现冷凝水，引起电晕线肥大、绝缘套管“爬电”和腐蚀等现象。

326. 为什么极板振打的周期不能太长也不能太短？

答：若振打的周期太短，容易产生粉尘的二次飞扬；若振打周期太长，粉尘大量沉积在极板、极线上，又容易产生反电晕。

327. 电晕线的线距大小对电除尘器工作有何影响？

答：电晕线之间的距离对电流的大小会有一定的影响。当线距太近时，电晕线会由于电屏蔽作用使导线的单位电流值降低，甚至可以降到零；但电晕线距也不易过大，距离过大将使电除尘器内电晕线根数过少，使空间的电流密度降低，从而影响除尘效率。因此，电晕线距应适当，最佳线距一般取 0.6～0.65 倍通道宽度为宜。

328. 粉尘比电阻对电除尘器性能影响有哪些?

答: 在板式电除尘器中，高比电阻粉尘使电晕电流受到限制，因而影响粉尘粒子的荷电量、荷电率和电场强度，导致除尘效率下降；另外高比电阻粉尘的黏附力增大，要清除极板上的粉尘需加大振打力，使二次飞扬增加，也将导致除尘效率降低。低比电阻粉尘容易因静电感应获得正电荷，使沉积在极板上的粉尘重新排斥回电场空间；而高比电阻粉尘易产生反电晕都不利于除尘效率的提高。因此，低比电阻粉尘比较适合电除尘器。

329. 振打装置常见故障有哪些?

答:（1）振打锤脱落。

（2）轴及轴承磨损。

（3）振打电动机损坏。

（4）销子断裂。

（5）振打锤不灵活。

330. 影响电除尘效率的因素有哪些?

答: 影响电除尘效率的因素有：粉尘比电阻、烟气温度、烟气流速、烟尘浓度、气流分布、漏风等。

331. 电除尘器紧急停运的条件是什么?

答:（1）高压绝缘部分发生严重闪络，高压电缆头闪络放电。

（2）高压硅整流变压器油位严重偏低。

（3）高压硅整流变压器温升超过 40℃或内部有明显的闪络、拉弧、振动等。

（4）电气设备着火。

（5）供电装置失控，出现大的电流冲击。

（6）严重威胁人身安全的情况。

332. 电除尘器电场二次电压正常，二次电流偏低的原因是什么？如何处理？

答：原因：

（1）阳极板或阴极线上积灰太多。

（2）振打装置未投运或振打周期过长。

（3）振打装置联轴器故障。

（4）电晕线肥大，放电不良。

处理：

（1）投运振打装置或调节振打周期。

（2）停运处理。

333. 对电除尘器性能影响的运行因素有哪些？

答：对电除尘器性能影响的运行因素有：气流分布、漏风、粉尘二次飞扬、气流旁路、电晕线肥大、阴阳极热膨胀不均等。

334. 电场高压供电回路短路现象是什么？

答：（1）一次电压正常，二次电压回零，一、二次电流增大。

（2）低压延时保护动作跳闸。

（3）一次电流达到整定电流极限，如果电流极限失控，过电流保护将动作跳闸。

335. 电场高压回路开路现象是什么？

答：（1）一、二次电压升高，一次电流很小，二次电流回零。

（2）完全开路时无闪络现象。

（3）不完全开路时，二次电流在零与正常值之间突然变化，且有闪络现象。

336. 怎样判断阴阳极振打是否存在故障?

答:(1)上位机手动投运振打电动机后无运行信号。

(2)“自动”运行方式时，阴阳极振打电动机同时运行。

(3)投运振打电动机后电动机振动大，或减速机运行卡涩。

(4)投入“连续”运行后无法停运。

(5)就地振打电动机转动但无法听见电除尘内部振打锤头撞击的声音。

337. RS 芒刺线具有哪些特点?

答:芒刺线属于点状放电，其起晕电压比其他形式极线低，放电强度高，在正常情况下比星形线的电晕电流高 1 倍。

338. 电除尘阳极收尘系统采用旋转电极的优点有哪些?

答:旋转电极式电除尘器的收尘机理与常规电除尘器完全相同，并保留了常规电除尘器的优点。旋转电极电场中阳极部分采用旋转的阳极板和旋转的清灰刷。附着于旋转阳极板上的粉尘在尚未达到形成反电晕的厚度时，就被布置在非电场区的旋转清灰刷彻底清除，因此不会产生反电晕现象且没有二次扬尘。这种新技术的应用不仅可以增加粉尘的有效驱进速度，提高除尘效率，降低电除尘器出口烟尘浓度，减小煤种对除尘效率影响的敏感性，还可以使出口烟尘浓度保持稳定。

339. 什么是高频电源电场?

答:采用三相电源输入，经断路器、接触器、三相整流桥，并经平波电抗器对电解电容充电，形成直流电源。直流电源经全桥串联谐振电路与局域并联谐振电路高频逆变，经高频变压器升压，高频硅堆整流输出直流电源，经阻尼电阻为除尘器供电。

340. 防止粉尘二次飞扬的措施有哪些?

答:(1)收尘极板应有防止二次飞扬的能力。

(2)振打强度适中。

(3) 严格防止灰斗漏风。

(4) 多个电场串联。

(5) 气流分布均匀。

341. 防止电晕封闭的措施有哪些？

答：(1) 使用放电强的芒刺线、鱼骨线，使放电集中。

(2) 保证振打机构完好。

(3) 提高供电电压。

342. 阴极振打瓷轴断裂的原因是什么？

答：阴极振打瓷轴断裂的原因有：温度低、爬电、局部受热、扭矩过大、保险失灵。

343. 电场完全短路的现象有哪些？

答：(1) 投运时电流上升很大，电压为零。

(2) 运行时二次电流剧增，二次电压为零。

(3) 主回路跳闸并报警。

344. 电场不完全短路的现象有哪些？

答：(1) 二次电流不正常或偏高，二次电压大幅度降低或闭锁到零后回升。

(2) 电场内部有闪络，时而跳闸并报警。

345. 出口粉尘浓度增大的原因是什么？如何处理？

答：原因：

(1) 气流分布板堵灰或烟道中积灰造成气流分布不均，气量分配不均。

(2) 煤质变化。

(3) 极间距不达标。

(4) 漏风率大，烟气温度变化。

（5）高压电源不稳定。

（6）振打失灵或振打周期设置不合理。

处理：

（1）停炉后进入除尘器内部检查处理。

（2）处理漏风点。

（3）排除振打故障，调整振打周期。

（4）检查高压供电装置。

346. 电压升不高、电流很小或电压升高产生严重闪络跳闸的原因是什么？如何处理？

答：原因：

（1）烟气温度低于露点温度而导致电压下降，气体被击穿。

（2）振打失灵，导致极线、极板上积灰严重，造成极间距改变。

（3）振打失灵或振打周期设置不合理。

处理：

（1）停止该电场运行，断开电源开关。

（2）检查电场排灰情况。

（3）检查振打装置，调整振打周期。

347. 有电压而无电流或电流值很小的原因是什么？如何处理？

答：原因：

（1）煤质发生变化，粉尘的电阻变大。

（2）粉尘的浓度过高，造成极线电晕封闭。

（3）高压回路接触不良，如果阻尼电阻烧断，造成电场开路。

（4）两点式高压隔离开关操作有误或接触不良。

处理：

（1）停止该电场运行，检查两点式隔离开关操作位置是否正确，接触是否良好。

（2）检查高压回路是否有故障。

348. 一次电流异常增大，二次电流、二次电压很小，甚至为零，电场投不上或投上不久自动跳闸的原因是什么？如何处理？

答：原因：

（1）整流硅堆部分、整流桥被击穿。

（2）二次线圈烧坏短路。

处理：

（1）通知检修人员进行检修，并及时汇报专业人员。

（2）采取措施，并对变压器进行检查。

349. 烟囱排烟浓度突然增大并变黑或突然变白，一、二次电压降低，一、二次电流增大的原因是什么？如何处理？

答：原因：

（1）锅炉灭火或燃烧不正常。

（2）锅炉本体承压部件泄漏，烟气中含大量的水蒸气，严重时使高压硅整流变压器过电流跳闸。

处理：

（1）机组调整燃烧工况。

（2）停炉处理锅炉承压部件泄漏，整流变压器跳闸后不再启动。

350. 上位机显示电除尘进出口烟气温差大的原因是什么？如何处理？

答：原因：

（1）保温层脱落。

（2）电除尘器漏风严重。

（3）烟温测量不准。

处理：

（1）检查电除尘器壳体保温是否良好。

（2）检查电除尘器壳体有无漏风。

（3）检查进出口温度计是否正常。

（4）发现以上问题，及时联系处理。

351. 电除尘二次电流大，二次电压升不高，且无火花的原因是什么?

答:（1）粉尘浓度低，电场近似空载。

（2）高压部分可能接地。

（3）高比电阻粉尘或烟气性质改变电晕电压。

（4）控制柜内高压取样回路，放电管击穿。

（5）整流变压器内部高压取样电阻并联的放电管击穿。

（6）清灰效果不佳。

（7）旋转电极电场清灰周期过长。

352. 一、二次电流及电压均正常，但除尘效率不高的原因是什么?

答:（1）烟气分布不均匀。

（2）二次飞扬严重。

（3）电除尘器漏风严重，使烟气流速增加，温度下降，从而使尘粒荷电性能变弱。

（4）异极间距大。

（5）尘粒比电阻过高，甚至产生反电晕使驱极性下降，且沉积在电极上的灰尘泄放电荷很慢，黏附力很大使振打难以脱落。

（6）控制参数设置不合理。

（7）进入电除尘器的烟气条件不符合原始设计条件，工况改变。

（8）设备机械故障。

353. 电除尘器控制回路及主回路工作不正常的原因是什么?

答:（1）安全联锁未到位闭合。

（2）高压隔离开关联锁未到位。

（3）合闸线圈及回路断线。

（4）辅助开关接触不良。

354. 送电操作时，控制盘面无灯光信号指示的原因是什么？

答：(1) 回路元件接触不良。

(2) 灯泡损坏。

(3) 熔断器熔断。

355. 控制柜内空气断路器跳闸的原因是什么？

答：(1) 电除尘器内有异物造成短路。

(2) 电晕极极线断裂或零件脱落导致短路。

(3) 料位计指示失灵，灰斗中灰位升高造成电晕极对地短路。

(4) 电晕极绝缘子因积灰而产生沿面放电，甚至击穿。

(5) 绝缘子加热元件失灵或保温不良，使绝缘支柱表面结露，绝缘性能下降而引起闪络。

(6) 低电压跳闸或过电流、过电压保护误动作。

356. 如何判断电场内部异极间棚灰？

答：运行中的电除尘器由于各种原因致使灰斗内积灰过多，甚至将阴阳极板与阳极振打乃至人孔门埋住。运行中发现高压柜发短路报警信号或二次电流较平时大了许多，而二次电压降低了许多，一般在30kV以下，此时手动调整二次电压降零位停止该电场工作，重新启动，高压调整电压缓慢上升，可观察到二次电压电流升至一定值后（20～25kV），电压微升一点，有时甚至看不到电压表指针上升，电流就迅速增加，在此过程中很少发生闪络。此时应该停止该电场并加强排灰工作，如果实在不能排除，只有停炉后处理，千万不能强行运行，否则发生严重短路，会导致电场长期无法投运。

357. 如何判断电场内部金属短路？

答：如果二次电压表指示接近零位，二次电流表指示近额定值，一次电压表指示在额定值的45%左右，一次电流表指示接近额定值，可判断电除尘器内部有金属将阴阳极短路。

358. 如何判断电场内部阴极断线？

答：如果闪络时二次电压低于正常值，并且该数值是可变的，二次电流也偏小，闪络次数较平常多，则可断定阴极线发生断裂，在空气中飘荡。此时可调整二次电压数值以不闪络为准，维持运行，待停炉后处理断线；或者进行电场熔断试验。

359. 阴极线、阳极板粘灰严重时仪表读数的反映是什么？

答：二次闪络电压逐渐增高，二次电流有减少的趋势。一次电压、电流也有相同反映，此时运行值与平常运行值相差较大。检查阴阳极振打系统，尽快恢复振打正常运行。

360. 如何判断电场内部非金属短路？

答：二次电压升至一定数值（小于额定值许多）时多次频繁闪络，电压下降不再升高，较稳定，二次电流有较大增加（高于平常运行值）。

361. 电除尘器冷态试验包括哪些项目？

答：电除尘器冷态试验包括气流分布均匀性试验、振打性能试验、冷态伏安特性试验、电除尘器漏风试验、电除尘器阻力试验。

362. 晶闸管熔断器接触不良或熔断时的现象有哪些？

答：报警铃声响，跳闸指示灯亮，电源电压正常，柜内开关接触正常，再次启动后，一、二次表均无指示。

363. 电晕极极线断裂的原因有哪些？

答：（1）局部应力集中。

（2）安装质量不好。

（3）放电拉弧。

（4）烟气腐蚀。

（5）疲劳断损。

364. 为什么电除尘器本体接地电阻不得大于1Ω？

答：电除尘器本体外壳、阳极板以及整流变压器输出正极都是接地的，闪络时高频电流使电除尘器壳体电位提高，接地电阻越大，此电位越高，会危及控制回路和人身安全。当接地电阻小于1Ω时，壳体电位值将会处于安全范围内。

365. 振打周期选择不当有何危害？

答：振打周期的选择直接影响除尘器的效率，如果振打周期太长，集尘极上积聚的灰尘就可能厚到使电晕电流大大降低或电场局部击穿，损害极板、极线的放电性能，导致操作电压降低，从而使除尘效率降低；如果振打周期太短，极板上积灰太少，灰尘不能成片脱落，飞扬严重，也会降低除尘效率。

366. 除尘效率低有何危害？

答：除尘效率低不但污染了大气环境，且会加剧风机粘灰与磨损，引起风机振动危及安全运行，除尘器工作不良，还会引起除尘器出入口积灰、引风机耗电增加，若使风机内积灰则影响风机的效率和出力，严重时可能使风机过负荷跳闸，风机叶片磨损严重，使锅炉降低出力，另外还会影响后续脱硫设备的安全运行。

367. 微机对电除尘器的控制有何优点？

答：（1）能正确地感受和区分不同类型的火花击穿电压。

（2）能对不同的火花击穿电压作出最佳控制响应。

（3）把电除尘器电场消耗减少至最小程度。

（4）自动优选振打周期，将净化后的烟尘含量降到最小值。

368. 影响电除尘器性能的主要因素有哪些？

答：影响电除尘器性能的因素很多，可以大致归纳为以下四个方面：

（1）烟气性质：主要包括烟气温度、压力、成分、湿度、流速和含尘浓度等。

（2）粉尘特性：主要包括粉尘的比电阻、粒径分布、真密度、堆积密度、黏附性等。

（3）结构因素：包括电晕线的几何形状、直径、数量和线间距，收尘极的型式，极板断面形状、极板间距、极板面积以及电场数、电场长度，供电方式，振打方式（方向、强度、周期），气流分布装置，灰斗型式、出灰口锁气装置和电除尘器的安装质量等。

（4）运行因素：包括漏风率、气流短路、粉尘二次飞扬和电晕线肥大等。

369. 高压柜主机控制失灵的原因有哪些？

答：（1）一次电源供电故障。

（2）整流变压器故障，变压器绝缘子击穿，高压开关触点打弧，高压系统漏电或短路。

（3）控制系统自身故障。

370. 烟气的湿度和流速对电除尘器运行有何影响？

答：燃烧后排出的烟气中都含有一定的水分。这对电除尘器的运行是有利的。一般烟气中水分多，除尘效率就高。如果烟气中水分过大，虽然对电除尘器的性能不会有不利影响，但是若电除尘器的保温不好，烟气温度会达露点，就会使电除尘器的电极系统以及壳体产生腐蚀。从降低电除尘器的造价和占地面积少的观点出发，应该尽量提高电场风速，以缩小电除尘器的体积。但是电场风速不能过高，否则会给电除尘器运行带来不利的影响。因为粉尘在电场中荷电后沉积到收尘极板上需要有一定的时间，如果电场风速过高，荷电粉尘来不及沉降就被气流带出，同时电场风速过高，也容易使已经沉积在收尘极的粉尘层产生二次飞扬，特别是清灰振打时更容易产生二次飞扬。

371. 电场完全短路的现象、原因是什么？如何处理？

答：现象：

（1）投运时电流上升很大，而电压指示为零。

（2）运行时，二次电流剧增，二次电压指示为零。

（3）高压柜上电场故障指示灯亮，事故喇叭鸣响。

原因：

（1）高压隔离开关处于接地位置。

（2）电晕线脱落与阳级或外壳接触。

（3）绝缘子被击穿。

（4）硅堆击穿短路或变压器二次侧绕组短路。

（5）极板或其他部件有成片铁锈脱落，在阴阳极板间搭桥短路。

（6）灰斗棚灰，造成长期满载与阴阳极下部接触造成短路。

处理：

（1）供电柜停止运行，断开电源开关。

（2）检查高压隔离开关操作位置是否正确。

（3）检查落灰是否正常，若有故障，及时处理。

（4）排除故障后，作升压试验，做好记录，若故障不能排除，应停止供电，断开电源，及时汇报。

372. 简述电除尘器本体漏风的危害？

答：若壳体的连接处与人孔门处密闭不严，就会从外部混入冷空气，使通过电除尘器的风量增加，烟气温度下降，至使烟气露点发生变化，其结果是粉尘比电阻增大，使除尘效率下降。另外若从灰斗排灰装置混入空气，将会造成吸附的粉尘产生二次飞场，降低除尘效率。若空气较潮湿，会影响电场绝缘。

373. 电场开路现象、原因是什么？

答：现象：

二次电压升至 30kV 以上仍无电流。

原因：

（1）高压隔离开关操作有误，或接触不良。

（2）高压回路测点后有开路现象。

（3）接地电阻高，高压回路循环不良。

（4）整流输出高压端避雷器或放电端空间击穿损坏。

（5）阻尼电阻烧坏。

（6）变压器二次输出导线断线。

374. 电除尘器试验的主要目的是什么？

答：不管是研制、使用新电除尘器，还是用来改造其他老除尘器，电除尘器试验都是必不可少的工作，其目的主要有：

（1）检查电除尘器的烟尘排放量或除尘效率是否符合环保要求。

（2）查明现有电除尘器存在的问题，为消除缺陷、改进设备提供科学依据。

（3）对新建的电除尘器考核验收，了解掌握其性能，制订合理的运行方式，使电除尘器高效、稳定、安全地运行。

（4）为研制开发新型电除尘器，进一步提高电除尘技术水平积累数据，创造条件。

375. 高压硅整流设备一般具有哪些保护功能？

答：（1）负载短路。当电场内部及四点式隔离开关等处短路时，该保护动作，使高压柜跳闸，停止供电并报警。

（2）开路保护。当电场供电电缆接头处，四点式隔离开关等高压回路开路时，该保护动作跳闸并报警。

（3）变压器温度保护。当变压器油温超过允许值时，保护动作。

（4）瓦斯保护。变压器内部故障气体沿着连接管经气体继电器向油枕中流动，若流动的速度达到一定值，气体继电器内部挡板被冲动，并向一方倾斜，使汞接点接通发出报警信号，当发生严重故障时，两组汞接点同时接通，使高压柜跳闸并发出信号。

376. 为什么说阴极系统是电除尘器的关键部位？

答：阴极系统是产生电晕、建立电场的主要构件，它决定了放电的强弱，影响烟气中粉尘荷电的性能，直接关系除尘效率的高低。另外，它的强度和可靠性也直接决定整个电除尘器的安全运行。所以说阴极系统是电除尘器设计、制造和安装的关键部位。

377. 影响电除尘效率的主要因素有哪些方面？

答：（1）烟气及粉尘的性质。

（2）电除尘器的结构特点。

（3）运行操作条件。

（4）检修质量。

378. 高压硅整流变压器为什么输出负直流高压？

答：交流电源经过熔断器、接触器主触头和快速熔断器，并由两组反并联晶闸管调压后输送到整流变压器的一次绕组，最后经过升压和高压硅整流之后输出直流负高压，高压正极接地。

379. 高压供电系统操作注意事项是什么？

答：（1）设备不允许空载运行，送电前一定要先检查高压隔离开关是否合上。

（2）设备运行时，不允许转换高压隔离开关。

（3）转换选择开关前，先将电流旋钮旋至零位，以免对设备造成冲击。

（4）控制柜因事故跳闸报警后需按下复位按钮。

380. 变压器轻瓦斯与重瓦斯同时动作，或者只重瓦斯动作的原因是什么？

答：（1）变压器内部发生严重故障。

（2）由于漏油等原因使油面下降过速。

（3）检修后，油中空气分离速度过快。

（4）二次回路有故障。

381. 变压器瓦斯保护动作的原因是什么？如何处理？

答：原因：

瓦斯保护动作的原因和故障性质可由内部积聚的气体量、颜色和化学成分鉴别。根据气体的多少可估计故障程度。如积聚的气体是无色无味且不可燃的，则气体继电器动作是空气所致；如气体是可燃的，则气体继电器动作的原因是变压器内部故障所致。

处理：

（1）如瓦斯保护动作是由于油内剩余空气逸出造成，应放出气体继电器的空气，并注意下次信号动作的时间间隔。若时间逐渐缩短，有备用变压器则应倒备用变压器运行，若无备用变压器则应采取特殊防护措施。

（2）如油面过低造成，应联系加油，并做好措施。

（3）如外部检查不能查出原因时，则需鉴定继电器内积聚的气体性质。

（4）如气体是无色无味不可燃的，则变压器可继续运行。

（5）如气体是可燃的，或油中溶解气体分析结果异常，应综合判断变压器是否停运。

（6）轻重瓦斯同时动作，或重瓦斯动作时，不得任意将气体继电器内气体放出，应立即通知化学人员取样化验。

（7）重瓦斯动作变压器跳闸，值班人员应对变压器油温、油位、本体作详细检查并记录，测定变压器绝缘，做好停电安全措施，通知检修人员处理。

（8）若瓦斯保护动作是由于瓦斯保护误动或二次回路故障，应将瓦斯保护停运，通知检修人员处理。

（9）瓦斯保护动作跳闸确属人为过失造成，可不经任何检查，立即投入跳闸变压器。

382. 调压时表盘仪表均无指示的原因是什么？

答：（1）仪表内部故障。

（2）无触发输出脉冲。

（3）快速熔断器熔断。

（4）晶闸管元件开路。

（5）交直流取样回路断路。

（6）交流电压表测量切换开关接触不良。

第十一章　布袋除尘器系统

383. 简述布袋除尘器的清灰原理及过程。

答：清灰原理：是靠过滤材料对烟气中的飞灰颗粒的机械拦截来实现的。同时，附着在滤料表面的一层稠密的灰层也起到很重要的过滤作用。

过程：当除尘室的平均压差达到一定值时，反吹风系统采集到压差高信号自动启动。花板上方安装有慢速旋转的风管，通过脉冲电磁阀向布袋上端开口喷吹大量瞬时低压空气，使布袋剧烈张开，从而抖掉上面的灰尘，使之落入下面的灰斗。

384. 布袋除尘器系统由哪几部分组成？

答：布袋除尘器分为除尘器本体、预喷涂系统、喷水降温系统、进出口电动挡板门。布袋除尘器本体由进出口喇叭、进口气流分布板、灰斗、灰斗气化风及电加热系统、含尘室、洁净室、旋转喷吹装置、清灰管道系统、滤袋、袋笼等组成。

385. 布袋除尘器的清灰气源如何规定的？

答：布袋除尘器脉冲清灰压力为80～85kPa，由清灰系统管道处设置的压力变送器检测清灰压力。罗茨风机出口的压力是85kPa，当清灰压力超过100kPa时，除尘器顶部清灰系统管道处设置的放散阀自动打开进行压力释放，经消声器将剩余清灰空气排入大气。

386. 布袋除尘器灰斗加热器如何布置？其作用是什么？

答：灰斗电加热板安装在灰斗的1/3处。这些加热器在设备运行时和灰斗存灰时必须处在加热状态，以免灰斗内积灰板结。

387. 布袋除尘器单元通风室的结构及作用是什么?

答: 每个布袋除尘室的顶棚上设有人孔。通过梯子平台到达屋顶人孔。根据检修的需要可以使其中任一室关闭进行离线检修。当任一室关闭、室内需要维护时,检修门与顶部人孔必须进行通风。使单元室内温度降到40℃以下方可进入室内进行检修。

388. 布袋除尘器喷水降温系统的作用是什么?

答: 喷水降温系统安装在除尘器进气烟道上,设有气液两相流的喷嘴。喷水降温系统是当烟气温度偏高时及时在入口烟道处进行喷洒水雾,及时降低烟气温度,防止因烟温较高而烧损除尘器滤袋。

389. 布袋除尘器的布袋为什么在投运前要进行预涂灰?

答: 除尘器首次开始投运前,由于除尘器滤袋是干净的没有形成灰尘初滤层,会使滤袋容易受到细小的灰尘颗粒穿透或锅炉点火燃油期间使焦油烟气黏附,而导致堵塞除尘器滤袋。

390. 布袋除尘器启动需具备哪些条件?

答: (1) 所有的滤袋都被安装并且正确地固定在花板上,并必须保证滤袋与花板密封,滤袋在袋笼上沿着长度方向不能有扭曲现象,袋笼必须在接口处牢靠无晃动。

(2) 传动部分以及所有设备相关部件检查正常。

(3) 旋转喷吹装置喷嘴端部在冷态下距花板100mm±10mm。

(4) 除尘器进口/出口挡板已打开。

(5) 除尘器所有人孔门、检修门都必须关闭并且密封。

(6) 除尘器本体顶部的两个放散阀必须有一个下面的阀门处在打开状态。

(7) 检查脉冲清灰系统手动、自动状态。手动状态下能独立启动。

(8) 检查备用脉冲清灰系统(脉冲控制仪与PLC)之间的切

换正常。

391. 布袋除尘器预涂灰的要求有哪些?

答:(1)利用锅炉引风机进行预涂灰。

(2)预涂灰期间，关闭所有脉冲阀，禁止清灰。

(3)粉煤灰在除尘器进口烟道喷入，每个布袋大约需要1kg的粉尘。为有助于均匀涂灰，利用粉煤灰罐车经喷涂系统管道进入除尘器进口的两个烟道，同时在喷涂系统管道上接入压缩空气，使粉煤灰更快更好地喷入。

392. 脉冲风压过低的处理方法是什么?

答:(1)迅速上除尘器顶部检查是否存在橡胶软管破裂或电磁阀不回座的储气罐，若存在，立即关闭该储气罐的进口手动门。

(2)检查除尘器顶部脉冲母管放散阀是否异常，及时调整。

(3)检查罗茨风机出力是否正常，皮带是否有缺失，各个阀门是否有漏气，若存在，及时隔离，启动备用风机。

(4)脉冲风压难以达到要求时，及时启动备用风机，加大风量。

393. 布袋除尘器入口烟温突然上升时该如何处理?

答:(1)当烟气温度达到喷水降温系统的设定值时，该系统应能自动投入，否则应手动强行投入，以避免烧损滤袋。

(2)核实锅炉运行情况，降低机组负荷。

394. 脉冲电磁阀动作后不回座该如何处理?

答:(1)迅速上除尘器顶部确认橡胶软管破裂或电磁阀不回座的储气罐，关闭该储气罐的进口手动门。

(2)手动关闭该除尘室进出口挡板阀门，退出运行并紧急处理。

395. 布袋式除尘器启动前的准备工作有哪些？

答：（1）电气及机械部分良好，各处密封正常。

（2）脉冲控制器工作正常。

（3）清灰用压缩空气达到规定要求。

第十二章 气力除灰系统

396. 简述气力除灰系统的流程。

答：除尘器（省煤器）收集的灰落入灰斗中，每个灰斗对应1个仓泵，灰斗内积灰经仓泵进入灰管，再经由空气压缩机提供的压缩空气送往灰库，经湿式搅拌机加湿搅拌后装车外运至灰场或进行干灰综合利用。

流程：除尘器（省煤器）→灰斗→手动插板阀→圆顶阀→仓泵→出料阀→输灰管道→灰库。

397. 简述空气压缩机的作用及组成部分。

答：空气压缩机是用来生产一定压力和流量的压缩空气，作为正压气力除灰系统的输送介质和气力控制系统动力源。组成部分：进气滤网、排气过滤器、电动机、压缩机、油过滤器、温度保护装置、热工信号装置等。

398. 简述空气压缩机的工作原理。

答：空气通过过滤后经压缩机进行压缩成高温高压混有密封油的压缩空气，然后混有密封油的压缩空气送到油气分离器，利用油气之间的密度差，将油气切向送入油气分离器中，利用重力和离心力原理，对油气进行分离。分离出来的空气送到后冷却器中进行冷却，使其温度降低后，再把空气中的水蒸气进行凝结，然后送到滤芯式气水分离器中滤除液态水。从气水分离器中分离出来的空气直接送到压缩空气干燥净化系统，生成高品质的压缩空气供输灰用气。

399. 简述冷干机的工作原理。

答：根据空气冷冻干燥原理，利用制冷设备使压缩空气冷却到一定的露点温度，析出所含水分，并通过分离器进行气液分离，再由自动排水阀排出，从而达到冷冻除湿的目的。同时，压缩空气中 3μm 以上的固体尘粒及微油量成分都被滤除，使气源品质达到清洁、干燥的要求。

400. 空气压缩机空气过滤器的作用是什么？

答：过滤进入空气压缩机的空气，使灰尘等固体杂质不进入压缩机主机内，以防止对滑动件有增加磨损的可能，同时灰尘的存在还会使润滑油加速氧化。

401. 空气压缩机主机的冷却为什么十分重要？

答：因为空气压缩机主机在压缩空气过程中，阴阳转子摩擦会产生大量热能，同时气体压缩时温度急剧升高，因此主机的冷却十分重要。冷却水（风）量过小或中断都会使阴阳转子温度升高，使密封件烧坏，甚至阴阳转子抱死。因此空气压缩机运行中应保持一定的冷却水（风）量，维持主机温度在允许范围内。

402. 气力输灰系统通常由哪几部分组成？

答：（1）供料装置。

（2）输料管。

（3）空气动力源。

（4）气粉分离装置。

（5）储灰库。

（6）自动控制系统。

403. 简述 MD 泵的工作原理。

答：在锅炉正常运行过程中，飞灰落入静电除尘器灰斗下方的 MD 泵中，然后被气力输送至灰库。MD 泵的入口圆顶阀打开，物料在重力作用下落进 MD 泵中。在物料填充的过程中排气阀将打开使空气从泵内排出，此时管路上的出口圆顶阀关闭以阻止空气通过输送管线被吸走。当MD泵任一泵内料位计被覆盖显示泵已充满物料时，然后进口及排气圆顶阀关闭，同时其他的泵继续填充。当输送条件满足时，输送过程开始运行，出口圆顶阀打开。当所有的入口和排气圆顶阀都已关闭并且密封后，经过一个短延时，出口圆顶阀完全打开。与其他系统的联锁条件具备，输送气阀打开，然后输送气将进入所有输灰泵，系统压力开始升高，将灰从每个灰泵排进管道输送到灰库。当输送压力达到预设压力值或输送气阀打开达到时间，部分或全部辅助输送气阀将关闭。当物料被输送至灰库后，发出输送管道压力下降的信号，输送气阀关闭，完成一次循环。

404. 仓泵的定义及其作用是什么？

答：正压气力除灰系统所用的仓式气力输送泵通常简称仓式泵或仓泵，是一种充气的压力容器，以空气为输送介质和动力，周期性地接受和排放干态细灰，将干灰通过管道输送至灰库或储料仓。

405. 气力除灰系统中的料位计有哪几种形式？

答：料位计常用的有水银泡触点式、音叉式、电感式、负压光电式和辐射式等几种。

406. 灰斗内阻流板的作用是什么？

答：（1）防止烟气短路。

（2）防止烟速过高或烟气短路时，把灰斗里的粉尘重新返回烟气造成二次飞扬。

407. 灰斗气化风系统由哪些设备组成？

答：灰斗气化风系统是由每个灰斗下部的一组气化板与气化风加热装置、减压阀、气化风控制电磁阀组成。气化风由除尘器罗茨风机提供。

408. 气力除灰系统启动前需做哪些准备工作？

答：（1）投运灰斗气化风机及电加热，且运行正常。

（2）启动灰库布袋除尘器，选择好进灰灰库且信号正确。

（3）启动干燥机、空气压缩机并排污，检查运行正常。

409. 气力输灰系统运行中检查内容有哪些？

答：（1）检查各管道及阀门等无漏气、漏灰现象。

（2）检查各阀门动作顺序正确，开关灵活、位置正确。

（3）检查仪用气源、输送气源压力正常无泄漏，并对储气罐进行排污。

（4）检查空气压缩机油位正常、油质合格且无漏油现象，各部件运行正常平稳。

（5）检查空气压缩机排气压力、排气温度、润滑油压力在规定值范围内，显示屏上各参数正常。

（6）检查干燥机运行正常平稳，自动疏水正常。

（7）检查灰斗、仓泵落灰正常，无漏灰、漏气现象。

（8）运行中监视系统程序运行是否正确，上位机上各信号无报警。

410. 灰斗气化风机运行中检查内容有哪些？

答：（1）地脚螺栓紧固无松动，电动机接地线完好无损。

（2）空气滤网清洁，声音正常，润滑油充足，油质合格，温度正常，出口压力在规定值内。

（3）对应电加热器运行正常，出口温度在规定值内。

411. 为什么要用料位计监视灰斗存灰的多少？

答：灰斗内积灰过多会影响电除尘器的正常运行，严重时会导致短路，电场停运，甚至灰斗垮塌。反之，灰斗内存灰太少，又会产生大量漏风，导致粉尘二次飞扬，使除尘效率大大降低。在灰斗内的灰料由于被壳体密封，无法直接观察，只能通过料位计来监测。

412. 空气压缩机运行中的注意事项有哪些？

答：（1）空气压缩机运行中严禁随意打开机组面板。

（2）空气压缩机运行中，严禁开启油分离器排污阀。

（3）空气压缩机运行中严禁频繁启停干燥机。

（4）空气压缩机运行中严禁猛地打开干燥机进口门。

413. 空气压缩机紧急停运的条件是什么？

答：（1）冷却水中断。

（2）润滑油中断。

（3）主机、电动机发生剧烈振动。

（4）电流突然增大超过额定电流值。

（5）出口压力发生大幅波动。

（6）电气设备着火。

414. 空气压缩机运行中主要监视项目有哪些？

答：油位在正常范围，冷却水畅通，声音正常，无振动，加卸载正常，电流指示正常，各轴承、绕组温度正常，排气温度正常，油滤器差压正常。

415. 组合式干燥机启动前的检查项目有哪些？

答：（1）组合式干燥机熔断器完好，继电器插件无松动，电气接线无松动、脱落。

（2）开启组合式干燥机冷凝水排污阀，排除冷凝水后关闭。

（3）开启组合式干燥机冷却水进、出口阀，检查冷却水畅通。

（4）组合式干燥机自动排水器无堵塞，手动门在开位。

（5）干燥机前置、后置过滤器入口、出口手动门在开位。

（6）组合式干燥机面板上各仪表指示正确。

416. 干燥机干燥效果差的原因是什么？

答：（1）处理风量过大、入口温度高或吸附塔内介质失效。

（2）自动排水系统故障。

（3）干燥机的冷冻压缩机故障。

417. 组合式干燥机露点温度升高的原因是什么？

答：（1）再生流量太低。

（2）进口压力低。

（3）水分含量过大。

（4）进口温度过高。

（5）干燥剂被油污染。

（6）露点指示不正确。

418. 冷干机过电压报警、欠电压报警的原因是什么？

答：过电压报警:冷却制冷剂不好。

欠电压报警：冷却剂泄漏。

419. AV泵入口圆顶阀未关报警的原因有哪些？

答：（1）仪用气源供气压力低。

（2）仪用气源管有漏气现象。

（3）密封圈损坏。

（4）压力变送器故障。

（5）电磁阀故障。

420. 输灰系统启动前的检查项目有哪些？

答：（1）检查输灰系统上位机无报警。

（2）检查输灰管道法兰及伸缩节处无破损，管道紧固架无松动。

（3）检查气控箱润滑器油位正常。

（4）检查气控箱空气过滤器滤网清洁，无杂物。

（5）检查压缩空气各阀门严密不漏气。

（6）检查库顶切换阀指示正确，布袋除尘器在工作状态，压差小于0.02MPa。

（7）检查空气压缩机储气罐压力大于0.45MPa。

421. 气化风机启动前的检查项目有哪些？

答：（1）检查气化风机及电动机地脚螺栓无松动，皮带安全罩牢固可靠。

（2）检查气化风机电动机接线正确，接地线良好。

（3）检查气化风机油位正常。

（4）检查气化风机皮带松紧合适。

（5）检查气化风机入口空气滤清器无堵塞。

（6）检查气化风机及电加热器控制箱上电源指示灯亮，电流表指示正常。

（7）检查电加热器外壳完整，电源及接地线良好。

422. 气力输灰系统运行中的注意事项有哪些？

答：（1）气力输灰单元在送料时，不能关断输送气或控制气气源。严禁随意开关仓泵入口圆顶阀及排气阀。

（2）气力输灰系统在运行中发生输送故障，在管道内压力未泄放前，禁止短接该故障信号或开启入口阀。

（3）气力输灰设备圆顶阀密封圈确认已坏时，禁止强制启运该单元进行输灰。

（4）气力输灰系统在运行过程中有危及设备、人身安全的故障时，立即停运。

（5）气力输灰系统某一单元如需停运，重新启动时要先对输送管道进行吹扫。

423. 空气压缩机系统的启动注意事项有哪些？

答：（1）空气压缩机启动时，若发生报警或故障，必须查明原因并待故障消除后方可启动。

（2）空气压缩机启动后，不允许进行换油工作。

（3）空气压缩机不允许连续多次启动。

（4）干燥机启动前必须将管线内的残余空气卸掉。

424. 空气压缩机无法启动的原因是什么?

答:(1) 熔丝烧毁。

(2) 保护继电器动作。

(3) 启动按钮接触不良。

(4) 电压太低，或缺相保护动作。

(5) 急停开关未复位。

425. 简述 MD 泵入口圆顶阀的故障原因。

答:(1) 有异物卡住。

(2) 密封圈失效、损坏。

(3) 阀芯磨损。

(4) 接近开关故障。

426. 堵灰的原因是什么?

答:(1) 正压气力不足，可能是由于阀门不可靠导致压缩空气泄漏或空气压缩机突然自跳等因素引起的。

(2) 输灰管线进水，由于灰的亲水性，导致下灰口灰结拱或管线内灰结块堵塞。

(3) 误操作，在输送过程中误关了压缩空气使管内物料沉降，再通气时就容易发生堵管。

(4) 输送管道末端灰库上的袋式除尘器运行不良，滤袋上积灰过多掉不下来使输送的背压过高引起堵管。

(5) 锅炉启动初期的油灰或冷态灰不适合设计的输送工况。

(6) 输灰管或空气母管上的阀门未开，造成局部阻力过高或供气不足。

427. 空气压缩机出口压缩空气带油的原因是什么?

答:油面太高、回油管限流孔阻塞、油分离器破损、压力维持阀弹簧疲劳等。

428. 罗茨风机风量不足的原因是什么？

答：管道漏气、卸压阀动作、排风压力上升、吸气压力上升、皮带打滑、转数不足、空气滤清器堵塞。

429. 罗茨风机不能转动的原因是什么？

答：电动机故障、接线不良、转子粘合抱死、混入异物等。

430. 罗茨风机异常振动及异声的原因是什么？

答：皮带打滑、齿轮油不足、轴承润滑油脂不足、异物粘接、内部接触面磨损、压力异常、旁路单向阀动作不良、卸压阀动作不良、室内换气不足、部分紧固部位松动等。

431. 罗茨风机异常发热的原因是什么？

答：排风压力上升、室内换气不足、空气过滤器堵塞、冷却润滑效果不佳等。

432. 罗茨风机漏油的原因是什么？

答：加油量过多、部分紧固部位松动、密封垫破损等。

433. 干式变压器投运前的检查内容有哪些？

答：（1）变压器高、低压侧开关传动正常，高压试验合格，各继电保护及压板投入正确。变压器高、低压侧无短路接地现象。

（2）变压器本体、周围清洁无杂物。

（3）变压器高、低压侧引出线各接头紧固，导电部分无生锈、腐蚀现象，套管清洁无裂纹，变压器中性点接地线、铁芯接地线、外壳接地线牢固可靠。线圈外部清洁，无破损、无裂纹。

（4）变压器温控设备具备投运条件。

（5）变压器在检修后及停运半个月以上者，投入运行前均应测量线圈的绝缘电阻。

（6）测量变压器高压侧绝缘电阻 $R_{60''}$ 用 2500V 绝缘电阻表测量，高压对低压及高压对地均≥300MΩ；测量变压器低压侧绝缘

电阻 $R_{60''}$用 500V 或 1000V 绝缘电阻表测量，低压对地≥100MΩ。

(7) 变压器绝缘电阻 $R_{60''}$应不低于上一次测量值的 50%，吸收比 $R_{60''}/R_{15''}$≥1.3。

(8) 变压器送电前将门锁好。

(9) 变压器标志齐全，并备有足够的消防器材。

434. 电动机不正常发热，定子电流未超出正常范围的原因是什么?

答: (1) 冷却不良。

(2) 电源电压降低至规定值以下或三相不平衡。

(3) 机械部分故障。

435. 灰斗气化风机流量不足的原因是什么? 如何处理?

答: 原因:

(1) 过滤器滤网堵塞。

(2) 风机间隙增大。

处理:

(1) 更换或清洗过滤器滤网。

(2) 核对间隙。

436. 转动机械在运行中应作哪些检查?

答: 应检查: 电流、出入口压力、轴承温度、振动值、油质油位、冷却水畅通情况、电动机接地线、地脚螺栓等。

437. 转动机械运行中轴承过热的原因有哪些?

答: (1) 轴瓦接触不良或间隙不当。

(2) 轴承磨损或松动。

(3) 油环转动不灵，油量太少或供油中断。

(4) 油质不合格。

(5) 转子中心不正或轴弯曲。

(6) 轴承尺寸不够。

438. 空气压缩机各阀门的作用是什么？

答：（1）止回阀：防止停机时气体倒流。

（2）安全阀：防止排气压力超过规定值。

（3）放空阀：为保证空载启机而安装。

（4）最小压力阀：缓冲作用，维持空气压缩机油循环压力，可有效防止空气压缩机跑油。

（5）温控阀：控制喷油温度。

（6）油过滤器：过滤润滑油中的杂质。

（7）油冷却器：润滑油的冷却。

（8）断油电磁阀：机器停机后，切断供油。

439. 运行中空气压缩机电流小于额定值的原因是什么？

答：（1）入口阀堵塞，空气滤网堵塞。

（2）减荷阀及压力调节器自动关闭，空气压缩机无负荷运行。

（3）进气阀漏气或严重损坏。

（4）排气阀漏气或严重损坏。

440. 空气压缩机排气温度高的原因是什么？

答：（1）油位低或冷却水不畅。

（2）油冷却器结垢或堵塞。

（3）油过滤器堵塞。

（4）温控阀故障。

（5）冷却风扇坏或风扇电动机坏。

（6）排风管道堵或排风阻力大。

（7）温度传感器损坏。

（8）环境温度过高，散热不良。

（9）进气管路堵塞。

（10）油质劣化。

441. 空气压缩机分离前压力和分离后压力指的是什么？

答：是指空气压缩机油气分离器滤芯前后的压力，我们所说的空气压缩机的排气压力是指分离后的压力，两个值的差额就是油气分离器滤芯的压差，如果压差超过 80kPa 就要更换油气分离器滤芯。

442. 空气压缩机排气量达不到规定值的原因是什么？

答：（1）进气阀未完全打开。

（2）产气量本身不够。

（3）进气过滤器或油气分离器堵。

（4）进气调节阀不动作或错误动作。

（5）螺杆内漏气严重。

443. 空气压缩机耗油量大或压缩空气含油多的原因是什么？

答：（1）回油管堵塞。

（2）排气压力低。

（3）油气分离器滤芯破损。

（4）分离筒体内部隔板破损。

（5）油变质。

444. 空气压缩机机组排气温度和主机排气温度有何区别？

答：主机排气温度是指压缩机本体的排气温度，温度探头安装在排气口，即主机非驱动端的端盖附近，正常温度在 90℃左右；机组排气温度是指压缩机压缩的空气经过后冷却器的温度，即压缩空气进入工艺管路的温度，温度探头一般安装在油水分离器上，正常温度为 30～40℃。油温是指润滑油的温度，如果油温过高，肯定主机排气温度也高，单主机排气温度过高，油温不一定过高。

445. 气力除灰系统中气动门犯卡的原因有哪些？

答：（1）电磁阀串气。

（2）气源胶管脱落漏气。

（3）阀芯机械阻力大。

（4）气缸漏气。

（5）仪用气源压力不足。

446. 输灰管道堵管常见的原因有哪些？

答：（1）由于系统故障造成不正常出灰。

（2）煤种差，灰特性变化大。

（3）灰管内进入异物。

（4）灰斗气化风机供热温度低，灰受潮结块。

（5）输灰管道泄压。

（6）进料时间过长或进料阀关不到位。

（7）输送压力偏低。

（8）输送气量偏小。

（9）补气量偏小。

447. 灰斗气化风机出口温度高报警的原因是什么？

答：（1）加热器控制失灵。

（2）出口门未开到位。

448. 干燥机高压跳闸后复位仍启动不了的原因是什么？

答：（1）压力开关不良。

（2）冷却水脏或断水。

（3）过载跳闸。

（4）冷凝器积垢太多。

449. 干燥机冷凝压力过高的原因是什么？

答：（1）环境温度过高。

（2）冷却水量不足。

（3）制冷剂过多。

（4）制冷循环中有空气。

（5）水冷凝器或风冷凝器散热不良。

450. 干燥机冷凝压力过低的原因是什么？

答：（1）冷却水量过大。

（2）热气旁通阀开启过大。

（3）风机开关设定不当。

451. 干燥机出口空气压降过大的原因是什么？

答：（1）处理风量超过额定值。

（2）管道系统不合理，管道通经过小，管道长度过长，转折弯头过多。

（3）进出口阀门未全打开。

（4）管道有泄漏或过滤器堵塞。

（5）蒸发器管道处结霜堵塞管道。

452. 干燥机除湿不良的原因有哪些？

答：（1）入口压力过低。

（2）环境温度过高。

（3）处理风量过大。

（4）空气旁路阀未关闭。

（5）入口温度过高。

（6）自动排水系统故障。

（7）排水器前截止阀未打开。

（8）排水器堵塞或损坏。

（9）空气压力低于0.6MPa。

（10）排水管高于排水口。

453. 干燥机控制仪表面板各表计分别代表什么意思？

答：（1）制冷剂低压表：指示蒸发器内制冷剂的饱和压力值。

（2）制冷剂高压表：指示制冷剂的冷凝压力值。

（3）空气压力表：指示压缩空气在干燥机出口处的压力值。

（4）压力露点表：指示经干燥机冷冻除湿后的压缩空气的露点温度值。

（5）进气温度：指示进入干燥机的空气温度。

454. 灰斗出现高料位的原因有哪些？

答： 原因：

(1) 下灰管有异物堵塞。

(2) 气化风管堵塞。

(3) 气化风加热器故障未投运。

(4) 输灰管道输灰效果差。

(5) 灰斗保温不良。

(6) 烟气中水分过大，灰潮湿。

455. 灰斗高料位有哪些影响？应如何处理？

答： (1) 影响：高料位会对电场造成异极间下部短路，从而造成电场跳闸。

(2) 处理：灰斗出现高料位后就地对管道加强检查，发现问题进行检修处理，缩短输灰时间，适当增加落灰时间，对灰斗对应单元加强输灰，并间断性地对灰斗进行反吹。

456. 影响除灰管道磨损的主要因素有哪些？

答： (1) 灰颗粒尺寸。

(2) 灰颗粒硬度和形状。

(3) 输送灰的浓度。

(4) 管道流速。

第十三章　刮板捞渣机系统

457. 湿式除渣系统包含哪些设备？

答： 湿式除渣系统由渣井、液压关断门、刮板捞渣机、带式输送机、犁式卸料器、贮渣仓、缓冲水池、缓冲水池排污泵、沉淀水池水池、沉淀水池排污泵以及各种阀门管道等组成。

458. 简述湿式除渣系统渣系统的流程。

答： 每台炉配有渣井、刮板捞渣机、贮渣仓。炉底渣掉至刮板捞渣机，再由刮板捞渣机连续捞至带式输送机，由带式输送机送入渣仓，然后再用自卸汽车送至贮灰场或综合利用。

459. 简述湿式除渣系统水系统的流程。

答： 渣井及捞渣机的溢流水进入缓冲水池，缓冲水池排污泵将缓冲水池的水打回至捞渣机槽体循环使用。

来自循环水系统的低压服务水一路送缓冲水池作为补充水，一路通过管道直接送至送刮板捞渣机槽体冷却密封补水。

460. 刮板捞渣机的工作原理是什么？

答： 渣井下来的高温炉渣落入刮板捞渣机壳体内，通过壳体内的冷却水对高温炉渣进行冷却。同时保持炉膛与外界隔绝。冷却后的炉渣通过刮板捞渣机液压马达驱动，带动刮板、圆环链运动，将其连续输送到炉膛外面下一级设备，以便进行再处理。当下一级设备出现故障时，渣井可暂时充当渣斗，储存炉渣。

461. 刮板捞渣机的组成部件有哪些？

答： 刮板捞渣机主要由张紧装置、液压传动装置、液压关断门、循环水系统、渣井、链条、刮板、外导轮、内导轮、铸石板、渣仓、电气控制部分等组成。

462. 液压马达的工作原理是什么?

答: 液压马达习惯上是指输出旋转运动的，将液压泵提供的液压能转变为机械能的能量转换装置。

463. 液压马达按照结构类型划分为哪几种?

答: 分为齿轮式、叶片式、柱塞式和其他型式。

464. 液压马达按照转速划分为哪几类?

答: 分为高速和低速两大类。额定转速高于500r/min的属于高速液压马达，额定转速低于500r/min的属于低速液压马达。

465. 液压传动的优点有哪些?

答: (1) 由于液压传动是油管连接，所以借助油管的连接可以方便灵活地布置传动机构，这是比机械传动优越的地方。

(2) 液压传动装置的质量轻、结构紧凑、惯性小，便于设计、制造和推广使用。

(3) 可在大范围内实现无级调速。

(4) 传递运动均匀平稳，负载变化时速度较稳定。

(5) 液压装置易于实现过载保护，同时液压件能自行润滑，因此使用寿命长。

(6) 液压传动容易实现自动化。

466. 液压传动的缺点有哪些?

答: (1) 液压系统中的漏油等因素，影响运动的平稳性和正确性。

(2) 液压传动对油温的变化比较敏感，所以它不宜在温度变化很大的环境条件下工作。

(3) 液压元件的配合件制造精度要求较高，加工工艺较复杂。

（4）液压系统发生故障不易检查和排除。

467. 渣仓料位计通常选用什么型式？

答：渣仓料位计采用雷达式数字显示，确保动作灵敏，指示正确。当渣堆至高位时发出报警信号，报警信号送至集控和渣仓操作室。

468. 离心泵的组成部件有哪些？

答：离心泵的组成部件有泵壳、出入口短节、叶轮、轴承箱组件、联轴器、轴套、减压器等。

469. 刮板捞渣机控制系统有哪些？

答：刮板捞渣机控制系统除具有启停刮板捞渣机、调速功能外，还具有指示功能、报警功能、保护功能。

470. 刮板捞渣机的保护功能有哪些？

答：（1）当发生油温超高、油位超低及断链报警后油泵电动机将自动停机。

（2）当发生水超温或水位低报警后，刮板捞渣机自动补水阀将自动开启对刮板捞渣机进行补水。

（3）当油温高于45℃时冷却风扇自动开启。

（4）当油温低于10℃时加热器自动启动。

471. 液压系统由哪几部分组成？各起什么作用？

答：一个完整的液压系统，由以下几部分组成：

（1）动力部分：液压泵，用来将机械能转换为液压能。

（2）执行部分：油缸、液压马达，用来将液压能转换为机械能。

（3）控制部分：压力控制阀、方向控制阀、流量控制阀等，用来控制和调节液流，以满足对传动性能的要求。

（4）工作介质：油液，用来传递能量。

（5）辅助部分：油箱、滤油器、储能器、加热器、冷却器、管路、管接头、液压表。这些辅助元件对于液压系统来讲，有些是必不可少的，如油箱、管路、管接头等，有些则是用来改善传递装置的质量。

472. 刮板捞渣机运行中检查内容有哪些?

答：

（1）液压泵电动机运转正常、平稳，油压指示正常。

（2）动力站、减速机油位正常、油质合格。

（3）刮板捞渣机运行正常，无卡阻、脱链、断链、刮板倾斜、脱落等现象，各导轮、托轮转动灵活，无卡涩，无异常，各部件声音正常。

（4）控制柜及现场各表计、信号指示正常，刮板捞渣机内水温正常。

（5）刮板捞渣机链条松紧适宜，链条张紧装置正常，无漏油，油量充足，油质合格。

（6）料位计指示正确，回程无带渣现象。

（7）各联锁保护投运正常。

（8）根据渣量及时调整刮板捞渣机转速。

473. 刮板捞渣机运行中的注意事项是什么?

答：（1）控制系统送电前必须检查控制箱及电动机绝缘，并检查各接线有无线头松动、脱落。

（2）向动力站油箱加油时，必须按要求加入规定型号的清洁度达到要求的液压油，严禁通过空气滤清器向油箱加油。在运转前，马达减速机必须加入规定型号油。

（3）系统发生故障报警时，一定要及时处理以保证设备安全。若因报警使刮板捞渣机停机则必须查明报警原因并消除后才能重新投入运行，严禁在不清楚故障原因和未消除故障情况下强行开机运行，以保证人身及设备安全。

（4）设备检修或长时间不用时，一定要切断控制系统电源。

(5) 如出现回油油滤堵塞报警或泄油油滤堵塞报警，说明液压系统油管路已经堵塞，要及时进行更换或清理。

(6) 刮板捞渣机带载运行时，在保证满足出力要求的情况下应将刮板捞渣机的转速尽量调低以降低设备磨损。

(7) 严禁在刮板捞渣机运行时，进行刮板捞渣机移出或复位操作。

(8) 刮板捞渣机运行时，其两侧 2m 范围内为非安全区域。

474. 刮板捞渣机在冬季运行时应注意什么?

答: 刮板捞渣机在冬季运行时，由于液压油温度较低，可能出现管路堵塞报警信号，因此在检查确认是因油温低引起的堵塞报警情况下，可继续运行一段时间，待油温上升后堵塞报警会自动消除，不需要人工处理。但若因为没有正确加油，液压油质量问题或管路未清理而引起的堵塞报警，则必须及时处理。

475. 刮板捞渣机液压关断门开关操作时的注意事项是什么?

答: 为避免液压关断门开关操作时发生大焦掉落入槽体水中，形成高温蒸汽造成人员烫伤，需执行以下措施：

(1) 液压关断门关闭超过 8h 以上时，或关闭期间燃用劣质煤炉膛结焦严重时，操作前必须通过渣井观察孔确认渣井内积渣情况，必要时可通过锅炉 6m 人孔观察冷灰斗的积渣情况，明确积渣情况后方可缓慢打开液压关断门。

(2) 操作液压关断门时，操作人员在液压站进行操作，其他人员远离渣井落渣口，如必须在附近观察关断门开关情况，须做好防护措施。

(3) 液压关断门关闭期间，锅炉尽可能不做负荷升降，停止炉膛吹灰，减少炉膛落渣量。

476. 刮板捞渣机设备紧急停运的一般原则有哪些?

答: (1) 设备发生强烈的振动、撞击和摩擦时。

(2) 轴承温度不正常升高超过限值或冒烟时。

（3）电动机温度急剧升高超过限值或冒烟、着火时。

（4）刮板捞渣机发现有严重缺陷，危及设备或人身安全时。

（5）威胁设备或人身安全的其他故障时。

477. 润滑油应符合哪些基本要求？

答：应符合的要求为：

（1）较低的摩擦系数，以减少摩擦面间运动阻力和设备的功率消耗，减少机械摩擦损失，提高设备使用寿命。

（2）有良好的吸附及楔入能力，能楔入摩擦面微小的间隙内并牢固地黏附在摩擦表面上。

（3）适当的黏度，以便在摩擦面间结聚成油膜，能承受一定的压力而不被挤出。

（4）有较高的纯度和抗氧化稳定性，以防止机械磨损和腐蚀。

478. 什么叫层流、紊流？

答：层流指流体运行过程中，各质点间互不混淆、互不干扰、层次分明、平滑的流动状态。紊流是指流体运动过程中，各质点间互相混淆、互相干扰而无层次的流动状态。

479. 叶片式水泵按其工作原理的不同可分为哪几类？

答：（1）离心式水泵。

（2）轴流式水泵。

（3）混流式水泵。

480. 离心泵按所产生的扬程可分为哪几类？

答：（1）低压泵。

（2）中压泵。

（3）高压泵。

481. 离心泵外密封装置主要有哪几种类型？

答：离心泵外密封装置主要有四种：填料密封、机械密封、迷宫式密封及浮动环密封。

482. 脱水渣仓由哪些主要部件构成？

答：脱水渣仓由仓体、分粒器、底流挡板、溢流堰、滤水元件、排渣门、上部连接平台和振动器等部件组成。

483. 润滑油在各种机械中的作用是什么？

答：润滑油的作用主要有四个，即润滑作用、冷却作用、封闭作用和清洁作用。

484. 热工信号和自动保护装置的作用是什么？

答：（1）热工信号（灯光和声响信号）的作用是在有关热工参数偏离规定范围或出现某些异常情况时，引起运行人员注意。

（2）自动保护装置的作用是当设备运行工况发生异常或某些参数超过允许值时，发出报警信号，同时自动保护动作，避免设备损坏和保证人身安全。

485. 离心泵的轴向推力是怎样产生的？

答：由于叶轮其外形的不对称性和叶轮两侧的压差，就产生了一个沿轴向移动的力，即轴向推力，推力的方向是推向进口侧。

486. 离心泵并联工作适用于哪些情况？

答：（1）泵运行中需要输送很大的流量时。

（2）运行中用户所需要的流量有很大的变动时。

（3）若工程是分期进行的，可以采用并联运行。

（4）考虑运行的安全性、连续性，需要设置备用设备时。

487. 阀门为什么要设置填料函？

答：为了防止介质通过阀杆与阀盖之间的间隙渗漏出来，需在该间隙内装入填料进行密封，这种填料密封结构又称填料函。

488. 简述压力继电器的作用及工作原理。

答: 压力继电器的作用：压力继电器即电接点压力表，用来控制电磁阀的开闭。

工作原理：压力继电器上配有高限和低限的电接点，接点的位置根据动作压力的要求整定，通常以红色接点为高限，绿色接点为低限，当压力表上的指针与接点闭合时，即发出动作信号，通过中间继电器控制电磁阀的开闭。

489. 刮板捞渣机启动前的检查项目有哪些?

答:（1）刮板捞渣机内无杂物，无检修工作。

（2）刮板捞渣机本体完整，各部连接牢固。

（3）刮板捞渣机槽体无漏水，槽体内冷却水充足且水温不大于60℃。

（4）刮板捞渣机转动部分无卡涩，润滑油充足，防护罩完好、牢固。

（5）刮板捞渣机自动张紧装置系统无卡涩，各部连接良好。

（6）液压系统各部分连接牢固，油泵、油管、液压阀无漏油。

（7）液压油箱油位正常，油质良好，无杂质。

（8）油泵电动机及冷却风机绝缘合格，外壳接地良好。

（9）冷却风机转动灵活。

（10）电气、热工表计齐全，指示正确。

（11）链条冲洗水正常。

490. 刮板捞渣机运行中的检查项目有哪些?

答:（1）每班全面检查一次捞渣机环链与链轮的啮合，环链接头、刮板与环链的连接情况。

（2）检查链轮冲洗水的压力及冲洗的效果。

（3）检查各轴承的润滑情况。

（4）检查液压马达的运行情况，液压系统中油箱的油位正常，油质良好。

（5）检查液压站冷却风机工作正常。

(6) 检查自动张紧装置的工作正常。

491. 刮板捞渣机的运行维护内容是什么?

答: (1) 运行中每小时对设备全面检查一次。

(2) 渣井密封水水温大于 60℃时应增大循环水量,保持水温小于 60℃。

(3) 刮板捞渣机速度应根据渣量进行调节,运行中灰渣量大时,应选择刮板捞渣机高速运行。

(4) 锅炉运行期间除事故停止除渣装置外不许停止刮板捞渣机运行。

(5) 每班对刮板捞渣机底部及尾部积渣进行清理。

(6) 发现刮板捞渣机故障不能运行时,应及时联系检修。

492. 刮板捞渣机断链的原因是什么?

答: (1) 刮板被异物卡死。

(2) 链条磨损严重。

(3) 两侧链条长度不一致,致使刮板偏斜严重。

(4) 刮板一头与链条脱落,卡住刮板捞渣机。

493. 液压动力站异常噪声的原因是什么?

答: (1) 吸油管没有打开。

(2) 补油压力低或无压力。

(3) 有空气渗入,液压泵吸空气。

(4) 油箱上的空气滤清器堵塞。

(5) 联轴器上的弹性元件磨损。

(6) 旋转方向错误。

494. 油泵电动机启动后跳闸的原因是什么?

答: (1) 开关机构有问题。

(2) 熔断器熔断。

(3) 事故按钮或跳闸线圈犯卡。

（4）继电器误动作。

（5）电动机电缆线路接地。

495. 轴承温度过高的原因是什么?

答:（1）轴承缺油或油质不好。

（2）排气孔堵塞。

（3）轴承磨损、破裂。

（4）轴与轴承配合不当。

（5）润滑油脂过多或过少。

496. 泵运行中振动的原因是什么?

答: 泵发生汽蚀、叶轮单道堵塞、紧固件松动、轴承损坏、泵与电动机的轴不同心等。

497. 液压关断门的故障原因是什么?

答:（1）电压低（不稳定）、负荷大、电动机线接反。

（2）溢流阀手柄松开，溢流阀磨损或卡死。

（3）换向阀芯卡死、油缸磨损或损坏。

（4）油中混有空气、机械缺乏润滑。

（5）气蚀、油中混有空气、泵磨损或损坏。

（6）液面太低、影响散热、油质变坏，阻力增大，组件内部污垢阻塞，压力损失过大，冷却器冷却水量过小。

498. 刮板捞渣机跳闸的原因是什么? 如何处理?

答: 原因:

（1）水温高保护动作。

（2）刮板卡住。

（3）电气原因。

（4）液压动力站故障。

处理:

（1）加大补水量，降低水温。

（2）检修处理。

499. 离心泵不上水的原因是什么?

答:（1）吸水管路不严密，有空气漏入。

（2）泵内未灌满水，有空气漏入。

（3）水封水管堵塞有空气漏入。

（4）安装高度太高。

（5）电动机转速不够高。

（6）电动机转向错误。

（7）叶轮或出口堵塞。

500. 水泵内液体为什么会汽化?

答: 水泵在运行中，如果某一局部区域的压力降到流体温度相应的饱和压力下，或温度超过对应压力下的饱和温度时，流体就汽化，所形成的汽泡随着流体的流动被带至高压区域时又突然凝聚；这样，在离心泵内反复地出现流体汽化和凝聚过程，就会导致水泵的汽化故障。

501. 电动机为什么安装接地线?

答: 电动机接地线是一头接在电动机外壳上，另一头接地，形成良好的金属连接。在正常情况下，电动机和接地线是不带电的。当电动机绝缘破坏，电动机外壳带电，经接地线导入大地。这时人触外壳时，由于人体电阻超过接地线很多倍，所以流经人体的电流几乎等于零，可避免人身事故发生。

502. 为什么有的水泵在启动前要注水?

答: 当水泵的轴线高于进水的水面时，泵内就不会自动充满水，而是被空气充满着，由于泵壳内没有压差，水也就无法被大气压力压入泵内。由于泵内有空气，泵入口的真空将无法形成和保持，水泵就不能工作，所以，必须在启动前向泵内灌水，赶净空气后才能启动。

503. 简述水泵发生汽蚀的现象。

答：（1）水泵出口压力及流量摆动且大幅度下降。

（2）电动机电流摆动且大幅度下降。

（3）就地可听到泵内出现明显的汽化异声。

（4）泵体出现剧烈振动。

504. 轴承座振动有哪些原因？

答：（1）地脚螺栓松动或断裂。

（2）机械设备不平衡振动。

（3）动静部分摩擦。

（4）轴承损坏。

（5）基础不牢。

（6）联轴器找正不好。

（7）滑动轴承油膜不稳。

（8）滑动轴承内部有摩擦。

505. 泵运行发生异常振动的原因是什么？

答：（1）泵的动静部分摩擦。

（2）地脚螺栓及其他螺栓松动或断裂。

（3）轴承损坏或叶轮流道内有异物，大轴弯曲，叶轮不平衡。

（4）联轴器不同心或因水位降低，泵内进入空气。

506. 管道输送流体时为什么会产生压降？

答：当流体在管道中流动时，将出现内部流体间及其与管壁间的摩擦而消耗了能量，造成损失；同时，流体流经一些管道附件时，因流动方向及速度的改变而产生局部漩涡和撞击，这又消耗了能量，造成了局部压降。因此，管道内的总压降应为沿程压降与局部压降之和。

507. 什么情况下能引起泵倒转？

答：（1）在并列运行情况下，一台泵突然停止，停止泵出口止回阀不严时，可引起泵的倒转。

（2）单泵运行时，停止后由于出口管中水侧倒回，也可引起泵倒转。

（3）泵电动机检修后，因相线接错，也可引起泵倒转。

508. 轴承油位过高或过低的危害性是什么？

答：油位过高，会使油环运动阻力增大而打滑，油分子的相互摩擦会使轴承温度升高。还会增大间隙处的漏油量和油的摩擦功率损失。

油位过低时，会使轴承的滚珠灌油环带不起油来，造成轴承得不到润滑而使温度升高，进而造成轴承烧坏。

509. 流体在管道中流动的损失有哪几种？

答：沿程压力损失：流体在流动过程中，用于克服沿程阻力损失的能量。

局部压力损失：流体在流动过程中，用于克服局部阻力损失的能量。

510. 如何减少管道的压力损失？

答：（1）尽量保持介质（流体）管道上的阀门在全开状态，减少系统上不必要的阀门和节流元件。

（2）合理选择管道直径和管道布置走向。

（3）采用适当的技术措施，减少局部阻力损失。

（4）减少系统泄漏损失。

511. 离心式水泵设置轴封水的目的是什么？

答：当泵内压力低于大气压力时，从水封环注入高于一个大气压的轴封水，防止空气漏入，当泵内压力高于大气压力时，注入高于内部压力0.05～0.1MPa的轴封水，以减少漏泄损失，同时还起到冷却和润滑作用。

512. 电动机为什么不允许缺相运行？

答：电动机的三相电源中有一相断路时称为缺相运行，常因熔丝熔断，开关触头或滑线接触不良等原因造成，发生这种情况时，电动机合闸后嗡嗡响，不能启动，对于运行中的电动机虽然尚能继续运转，但电动机转速下降，其他两相电流过大，容易烧毁电动机绕组。

513. 离心式水泵启动后不及时开出口门为何会汽化？

答：离心式水泵在出口门关闭下运行时，因水送不出去，高速旋转的叶轮与少量的水摩擦，会使水温迅速升高，引起泵壳发热，如果时间过长，水泵的水温超过吸入压力下的饱和温度而发生汽化。

514. 离心泵振动的原因是什么？

答：（1）泵发生汽蚀。

（2）叶轮单叶道堵塞。

（3）泵与电动机轴不同心。

（4）地脚螺栓及其他紧固件松动。

（5）地脚螺栓损坏，转动轴承损坏。

515. 冬季如何防止管道、阀门冻坏？

答：为了防止管道、阀门冻坏，每逢冬季到来之前，要做好防冻措施，将室外的水管、阀门加以保温，停用设备内的水必须放尽，如不能放尽，要保持常流不息。有必要安装伴热装置的管道，可装有蒸汽伴热或电伴热，并提前投入运行。

516. 并联运行的离心泵出口为什么要安装止回门？

答：如果不安装止回门，当突然停止并联运行的一台泵时，运行的水泵会把液体打至停止的泵内，并通过进口管排出，使停止的泵倒转，同时，运行泵的流量和消耗的功率增加，使电动机过载，并会使系统出口母管压力下降。

517. 离心泵一般的平衡方法有哪些?

答：单级泵平衡方法：①采用平衡孔或平衡管；②采用双吸式叶轮。

多级泵平衡方法：①叶轮的对称排列；②平衡盘或平衡鼓。

518. 遇有哪些故障应紧急停泵?

答：遇有下列情况之一时应紧急停泵：

（1）泵、电动机、管道发生剧烈振动或动静部分摩擦。

（2）电动机冒烟、着火，温度超过60℃，并急剧上升，或温度超过100℃。

（3）电动机淋水，电流满盘，电流剧烈摆动及电流超过额定值。

（4）泵壳或管道阀门破裂有水喷出。

519. 水泵发生汽化有何现象?

答：（1）水泵电流指示下降，并有不正常的摆动。

（2）水泵有异音，出入口管道发生振动。

（3）水泵盘根冒汽，平衡管压力升高，并有大幅度摆动。

（4）水泵出口压力、流量不稳。

520. 水泵发生汽化故障有何危害?

答：水泵发生汽化轻则使供水压力、流量降低，重则导致管道冲击和振动，泵轴窜动，动静部分发生摩擦，供水中断等。

521. 怎样防止水锤的危害?

答：为了预防水锤的危害，可采取增加阀门启闭时间，尽量缩短管道长度，以及在管道上装设安全阀门或空气室，以限制压力升高的数值等措施。

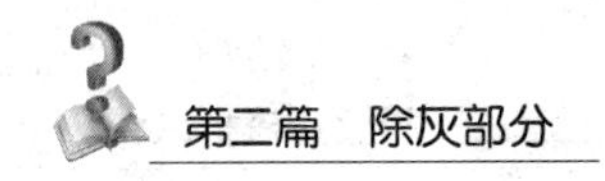

522. 泵有哪些方面的机械损失?

答: 机械损失主要包括轴封及轴承的机械摩擦损失及叶轮前后盖板外侧和流体之间因摩擦而引起的圆盘摩擦损失两部分。

523. 为什么水泵会发生汽化?

答: 水泵在运行中，如果某一局部区域的压力降到流体温度相应的饱和压力以下，或温度超过对应压力下的饱和温度时，液体就汽化，由此而形成的汽泡随着液体的流动被带至高压区域时，又突然凝聚，这样在离心泵内反复地出现液体汽化和凝聚过程，就会导致水泵的汽化故障。

524. 刮板捞渣机张紧装置无法建立压力的原因有哪些?

答:（1）液压泵故障。

（2）张紧装置内部故障。

（3）油箱油位低。

（4）控制柜开关故障。

525. 刮板捞渣机运行中对液压系统的要求有哪些?

答: 系统运行时，一定要保证液压系统的清洁度要求。如出现液压故障报警，应立即停机，检查滤油器或电动机是否过载。如滤油器堵塞（其压差表指针在红色区域），需要尽快更换，以免造成系统元件堵、卡、磨损甚至损坏。在寒冷环境下，建议使用低温 46 号抗磨液压油。

526. 刮板捞渣机出现综合故障跳停时应安排巡检人员重点检查哪些项目?

答:（1）核实系统油压是否超过高限。

（2）确认油站油温未超高限。

（3）检查刮板跑偏、断链保护探头是否脱落、歪斜。

（4）确认控制电源是否正常投入。

（5）检查油箱油位是否低于1/3。

527. 刮板捞渣机动力油站系统油压出现异常的原因有哪些？

答：（1）渣量增加而刮板转速未进行调整。

（2）各转动轮卡有异物，造成油压上升。

（3）各转动轮卡死不转。

（4）落渣口堵渣，渣由刮板带回回程段造成。

528. 刮板捞渣机远方无法启动的原因有哪些？

答：（1）动力电源未送电。

（2）有故障报警未消除或复位。

（3）就地控制箱操作方式选择开关在就地位。

（4）启动条件未满足。

（5）刮板捞渣机油温低保护。

（6）控制回路故障。

529. 刮板捞渣机频繁脱链的原因是什么？

答：（1）两边链条张力不均。

（2）传动轴歪斜。

（3）链条磨损严重。

（4）链轮磨损严重。

530. 刮板捞渣机动力油站无流量输出的原因有哪些？

答：（1）液压泵与电动机之间的联轴器出现故障。

（2）液压泵的旋转方向错误。

（3）负载过重。

（4）无伺服压力，检查控制功能和电控电路板。

531. 刮板捞渣机液压马达不转的原因有哪些？

答：（1）机械犯卡。

（2）液压系统压力不足。

（3）液压系统供油不足或无供油。

532. 刮板捞渣机动力油站油管路过度磨损的原因有哪些？

答：（1）油液黏度太低。

（2）油液中有颗粒通过液压泵进入系统回路。

（3）液压系统有空气吸入。

（4）液压油中水的含量过高。

533. 运行中如何降低刮板捞渣机的故障率？

答：（1）及时了解锅炉的负荷大小和煤质情况，在大负荷及燃用易结焦煤种时，要加强检查。

（2）吹灰时应加强检查，发现渣量大时，停止吹灰，做好掉大焦的准备。

（3）渣量大造成刮板捞渣机跳闸，可将刮板捞渣机速度调至最小后试启一次，必须清除刮板捞渣机槽体内的残渣，严禁超负荷启动。

（4）运行中可根据锅炉的落渣量来调节刮板捞渣机速度，当发现有大焦时，需人工破碎，以免损坏链条、刮板捞渣机。

（5）当大焦落下，使刮板捞渣机刮板脱落、链条脱轨，或大焦异物卡住动静部分造成刮板捞渣机损坏时，严禁再次启动刮板捞渣机，以免造成更大的损坏，通知检修人员处理。若故障不能排除，应申请停炉。

（6）突然停炉时，由于热负荷急剧下降，可能有大焦落下，对刮板捞渣机构成严重威胁，应加强检查，发现异常及时处理。

第十四章　干式排渣系统

534. 干式排渣系统主要由哪些部件组成?

答: 干式排渣系统由过渡渣井、液压关断门、干渣机、碎渣机、液压张紧装置、渣仓及附属设备、仪表及电气控制系统组成。

535. 干式排渣机的工作原理是什么?

答: 炉底渣经由渣井下落到干式排渣机不锈钢输送带上，高温炉渣由不锈钢输送带向外输送。在输送过程中热渣被逆向运动的空气冷却，热渣到干式排渣机头部已经逐渐被冷却到100℃以下；冷却用的空气，在锅炉炉膛负压的作用下，由干式排渣机壳体上开设的可调进风口进入设备内部，冷空气与热渣进行逆向热交换；冷空气吸收渣热量直接进入炉膛，将炉渣的热量回收，从而减少锅炉的热量损失。

536. 简述大焦拦截网的作用。

答: 渣井出口设置大焦拦截网，允许小于1000mm的焦进入干式排渣机，大于1000mm的大焦被拦截在网上。大焦拦截网上设有监视器，能监视到拦截网上大焦的情况，可手动捅焦。在干式排渣机提升段，设有大焦检测装置，该装置能检测小于1000mm、大于200mm渣块情况，可手动捅焦。

537. 渣仓设备主要由哪些部件组成?

答: 主要由钢制渣仓、连续料位计、渣仓卸渣设备、振打器等组成。渣仓卸渣系统包括：手动插板门、气动插板门、电动给料机、湿式搅拌机（干式散装机）、事故排放口等。

538. 液压关断门由哪几部分组成？

答：液压关断门由隔栅、挤压头、箱体、驱动液压缸和液压泵站及管路部分等组成。

539. 液压关断门的作用是什么？

答：过渡渣井与风冷式钢带排渣机之间设液压关断门，该装置起到关断门及破碎大渣块的作用，液压关断门用于钢带排渣机及后续输送系统发生故障时的检修工况，允许钢带排渣机故障停运6h而不影响锅炉的安全运行。能满足60m高度处2t的结焦渣块下落对设备的冲击要求。

540. 液压关断门的挤渣功能怎么实现？

答：液压关断门中的挤压头部件采用液压驱动，起到隔离门的作用。同时其能有效地实现大渣块的预冷却、预破碎，200mm以上的渣块，首先落到隔栅上，得到预冷却，然后经水平移动的齿形挤压头将其破碎，由钢带排渣机运出。

541. 简述干式排渣机的液压自动张紧装置的作用。

答：干式排渣机尾部设有液压自动张紧装置，液压自动张紧装置使输送链尾部滚筒和清扫链尾部链轮在各自的支架上滑动，自动调整输送链尾部滚筒和清扫链尾部链轮的位置，保证不锈钢输送链和清扫链始终受到恒定张紧力作用。

542. 干式排渣机的不锈钢输送带的组成及作用是什么？

答：不锈钢输送带是干式排渣机的核心部分，是热渣冷却和向外输送的主要部分，它由不锈钢网和不锈钢板组成，它的主要受力部件是不锈钢网。不锈钢网由螺旋状不锈钢丝，通过一根直的不锈钢丝串联而成。不锈钢板用螺栓固定在不锈钢网上。

543. 碎渣机的作用是什么？

答：碎渣机主要用于对燃煤锅炉排出的高温（一般100～

300℃）干渣进行机械破碎处理，布置于钢带输送机的出渣口下方。碎渣机可对300mm×300mm的大渣进行破碎，经破碎后的渣粒为≤30mm×30mm。碎渣机部件由耐磨高铬合金钢制作，耐磨且方便更换，碎渣机安置有大功率电动机，经过减速后具有很大的转矩，因此破碎能力强。

544. 电动给料机的作用是什么？

答：电动给料机又称电动锁气器、回转阀，其工作过程是由带有若干叶片的转子在机壳内旋转，物料从上部渣仓下落到叶片之间，然后随叶片转至下端，将物料排除进行送料，将料送到干式卸料机或者双轴搅拌机经拉渣车拉走。

545. 双轴搅拌机的作用是什么？

答：双轴搅拌机由传动装置、搅拌器总成、喷水系统、搅拌轴壳体等组成。灰渣经开启的流量控制阀进入电动锁气器，由匀速转动的转子将灰渣连续均匀地输送到搅拌槽体内，随着两根搅拌轴作相向转动，使得灰渣随之得到翻动搅拌。与此同时，灰渣受到喷嘴喷出的雾化水流调湿，这样边调湿边搅拌边受螺旋进给桨叶的推力作用，最终干湿均匀的灰水混合物从出料口排出。

546. 干式卸料机的作用是什么？

答：干式卸料器由外筒、伸缩套管、吸尘罩、电动卷扬机和底座组成，另外还配有收尘风机、布袋除尘器、料位计等装置。伸缩套筒和伸缩软节组成了一个可以任意伸缩的卸料装置，其伸缩由安装在底座上的电动卷扬机完成。其头部的吸尘罩经排气口与高压离心风机相连，使弥散到卸料口以外的粉尘被吸入，经布袋除尘器除尘后排放大气，避免了二次污染和风机的磨损。卸料机为间断运行。卸料机在装车过程中应是自动进行的，当密封罐车装满时，应发出信号，同时停止给料和延时关闭排气风机。

547. 干式排渣机启动前的检查内容有哪些?

答: 干式排渣系统应在值长通知点火前6h作如下启动前的检查。

(1) 检修工作结束,工作票已终结,设备、地面整洁,照明良好。

(2) 液压站管路、张紧系统无泄漏,张紧油压保持在10~16MPa,各阀门灵活可靠。

(3) 各电动机、减速机安装牢固,接地良好,防护罩完好牢固。

(4) 干渣机、渣仓、搅拌机等设备内部无杂物。

(5) 干渣机检查门已关闭。

(6) 干渣机钢带在滚筒中心。

(7) 液压油箱、各减速机等轴承油位正常。

(8) 设备就地控制柜按钮、旋钮位置正确。

(9) 各开关表计、报警保护准确可靠,指示正确,并已投运。

(10) 液压关断门在开位,否则应将其打开。

548. 碎渣机启动前的检查内容有哪些?

答: (1) 检查碎渣机渣斗内无杂物,单辊碎渣本体破碎齿完整,辊齿板、鄂板、清渣鄂板等固定螺栓无松动,传动链和联轴器正常。碎渣机内破碎防护板安装角度正确且牢固。

(2) 碎渣机电动机接线盒、接地线完好,电动机、减速机地脚螺栓无松动,减速机油位在1/2左右,联轴器连接良好,碎渣机链条、防护罩齐全牢固。

(3) 碎渣机各部轴承润滑油(脂)充足。

(4) 碎渣机检查门关闭。

(5) 检查碎渣机就地控制箱电源正常,启、停按钮指示正确,碎渣机正、反转旋钮切至正转位置。

(6) 就地控制开关由“就地”位置切至“远控”位置。

549. 渣仓及附属设备启动前的检查内容有哪些?

答: (1) 渣仓顶部压力真空释放阀在闭合位置,上面无杂物、无阻碍动作的可能。

（2）布袋除尘器清洁、无破损、堵塞。

（3）布袋除尘器仪用气源投入，气源压力正常为 0.5～0.7MPa，进气手动门开启，电磁阀上电，空气管路连接牢固，各阀门位置正确。

（4）布袋除尘器风机轴承润滑油充足，油质良好，风机电动机接线盒、接地线完好，防护罩齐全牢固。

（5）检查渣仓内部已清空，外观完整，渣仓料位计已投入。

（6）渣仓仓壁振打装置安装牢固，接线完好，振打频率正确。

（7）干渣散装机进口气动门、除尘风机完整，电源正常，进口手动门在开启位置。

（8）干渣散装机减速机油位在 1/2 处，油质合格。散装头安装牢固，上、下升降灵活。

（9）湿渣搅拌机进口气动门、水源、电源投入，进口手动门在开启位置。

（10）湿渣搅拌机减速机油位在 1/2 处，油质合格。搅拌机内干净清洁、无杂物。

（11）就地控制开关箱电源指示正常，各开关位置正确。

550. 干式排渣系统运行中检查内容有哪些？

答：（1）监盘人员要认真监视 CRT 参数及工业电视显示的设备运行情况，每小时就地对干式排渣系统检查一次。

（2）各设备连接牢固，地线、地脚螺栓无松动。

（3）各电动机及减速机无异音，防护罩牢固。

（4）干渣机钢带、清扫链运行正常，无异音、无跑偏。

（5）干渣机钢带托辊、防跑偏轮及清扫链的托辊运行良好，无异音、无松动。

（6）张紧系统无泄漏，显示压力正常（10～16MPa），紧度适宜。

（7）根据干渣机底部灰量堆积情况，适时启动清扫链运行。

551. 干渣机的紧急停运条件是什么？

答：（1）干渣机钢带及清扫链严重跑偏。

（2）各转动部位温度大于100℃且继续上升时。

（3）钢带、清扫链发生断开、脱轨故障。

（4）碎渣、卸渣设备出现故障无法恢复，事故排渣口也无法卸料。

（5）发生其他危及人身或设备的故障。

552. 干渣机尾部张紧装置张紧力如何调整？

答：（1）检查就地压力表是否到达规定压力。

（2）打开张紧管路阀门，使油缸受力逐渐增大，到钢带启动不打滑为止。

（3）将位置锁定，防止泄压带来的问题。

（4）运行中经常检查张紧油缸位置，发生移动应及时进行调整，以防跑偏。两侧油缸分别设有刻度尺，可作为张紧行程的参考。

553. 液压关断门启动前的检查内容有哪些？

答：（1）检查油箱内油位是否在正常油位，不足时应联系维护人员加油。

（2）检查电源指示灯是否有电。

（3）检查油管路是否完好。

554. 干式排渣机清扫链脱轨的原因有哪些？

答：两边张力不均、传动轴歪斜、链环磨损等。

555. 干式排渣机钢带跑偏的原因有哪些？

答：（1）传动、张紧、上下导向轮不在一个纵向平面内。

（2）张紧力不均。

（3）防偏轮脱落。

556. 简述干式排渣机无法启动的原因。

答：（1）内部有异物。

（2）输送带上渣量大，造成输送带过载。

（3）干渣机托轮及托辊机械配合不好，阻力过大。

（4）输送带异常。

（5）张紧系统压力低。

第十五章　烟气调质系统

557. 简述硫黄燃烧式烟气调质系统的基本过程。

答： 硫黄在储罐中首先通过蒸汽盘管加热熔化并保持熔融状态。根据需要，熔融状态硫黄通过离心匀速液下泵输送。通过使用蒸套流量计，对送到每个单元的硫黄燃烧器的熔融硫黄进行计量并准确控制剂量。用离心风机产生工艺空气，通过晶闸管控制的电加热器加热至系统所需温度。熔融态硫黄在燃烧室里和热空气反应（燃烧）。熔融态硫黄第一步氧化产物是二氧化硫，二氧化硫通过转化器在五氧化二钒的催化作用下氧化成三氧化硫。从转化器出来的三氧化硫和空气的混合气体通过热的分配管和喷枪均匀喷入锅炉烟气中。

558. 烟气调质系统包括哪些设备?

答： 硫黄储罐、硫黄给料泵、风机空气系统、空气加热器、硫黄燃烧器、三氧化硫转化器和喷射系统。

559. 烟气调质装置巡回检查项目有哪些?

答：（1）检查所有与储罐及就地集成箱 SKIP 相连的管道和阀门有无泄漏。硫黄储罐液位应不低于 20%。硫黄储罐就地表指示吨数应不低于 7t。

（2）检查硫黄温度是否正常。

（3）检查风机、硫黄泵电动机温度及声音是否正常，有无振动、运行是否正常。

（4）检查减温、减压系统泵电动机温度、声音是否正常，有无振动、运行是否正常。水箱液位是否正常。

（5）从观察孔查看硫黄的燃烧情况，应为蓝色火焰。

560. 烟气调质系统启动前应检查哪些项目?

答:(1)检查系统管道及法兰无破损,管道紧固架无松动。

(2)各阀门严密不漏,开关灵活。

(3)加热风机及其电动机地脚螺栓、连接螺栓连接牢固。

(4)减温水泵及其电动机地脚螺栓、连接螺栓连接牢固。

(5)各电动机绝缘合格,外壳接地良好。

(6)电气及热工表计齐全,指示正确。

(7)控制 CRT 画面显示设备状态正常,鼠标操作灵活。

(8)就地控制箱完好,箱内接线牢固,各操作开关位置正确。

561. 烟气调质系统运行中应检查哪些项目?

答:(1)检查系统管道及法兰无破损。

(2)各阀门严密无泄漏。

(3)加热风机及其电动机地脚螺栓、连接螺栓连接牢固。

(4)加热风机及其电动机运行无异声、温升正常。

(5)减温水泵及其电动机地脚螺栓、连接螺栓连接牢固。

(6)减温水泵及其电动机运行无异声、温升正常。

(7)电气及热工表计齐全,指示正确。

(8)观察燃烧室内燃烧情况无异常。

(9)上位机控制画面显示设备状态正常,鼠标操作灵活。

562. 空气流量低或无流量的原因是什么?

答:(1)风机没有运行。

(2)风机出口阀门没有打开。

(3)风机入口滤网堵塞严重。

563. 硫黄储罐加热温度高或低的原因是什么?如何处理?

答:原因:

(1)没有加热蒸汽。

(2)加热蒸汽调节不合理。

处理：

（1）检查并送上加热蒸汽。

（2）对减温系统和加热系统进行检查调整。

564. 加热器出口温度高或低的原因是什么？

答：（1）风机出口风量减小或增大。

（2）加热器控制系统失灵。

第十六章　厂外输灰系统

565. 厂外输灰系统主要由哪些部分组成？

答：厂外输灰系统主要由储灰库、灰库卸灰系统、输灰皮带机、灰场卸灰系统、目标灰场等组成。

566. 厂外输灰皮带机轴承温度过高的原因有哪些？

答：（1）轴承缺油或油质不好。

（2）排气孔堵塞。

（3）轴承磨损、破裂。

（4）轴与轴承配合不当。

（5）润滑油脂过多或过少。

567. 电动机启动中发生什么现象应立即停止电动机运行？

答：（1）电动机不转或瞬时转动停止。

（2）电动机有异常鸣声，且转速达不到正常值。

（3）启动电流在规定时间内不返回。

（4）电动机冒烟或有火花穿出。

568. 皮带机在哪些情况下，应立即停机？

答：（1）电动机及引线、就地动力箱内接线盒等电气设备冒烟、着火。

（2）电动机发出异声、转速明显下降时。

（3）电动机、减速机、滚筒的主要轴承发生机械损坏，伴随着不正常响声和剧烈振动时。

（4）转动机械轴承温度超过额定值时。

（5）皮带断裂、划破或受到严重损坏时。

（6）皮带严重跑偏、打滑无法恢复时。

（7）落灰管严重堵灰无法恢复时。

（8）配重触地或拉紧小车出轨时。

（9）电流表电流超过额定值未能及时返回时。

（10）发生火灾事故时。

（11）危及人身和设备安全时。

569. 皮带严重跑偏的原因是什么？

答：（1）滚筒及托辊一侧粘灰渣。

（2）落灰渣点不正。

（3）拉紧装置拉力不平衡。

（4）皮带接口不正。

（5）头尾部滚筒中心不正或机架偏斜。

（6）自动调偏托辊轴卡死。

570. 厂外输灰皮带机运行安全注意事项有哪些？

答：（1）禁止在皮带上方传递工具及运送其他物品。

（2）运行过程中，禁止擦拭设备及检修设备。

（3）厂外输灰栈桥内禁止吸烟。

（4）禁止跨越和钻过皮带。

（5）禁止乘坐皮带作为交通工具。

（6）皮带运转时，禁止直接取物品。

（7）清扫设备时，不允许用水龙头对准电气设备清洗。

（8）运行人员服装扣要扣好，女同志长辫子应盘入安全帽内。

（9）皮带跑偏时严禁用棍子等物校正。

571. 带式输送机运行中的检查内容是什么？

答：（1）皮带电动机和减速机声音正常，振动值、轴承温度不超限。

（2）电动机风扇运转正常。

（3）电流正常，电动机、减速机温度不超限。

（4）制动器已打开，无摩擦、冒烟。

（5）各滚筒、托辊转动灵活，无脱落，无粘灰。

（6）皮带无断裂、撕裂、划痕、跑偏、打滑。

（7）清扫器与皮带接触良好。

（8）皮带上灰中若有损毁皮带的杂物，应及时拉线停运皮带清除杂物。

（9）灰管畅通，无粘灰。在雨季和灰湿时加强巡回检查。

（10）减速机无漏油，油位正常，油温正常。

（11）导灰槽密封皮带无跑出和磨坏，导灰槽无漏灰。

（12）各部照明充足。

572. 皮带打滑的原因是什么？

答：（1）皮带过负荷。

（2）皮带非工作面上有水或寒冬季节皮带上结冰。

（3）拉紧装置不起作用。

（4）滚筒衬胶脱落。

573. 落灰管堵管的原因是什么？

答：（1）灰渣的水分大，黏度大。

（2）落灰管内有异物卡住。

（3）下级皮带打滑。

574. 犁灰器启动前需要检查哪些内容？

答：（1）检查犁灰器上无缠绕物。

（2）检查犁灰器的各部分固定螺栓无松动，无开焊断裂。

（3）犁灰器的犁口光滑，无尖锐毛刺，无变形。

（4）犁灰器的转动机构灵活。

（5）限位开关正常。

575. 犁灰器运行时检查及注意事项是什么？

答：（1）各转动机构灵活，无卡阻现象。

（2）注意胶带有无起层，并注意防止犁刃划破胶带。

（3）抬犁时，一定要将犁灰器抬到极限位置，防止灰块冲击犁刃。

（4）落犁时，一定要使犁刀与胶带压紧，防止漏灰进入最后一个原灰斗。

（5）操作过程中，若发现电动机有异声或犯卡，立即停机。

（6）操作过程中不能仅靠行程开关自停。

（7）要确认电动机停止后值班员方可离开。

576. 厂外输灰设备电动机强烈振动或有异声的原因是什么？

答：（1）地脚螺栓松动。

（2）联轴器中心不正或松动。

（3）转子失去平衡与定子相碰。

（4）轴承损坏。

（5）转子与定子碰壳。

（6）与电动机相连的机械设备有故障。

577. 厂外输灰皮带断裂的原因是什么？

答：（1）皮带胶接质量不好，开胶。

（2）皮带过紧或超负荷运行。

（3）落灰管堵塞，造成溢灰或杂物卡住未及时发现。

（4）皮带打滑。

578. 厂外输灰皮带划破的原因是什么？

答：（1）落灰管衬板或挡板脱落卡住胶带。

（2）皮带严重跑偏，接触支架。

（3）杂物卡皮带机皮带。

（4）调偏立辊坏。

579. 厂外输灰皮带犁灰器头升降不灵的原因是什么？

答：（1）电动机烧坏。

（2）电动推杆机械部分损坏。

（3）连杆机构卡涩。

（4）犁头支架变形。

（5）控制器接触不良。

580. 厂外输灰皮带非工作面非正常磨损的原因是什么？

答：（1）皮带托辊损坏。

（2）皮带打滑。

（3）皮带下积灰过多。

（4）滚筒包胶粘异物。

581. 减速机振动有异音的原因是什么？

答：（1）地脚螺栓松动。

（2）联轴器中心不正。

（3）轴弯曲，轴承损坏。

（4）严重缺油，齿轮磨损。

582. 厂外输灰皮带拉紧装置的作用是什么？

答：保证胶带具有足够的张力，使滚筒与胶带之间产生所需的摩擦力，限制胶带在各支撑轮间的垂度，使输送机正常运行。

583. 带式输送机运行中的注意事项是什么？

答：（1）运行人员穿好工作服，衣扣扣好，袖口扎上，防止被机械转动部分绞住、刮住，女同志的长发必须盘在安全帽内，禁止穿拖鞋、凉鞋和高跟鞋。

（2）带式输送机运行中禁止对转动部位进行清扫擦拭。

（3）带式输送机运行中禁止取下或安装防护罩。

（4）带式输送机运行中禁止进行检修工作。

（5）带式输送机运行中禁止对机械旋转部分加注润滑油。

（6）带式输送机运行中禁止利用皮带运输工具、设备或载人等。

(7) 带式输送机运行中禁止清理托辊和滚筒上的粘灰及缠绕物。

(8) 带式输送机运行中禁止跨越、爬过及在皮带下部穿行，如必须跨越时要经过通行桥。

(9) 楼梯、平台、通道、现场操作盘等处有足够照明，禁止堆放杂物。

(10) 检修的灰仓不准进灰。

(11) 消防器材和用具应完备好用。

(12) 发生火灾时汇报班组长，通知消防队，积极参加灭火工作。

(13) 严禁杂物及金属落入灰仓内，如落入，通知检修人员采取措施。

584. 测量变压器高低压侧绝缘电阻用多少伏绝缘电阻表?

答: 测变压器高低压侧绝缘电阻应用2500V绝缘电阻表测量，高压-低压及地≥300MΩ，低压-地≥100MΩ。

585. 干式变压器各部温升（用电阻法测量）不得超过多少度?

答: A级绝缘：60℃；B级绝缘：80℃；E级绝缘：75℃；F级绝缘：100℃；H级绝缘：125℃。

586. 灰库干灰散装机抽尘风机吸尘能力下降的原因有哪些?

答: 抽尘风机叶轮片顶部磨损严重、减短，吸尘管路结块堵塞，阻力加大，滤袋内壁板结，透气性降低等。

587. 灰库系统启动前的检查内容有哪些?

答: (1) 检修工作结束，工作票终结收回。

(2) 检查灰库布袋除尘器布袋完好无破损，无堵塞及脱落现象，布袋除尘器检查孔严密无漏灰、漏风现象，反吹洗正常，供气管路无漏气。

(3) 灰库布袋除尘过滤器工作正常。

(4)检查灰库干灰散装机伸缩头动作灵活，抽尘风机完好。

(5)检查灰库电动给料机无漏灰，机械部分无犯卡。

(6)检查灰库卸灰圆顶阀密封良好，控制气管路无漏气。

(7)检查灰库加湿水泵、排污水泵机械部分无犯卡。

(8)检查湿式搅拌机减速机各转动部件无卡涩，搅拌机内部无积灰，喷嘴无堵塞，喷水角度正确。

(9)检查灰库系统设备的电动机接线及接地线良好。

第三篇

输 煤 部 分

第十七章　燃料基础知识

588. 什么是燃料？燃料是如何进行分类的？

答：燃料一般是指在空气中易于燃烧，并能放出大量热量，且在经济上值得利用其热量的物质。根据燃料在自然界所处的状态，可将燃料分为固体燃料、液体燃料和气体燃料。固体燃料主要以煤为主，液体燃料以原油、重油和渣油为主，气体燃料以煤气和天然气为主。

589. 煤炭是如何定义的？

答：煤炭是指主要由植物遗体经煤化作用转化而成的富含碳的固体可燃有机沉积岩，含有一定量的矿物质，相应的灰分产率小于或等于50%（干基质量分数）。

590. 国家标准对煤炭是如何进行分类的？

答：根据煤化程度参数（主要是干燥无灰基挥发分），将煤炭划分为无烟煤、烟煤和褐煤。再根据干燥无灰基挥发分及黏结指数等指标，将烟煤划分为贫煤、贫瘦煤、瘦煤、焦煤、肥煤、1/3焦煤、气肥煤、气煤、1/2中黏煤、弱黏煤、不黏煤及长焰煤。

591. 无烟煤、烟煤、褐煤各有什么特点？

答：无烟煤、烟煤、褐煤各自的特点如下：

（1）无烟煤：有粉状和小块状两种，呈黑色有金属光泽而发亮；杂质少，质地紧密，固定碳含量高，可达80%以上；挥发分含量低，在10%以下；燃点高，不易着火；发热量高，刚燃烧时上火慢，火上来后比较大，火力强，火焰短，冒烟少，燃烧时间长，黏结性弱，燃烧时不易结渣。

（2）烟煤：一般为粒状、小块状，也有粉状的，多呈黑色而有光泽，质地细致；挥发分为10%～37%；燃点不太高，较易点燃；含碳量与发热量较高，燃烧时上火快，火焰长，有大量黑烟，燃烧时间较长；大多数烟煤有黏性，燃烧时易结渣。

（3）褐煤：多为块状，呈黑褐色，光泽暗，质地疏松；挥发分在37%以上；燃点低，容易着火，燃烧时上火快，火焰大，冒黑烟；含碳量与发热量较低（因产地煤级不同，发热量差异很大），燃烧时间短。

592. 什么是动力煤?

答：动力煤指用作动力原料的煤炭。一般狭义上就是指用于火力发电的煤。从广义上来讲，凡是以发电、机车推进、锅炉燃烧等为目的，产生动力而使用的煤炭都属于动力用煤，简称动力煤。

593. 煤的成分分析方法有哪些?

答：煤的成分分析方法有：

（1）元素分析。煤是一种混合物，主要由C、H、O、N、S五种元素组成，对煤中这五种元素含量的分析称为煤的元素分析，是煤燃烧性能的一种分析方法。

（2）工业分析。从煤的组成成分来分析，煤由水分、灰分、挥发分和固定碳组成。对煤中水分、灰分、挥发分、固定碳含量的分析称为煤的工业分析。工业分析是对煤质进行测试的一种最常规的、最重要的分析方法。

594. 反映煤质主要特性的指标有哪些?

答：反映煤质主要特性的指标有：

（1）发热量（Q）。单位质量的煤完全燃烧时所放出的热量称为煤的发热量或热值，单位为焦耳/克（J/g）或兆焦/千克（MJ/kg），发热量的惯用单位为卡/克或千卡/千克（cal/g 或 kcal/kg），lcal=4.1816J。煤的发热量高低与它含有的成分（灰分、水分、挥发分）有关系，因此，发热量是表征煤质好坏的综合性指标，我国的煤炭价格，主要以发热量议价，以收到基低位发热量为计价标准。

（2）挥发分（V）。煤的挥发分是指煤中的有机物成分，在燃烧过程中，碳氢化合物分解氧化成 CO 和 H_2，H_2 和 CO 很快燃烧，且释放大量的热能，很快点燃了固定碳。因此煤中的挥发分越高，煤越容易着火，固定碳也越容易烧尽。一般情况下，在发热量相同的煤中，如果挥发分较高，那么锅炉热效率也较高。因此，煤的挥发分含量是评价动力用煤的重要依据。

（3）水分（M）。水分是动力用煤的一个重要特性指标，是评价煤经济价值的基本指标。煤中全水分由外在水分和内在水分组成。

1）外在水分。是指开采、运输、存储以及洗煤时，煤表面所附着的水分。将煤置于空气中干燥时，煤的外在水分会蒸发掉。

2）内在水分。是指煤所固有的游离水。在室温条件下，这部分水分不易失去。煤中的水分过高，发热量必然降低，且蒸发还要吸热，降低炉温，使煤不易着火；煤中水分过低，易造成煤粉飞扬，适当的水分则有助于燃烧。

（4）灰分（A）。煤中所有可燃成分完全燃烧以及煤中矿物质在一定温度下产生一系列分解、化合等复杂反应后的残渣即灰分。灰分是煤中的主要杂质，灰分在煤燃烧时因分解吸热而大大降低炉温，使煤着火困难。灰分含量高，其发热量一定低。灰分每增加 1%，发热量降低约 0.4MJ/kg。因此可根据灰分估算出发热量，但估算值误差较大。

（5）硫（S）。煤中硫可分为可燃硫和不可燃硫，是一个重要的环保指标。可燃硫燃烧后，虽然放出部分热量，但会生成 SO_2 和少量的 SO_3，SO_2 会从烟囱排放到大气中，污染大气。SO_3 和水汽结合形成硫酸蒸汽，并在低温受热面上凝结而腐蚀设备。因此现在越来越多的生产单位要求煤的含硫量在1%以内。

(6) 灰熔融性。煤的灰熔融性是评价煤灰是否容易结渣的一个指标。煤灰在一定温度下开始变形，开始变形的温度称为变形温度 (DT)，进而软化和流动，称为软化温度 (ST) 和流动温度 (FT)。煤灰软化温度实际上是开始熔融的温度，故习惯称其为灰熔点 (ST)。当炉温达到或超过灰熔点温度时，煤灰就会结成渣块，影响通风和排渣，使炉膛含碳量升高，有时会黏在炉墙管壁或炉排上，影响传热效果，造成局部高温，严重影响锅炉的正常运行。灰熔融性对锅炉的安全经济运行影响极大。

(7) 氢 (H)。我国的煤炭分类标准中把氢作为划分无烟煤的指标之一。煤中的氢含量也是发热量由高位换算到低位时必须用到的一个参数。1%的氢含量大约影响热值200J/g。

除以上所述的七大特性指标外，还有结焦性、可磨性指数、粒度等特性指标。

595. 煤的基准含义与分类有哪些?

答: 煤所处的状态或者按需要而规定的成分组合称为煤的基准，煤的基准一般分为四类：收到基准、空气干燥基准、干燥基准、干燥无灰基准。

(1) 收到基准。是指用户收到的原煤所处的状态。含全水分 (内在水分和外在水分)、灰分、挥发分，简称收到基，用符号ar表示。以收到基表示的煤质特性指标，直接反映原煤各种成分的含量与性能。

(2) 空气干燥基准。是指试验室内测定煤质特性指标时试样所处的状态，一般不含外在水分，简称空干基，用符号ad表示。试验室直接测出的煤质特性指标值，均为空干基数据。

(3) 干燥基准。是指除去全部水分的干煤所处的状态，不含水分，简称干燥基，用符号d表示。用标准煤样校验或检验仪器时，均要将空干基含量换算成干燥基含量，再与标准煤样数据进行比较，从而判断测试结果的准确性。

(4) 干燥无灰基准。是指不计算不可燃成分 (水分和灰分)

的煤所处的状态，用符号 daf 表示。干燥无灰基主要用于理论计算和确定煤的特性，在现实中不存在这种基准的煤样。

596. 煤的各基准之间如何进行换算？

答：煤的各基准之间换算关系见下表。

已知煤的基准	欲求煤的基准			
	收到基 ar	空气干燥基 ad	干燥基 d	干燥无灰基 daf
收到基 ar	1	$\frac{100-M_{ad}}{100-M_{ar}}$	$\frac{100}{100-M_{ar}}$	$\frac{100}{100-M_{ar}-A_{ar}}$
空气干燥基 ad	$\frac{100-M_{ar}}{100-M_{ad}}$	1	$\frac{100}{100-M_{ad}}$	$\frac{100}{100-M_{ad}-A_{ad}}$
干燥基 d	$\frac{100-M_{ar}}{100}$	$\frac{100-M_{ad}}{100}$	1	$\frac{100}{100-A_{d}}$
干燥无灰基 daf	$\frac{100-M_{ar}-A_{ar}}{100}$	$\frac{100-M_{ad}-A_{ad}}{100}$	$\frac{100-A_{d}}{100}$	1

注　M_{ad}——空气干燥基水分；
M_{ar}——收到基水分；
A_{ad}——空气干燥基灰分；
A_{ar}——收到基灰分；
A_{d}——干燥基灰分。

597. 燃煤机组通常也要设置燃油系统，它的作用是什么？

答：对于燃煤机组，燃油系统的作用主要是在机组启停和非正常运行过程中，点燃着火点相对较高的煤，以及在低负荷或燃用劣质煤造成锅炉燃烧不稳时，利用燃油来助燃从而稳定燃烧。燃油系统一般按 0 号轻柴油设计。

598. 燃油的物理特性指标有哪些？

答：燃油的物理特性指标有：

（1）质量特性，可用密度表示。

(2) 热工特性，包括发热量、比热容、导热系数。

(3) 相态变化特性，包括凝固点、沸点。

(4) 流动及阻力特性，包括黏度、流速、流量及流动阻力。

(5) 着火（燃烧）特性，包括闪点、燃点、爆炸浓度极限、自燃点。

(6) 静电特性。

599. 柴油入厂都需要化验哪些指标？合格的标准是什么？

答：柴油入厂需要化验运动黏度、闪点、水分、密度、酸度指标，合格标准见下表。

化验项目	运动黏度（mm^2/s）	闪点（℃）	水分（mg/L）	密度（g/cm^3）	酸度（mgKOH/100mL）
合格标准	0号、5号柴油为3.0～8.0；－10号、－20号柴油为2.5～8.0	＞55	≤300	0.83～0.855	≤7

第十八章　带式输送机

600. 输煤系统工艺流程分为哪些环节？各环节有何作用？

答：输煤系统一般由卸煤、上煤、配煤、储煤四部分组成。卸煤部分为系统的前端，主要作用是完成受卸外来煤。上煤部分是系统的中间环节，主要作用是完成煤的输送、筛分、破碎和除铁。配煤部分为系统的末端，主要作用是把煤按运行要求配入锅炉的原煤斗。储煤部分为系统的缓冲环节，作用是调节煤的供需。

601. 普通带式输送机的技术指标主要包括哪些？

答：普通带式输送机的技术指标主要包括带宽、带速、头尾中心距、提升角、额定出力和电动机功率等。

602. 带式输送机是如何进行分类的？

答：带式输送机的种类较多，按输送带种类的不同，可分为普通带式输送机、钢丝绳芯带式输送机和特种带式输送机；按输送机机架与基础的连接形式不同，可分为固定式带式输送机和移动式带式输送机；按支撑装置的结构形式不同，可分为托辊支撑式输送机、平板支撑式输送机、气垫支撑式输送机；按托辊槽角等结构的不同，还可分为普通槽角带式输送机和深槽角带式输送机，近些年又出现了输送带承载段封闭成管状、采用多边形托辊的管状带式输送机；按驱动滚筒数量的不同，分为单驱动带式输送机、双驱动带式输送机和多驱动带式输送机。

603. 简述带式输送机的结构和工作原理。

答：带式输送机主要由输送带、驱动装置、制动装置、托辊及支架、拉紧装置、改向装置、清扫装置、装料装置和卸料装置、辅助安全设施等部分组成。输送带既是承载构件又是牵引构件，依靠带条与滚筒之间的摩擦力平稳地进行驱动。带式输送机在工作时，驱动滚筒通过其表面包胶与输送带之间的摩擦力带动输送带运行，煤等物料装在输送带上和输送带一起运动。

输送带的拉力是靠驱动滚筒与输送带之间的摩擦力传动，用以克服输送带运动中所受到的各种阻力。输送带以足够的压力紧贴于滚筒表面，两者之间的摩擦作用使滚筒能将圆周力传给输送带，这个力就是输送带运动的拉力。运动阻力和拉力形成使输送带伸张的内力，即张力。张力的大小取决于拉紧装置的拉紧力、运输量、输送带速度、宽度、输送机的长度、托辊结构和布置方式等。

604. 带式输送机的布置方式有几种？布置原则是什么？

答：（1）布置方式。

1）水平布置方式。带式输送机的头尾部滚筒中心线处于同一水平面内，带式输送机的倾角为0°，如下图所示。

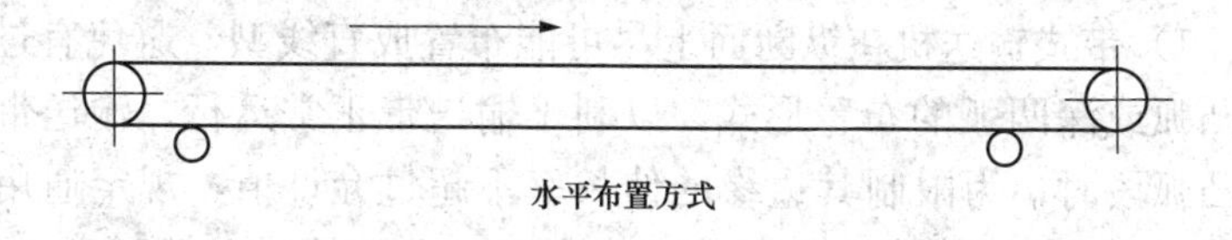

水平布置方式

2）倾斜布置方式。带式输送机的头尾部滚筒中心线处于同一倾角平面内，且所有上托辊或下托辊处于同一倾斜平面内，如下图所示。

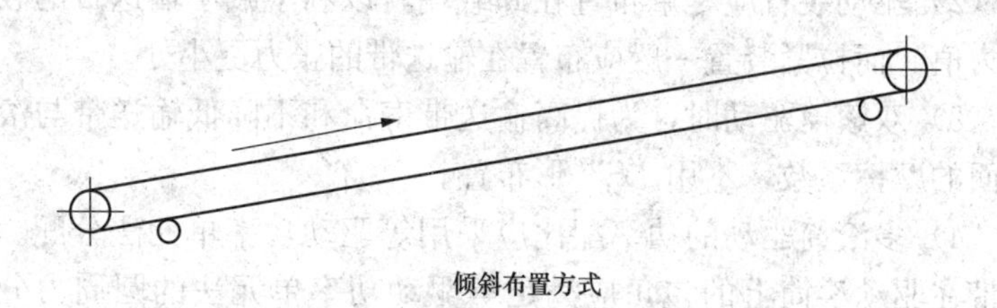

倾斜布置方式

3）带凸弧线段布置方式。水平布置的后半段与倾斜布置的前半段的一种组合布置方式，如下图所示。

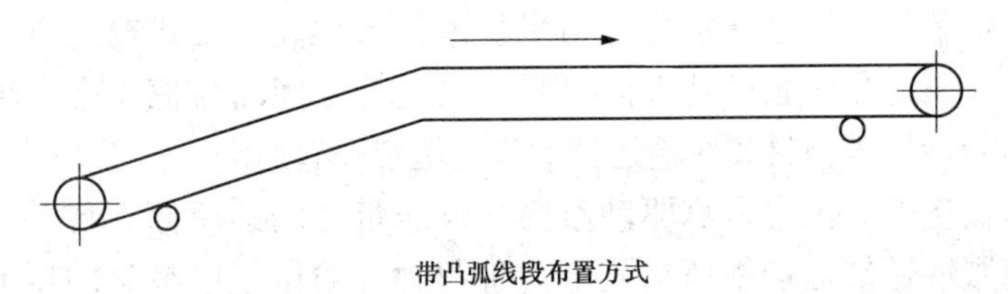

带凸弧线段布置方式

4）带凹弧曲线段布置方式。倾斜布置的后半段与水平布置的前半段的一种组合布置方式，如下图所示。

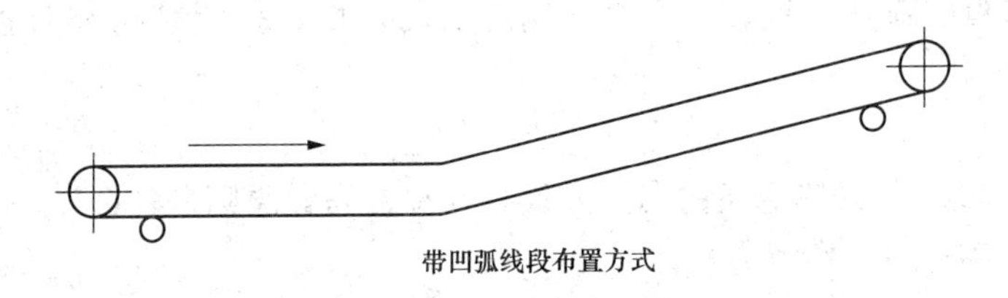

带凹弧线段布置方式

（2）布置原则。

1）带式输送机在纵断面上尽可能布置成直线型，避免有过大的凸弧或深凹弧的布置形式，以利于输送带正常运行。输送带通过凸弧段时，为限制其边缘的伸长率不超过允许值，规定通用带式输送机的凸弧段曲线半径$R_1 \geqslant 18B$mm（B是输送带宽度），而钢绳芯带式输送机的凸弧段曲线半径$R_1 \geqslant (75 \sim 85)B$mm。输送带通过凹弧段时，为防止输送带脱离托辊，要求输送带的自重必须大于凹弧段输送带张力的向上分力。

2）驱动装置应尽量布置在卸载端，以利于减小输送带的较大张力值。而拉紧装置一般应布置在输送带的张力更小处。

3）双滚筒驱动时，为提高输送带寿命和不降低输送带与滚筒表面的摩擦系数，不用“S”形布置。

4）多滚筒驱动的功率配比应采用等驱动功率单元法分配。输送带在驱动滚筒上的包角应满足等驱动功率单元法的圆周力分配要求，并考虑布置的可能性。

5）当带式输送机倾斜布置时，其倾斜角有一定的范围限制。带式输送机的实际倾角取决于被输送的煤或其他物料与输送带之间的动摩擦系数、输送带的断面形状（水平或槽形）、物料的堆积角、装载方式和输送带的运动速度。为了防止物料在输送带上部向下滑移，输送带的倾角应比物料与输送带间的静摩擦角小10°～15°。当采用向上倾斜布置时，带式输送机的倾角一般不超过18°；运送破碎后的煤，最大允许倾角可达20°；若必须采用大倾角向上输送物料时，可采用花纹带式输送机，最大倾角可达25°或更大。

605. 常见的带式输送机驱动装置的组成形式有哪几种?

答: 带式输送机驱动装置的组成形式有以下三种:

（1）电动机和减速机组成的驱动装置。这种驱动装置主要由电动机、液力耦合器、减速机、联轴器、驱动滚筒、抱闸、逆止器等组成。

（2）电动机和减速滚筒组合的驱动装置。这种驱动装置由电动机、联轴器和减速滚筒组成。所谓减速滚筒，就是把减速机装在传动滚筒内部，电动机置于传动滚筒外部。这种驱动装置有利于电动机的冷却、散热，也便于电动机的检修、维护。

（3）电动滚筒驱动装置。电动滚筒就是将电动机、减速机（行星减速机）都装在滚筒壳内。壳体内的散热有风冷和油冷两种方式，所以根据冷却介质和冷却方式的不同可分为油冷式电动滚筒和风冷式电动滚筒。

606. 提高带式输送机驱动能力的方法有哪些?

答:（1）提高输送带对滚筒的压紧力。

（2）增加输送带对滚筒的包角。

（3）增大滚筒与输送带之间的摩擦系数。

607. 根据在输煤系统中发挥的作用，可将滚筒分为哪几类?

答:（1）驱动滚筒：通过带有动力装置的滚筒和输送带的摩擦传动，将牵引力传给输送带，以牵引输送带运动。

（2）改向滚筒：改变输送带的缠绕方向，使输送带形成封闭的环形。改向滚筒可作为带式输送机的尾部滚筒、组成拉紧装置的拉紧滚筒并使输送带产生不同角度的改向。

（3）增面滚筒：增大驱动滚筒的包角面，以增加驱动滚筒的摩擦面，更好地传递力。

（4）拉紧滚筒（配重滚筒）：连接拉紧装置，保证输送带张紧，使输送带和滚筒之间不打滑。

608. 驱动滚筒包胶有哪些结构样式及特点？

答：驱动滚筒包胶结构样式有“人”字形、菱形、平形等，其中“人”字形包胶滚筒具有方向性，仅适合于单向运转的输送带，且“人”字形尖端必须指向运动方向。“人”字形胶面滚筒工作时，在输送带宽度方向上向两侧有一对平行于滚筒轴的轴向分力作用在输送带上，能使输送带进一步紧压在驱动滚筒上，因而提高了驱动能力，如果“人”字形左右装反，滚筒对输送带的这个合力将指向于输送带的中心线，使输送带中间虚空，从而减弱了输送带对滚筒的压紧力，降低了驱动能力。菱形驱动滚筒和平形驱动滚筒适用于正反转运行的带式输送机，其中菱形驱动滚筒效果更好，因而使用较多。

609. 托辊的作用是什么？分为哪几类？

答：托辊是用来承托输送带并随输送带的运动而作回转运动的部件，作用是支撑输送带，减少输送带的运动阻力，使输送带的垂度不超过规定限度，保证输送带平稳运行。托辊大多数为无缝钢管制成，在除铁器前后应布置防磁托辊（陶瓷托辊、尼纶托辊等）。

托辊按使用位置的不同可分为两大类：承载托辊和回程托辊。

用于有载段的为承载上托辊，承载托辊包括槽形托辊、缓冲托辊（用于落煤管受冲击的部位）、过渡托辊、前倾托辊、自动调心托辊、多边形托辊等。

用于空载段的为回程下托辊，回程托辊包括平形回程托辊、V

形回程托辊、清扫托辊（胶环托辊）等。

610. 拉紧装置的作用是什么？有哪些主要结构形式？

答：拉紧装置的作用是给输送带施加一个初张力，用来拉紧输送带或补偿输送带的伸长，保证输送带在驱动滚筒上不打滑，使输送带与滚筒间保持足够的摩擦驱动力。在设计范围内，初张力越大，输送带与驱动滚筒的摩擦力越大。

拉紧装置的主要结构形式有垂直重锤式、尾部小车重锤式、线性导轨垂直式、螺杆式、液压式、电动绞车式等。

611. 输送带为什么要设置清扫装置？

答：带式输送机输送带卸载后，往往有许多细小的煤末粘在输送带表面。粘接在输送带工作面上的小颗粒煤，通过输送带传给下托辊和改向滚筒，在改向滚筒上形成一层牢固的煤层，特别是冬季室外带式输送机上的光面滚筒，因钢质滚筒的热导率快，极易使粘在输送带上的小湿煤粒快速冻结在滚筒表面，而且越积越厚，使得滚筒表面高低不平，严重影响带式输送机的正常运行；输送带上的煤撒落到回程的二层输送带上而黏结于拉紧滚筒表面，甚至在传动滚筒上也会发生黏结。这些现象将引起输送带偏斜，影响张力均匀分布，导致输送带跑偏和损坏。同时由于输送带沿托辊的滑动性能变差，运动阻力增大，驱动装置的能耗也相应增加。因此在带式输送机上安装清扫装置是十分必要的。

612. 输送带清扫装置的种类及作用有哪些？

答：输送带清扫装置有头部清扫器和空段清扫器。

头部清扫器一般安装在头部驱动滚筒下方，用于清扫输送带工作面上的粘煤，粘煤直接排到头部落煤筒内。头部清扫器有弹簧清扫器、硬质合金橡胶清扫器、H 型清扫器、P 型清扫器等多种形式。

空段清扫器安装在尾部滚筒或重锤改向滚筒前部二层输送带上，用于清扫输送带非工作面上的粘煤。空段清扫器有犁式清扫器、一字型清扫器、毛刷清扫器等形式。

613. 清扫器安装使用工艺要求有哪些?

答: (1) 铁扣接头的输送带不适宜使用清扫器。

(2) 工作面不得有金属加固铁钉。

(3) 工作面破损修补平稳、顺茬搭接。

(4) 安装在驱动滚筒和改向滚筒中间、输送带跳动最小的地方。

(5) 调整清扫板与输送带均匀接触，无缝隙，达到 50～100N 的力。清扫板对输送带压力过大，影响输送带和清扫板的寿命；过小则清扫效果不好。

614. 输送带为什么要设置逆止装置?

答: 逆止装置是提升运输设备上的安全保护装置，能防止设备停机后因负荷自重力的作用而逆转。适用于提升带式输送机、斗式提升机、刮板提升输送机等有逆止要求的设备。提升倾角超过 4°的带式输送机带负荷停车时会发生输送带逆向转动甚至断裂或其他机械损坏，因此为防止重载停车时发生逆转，一般要设置逆止装置。

615. 逆止装置的种类及特点有哪些?

答: 输煤系统常用的逆止装置有制动器、机械式逆止器和带式逆止器等。

制动器的主要作用是控制带式输送机停车后继续向前的惯性运动，使其立即停稳，同时也减小了向下反转时的倒转力。

机械式逆止器结构紧凑，倒转距离小，物料外撒量小，制动力矩大，一般安装在减速机低速轴的另一端，也有安装在中速轴和高速轴上的，与带式逆止器配合使用效果更好。

带式逆止器结构简单，适用于小功率的带式输送机。

616. 液力耦合器的工作原理是什么?

答: 液力耦合器是以液体为工作介质的一种非刚性联轴器，又称液力联轴器。液力耦合器的泵轮和涡轮组成一个可使液体循环流动的密闭工作腔，泵轮装在输入轴上，涡轮装在输出轴上。动力机构（内燃机、电动机等）带动输入轴旋转时，液体被离心式泵轮甩出。这种高速液体进入涡轮后立即推动涡轮旋转，将从泵轮获得的能量传递给输出轴。最后液体返回泵轮，形成周而复始的流动。

617. 液力耦合器的易熔塞是什么？有何作用?

易熔塞是一种熔化型的安全泄压装置，动作条件取决于容器壁的温度，是液力耦合器的一种保护装置。它是一个钢制的短管状塞子，中间灌注有易熔合金，用塞子外面的螺纹与容器的管接头连接。

容器意外受热，温度升高时，易熔合金即被熔化，液力耦合器内液体即从塞子中原来填充有易熔合金的孔中排出。

液力耦合器易熔塞标准动作温度 $T=125℃\pm5℃$，环境温度高、经常超载的场合应选择较高熔化温度的易熔塞，如140～160℃。

618. 液力耦合器的特点是什么？如何分类?

答:（1）液力耦合器的特点是：

1）能消除冲击和振动。

2）输出转速低于输入转速，两轴的转速差随载荷的增大而增加。

3）过载保护性能和起动性能好，载荷过大而停转时输入轴仍可转动，不致造成动力机构的损坏；当载荷减小时，输出轴转速增加，直到接近于输入轴的转速。

4）液力耦合器输入轴与输出轴间靠液体联系，工作构件间不存在刚性连接。若将液力耦合器的油放空，液力耦合器就处于脱开状态，能起离合器的作用。

（2）根据用途的不同，液力耦合器分为限矩型液力耦合器和调速型液力耦合器。其中限矩型液力耦合器主要用于对电动机、减速机的启动保护及运行中的冲击保护、位置补偿及能量缓冲；调速型液力耦合器主要用于调整输入输出转速比，其他的功能和限矩型液力耦合器基本一样。

619. 常用调偏托辊的类型及调偏原理是什么？

答：（1）立辊式调偏托辊：此种调偏托辊是在托辊架两侧安装一对立辊，当输送带跑偏时，输送带的边缘与悬置于回转架的立辊接触，当立辊受到输送带边缘的作用力后，它给回转架施加回转力臂，使回转架转过一定的角度从而起到调偏的作用。

（2）摩擦调偏托辊：此种调偏托辊是在两个侧托辊外端各安装一摩擦轮，内有阻尼弹簧。当输送带向一侧跑偏时，将带动摩擦轮，使之向输送带运行方向转动，从而起到调偏作用。

（3）回转式锥形调偏托辊：2个锥形辊子分别安装在各自的回转轴上，2个回转架通过连杆机构实现同步，横梁直接连接在中间架上，输送带跑偏后带动回转架绕回转轴旋转一定角度，此时调心托辊给输送带施加横向推力，促使跑偏后的输送带恢复原位，实现跑偏输送带的自动调偏。

620. 输煤系统设备的启停原则是什么？

答：正常运行时，输煤设备按逆煤流方向顺序启动。

正常停止时，输煤设备按顺煤流方向顺序延时停机。

事故停机时，上位机操作人员点击急停按钮或按下操作台上急停按钮，设备按煤流顺序立即停机。

在异常情况（输送带大量撒煤或堵煤且保护未动等）下，应使用上位机停止异常带式输送机，联锁停运（碎煤机除外）下一级设备方法，防止碎煤机带负荷停运造成启动困难。

621. 带式输送机常用保护及原理是什么？

答：（1）拉线开关。拉线开关一般设在带式输送机机架两侧。拉线一端拴于开关杠杆处，另一端固定于开关的有效拉动距离处。当带式输送机的全长任何位置发生事故时，操作人员在带式输送机任何部位拉动拉线，均可使开关动作，切断电源使设备停运。此外，当发出启动信号后，如果现场不允许启动，也可拉动拉线开关，制止启动。

拉线开关数量根据带式输送机长短而定。拉线必须使用钢丝绳，以免拉伸弹性变形太大。拉线操作高度，一般距地面 0.7～1.2m。

（2）防跑偏开关。防跑偏开关主要用作防止带式输送机的输送带因过量跑偏而发生事故。当输送带在运行中跑偏时，输送带推动防跑偏开关的挡辊，当挡辊偏到一定角度时开关动作，切断电源，使输送机停止运转。

防跑偏开关安装在带式输送机的头部和尾部两侧（或双安装，以控制输送带左右跑偏），距离头轮或尾轮 1～2m 处。对于较短的带式输送机，仅在头部或尾部安装一对即可。

（3）输送带打滑监测开关。输送带打滑监测开关是一个测速开关，当输送带速度降低至设计速度的 60％～70％时，发出报警信号并切断电源。

（4）落煤筒堵煤监测开关。落煤筒堵煤监测开关安装在带式输送机头部漏斗壁上，用以监测漏煤斗内料流情况。当漏斗堵塞时，料位上升，监测器发出信号并切断输送机电源，从而避免事故。

（5）输送带纵向撕裂保护开关。一般布置在导料槽出口、滚筒后侧等容易发生输送带纵向撕裂的部位，在输送带发生纵向撕裂时，撕裂部分刮碰撕裂开关拉线，致使撕裂保护动作输送带跳闸，防止输送带撕裂进一步扩大。

（6）大物料开关（高置停运装置）：装在输送带工作面上方，当有大型物料或人身跌落在运行输送带上，或输送带上有人工作误启动时，物料或人体刮碰大物料保护横杆，造成大物料保护动作输送带跳闸，从而避免事故。

622. 输煤系统各保护装置的传动方法是什么？

答：（1）堵煤开关：输送带停止时，在输送带头部人孔门处

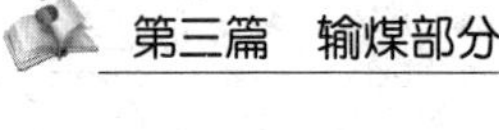

用专用棍子挡住堵煤监测开关，上位机报堵煤信号，棍子挪开，上位机信号消失。

（2）跑偏开关：就地拨动跑偏开关并与上位机联系，上位机分别显示轻偏、重偏；就地复位，上位机跑偏信号消失。跑偏开关成对安装，输送带两侧应分别传动。

（3）拉线开关：就地横向拉动拉线，输送带停止运行，上位机出现拉线动作报警，拉线复位后报警消失。

（4）撕裂开关：就地拉动撕裂开关拉线，撕裂开关动作，上位机显示撕裂开关动作报警，复位开关后报警消失。撕裂开关成对安装，输送带两侧应分别传动。

（5）打滑：输送带停运时，打滑报警信号发出；输送带启动且转速正常后，打滑报警信号消失。

（6）大物料开关：就地拉动大物料开关横杆，大物料开关动作，上位机显示大物料开关动作报警，复位后报警消失。

623. 带式输送机启动前的检查项目有哪些？

答：（1）带式输送机没有严重跑偏，保护系统全部投入运行。

（2）联轴器防护罩牢固可靠。

（3）液力耦合器密封良好，无漏油。

（4）减速机地脚螺栓无松动现象，无漏油，油位在 1/2 以上，且油色透明。

（5）电动机外壳接地线接地良好，地脚螺栓无松动。

（6）带式输送机接头和胶面无开胶、起皮、撕扯现象。输送带上无积水、积雪等。

（7）传动滚筒、改向滚筒均应完好，滚筒与带式输送机之间无粘煤及其他杂物，滚筒包胶无脱落，头部和非工作面清扫器与输送带接触严密。

（8）拉紧装置无偏斜，松紧适度，钢丝绳不应有断股，配重下面无杂物。

（9）托辊轴端密封圈、挡圈、轴承座完好，调偏托辊调整灵活。

624. 带式输送机的正常启动操作步骤有哪些?

答: (1)确定输煤系统的运行路径,核对三通挡板的位置正确。

(2)确认煤源设备(斗轮机、叶轮给煤机、翻车机、卸船机)准备就绪。

(3)在启动输送带前,用低频呼叫器呼叫三次启动流程,并按启动警告电铃,通知工作人员离开。(电铃响铃两次,每次10s,两次响铃间隔30s,最后一次响铃结束10s后,启动设备)。

(4)按逆煤流方向逐一启动带式输送机及筛碎设备,除铁器、除尘器、采样机等附属设备应与输送带联锁启动。

(5)检查带式输送机空载电流正常,无跑偏信号,启动给煤设备。

625. 带式输送机故障停运后如何进行重载启动操作?

答: 当输煤输送带因故紧急停运时,输送带上往往是装满煤的,故障消除后需带负荷启动,就需要较大的启动力矩,有时由于故障停运前输送带慢转聚煤很多,而造成启动时打滑冒烟、电动机过载甚至被烧毁等严重故障。有液力耦合器的带式输送机还会使其油温升高,当达到易熔塞动作温度时,易熔塞中的低熔点合金就会熔化喷油,加大抢修工作量。所以重载启动要注意先铲下部分余煤减轻负荷,严禁强行运转,因过电流不能启动时,要待电动机温度下降后,再进行启动,每次启动的间隔不应少于30min;启动输送带时,从故障点设备开始按逆煤流方向逐一启动设备。

626. 带式输送机的正常停运操作步骤是什么?

答: (1)当煤仓煤位发高煤位信号时,首先停止煤源设备,将输送带系统上的余煤均匀加入每个煤仓。

(2)根据每条带式输送机的长度确定余煤走空所需要的时间,延时按顺煤流方向逐一停止带式输送机。余煤必须全部走空,确保下次空载启动。

（3）筛碎设备除紧急情况外，不准在上煤过程中停运。碎煤机在其上级输送带停运后，机内确无煤时方可停运。停运后及时将除铁室的废铁等杂物和碎煤机腔内粘煤清理至指定位置。

（4）除铁器、除尘器、采样机等附属设备按与输送带联锁关系延时停运。

627. 带式输送机的紧急停运条件是什么？

答：（1）危及人身或设备安全时。

（2）系统设备发生火灾时。

（3）现场照明全部中断时。

（4）设备剧烈振动、串轴严重时。

（5）设备声音异常、有异味、温度急剧上升或冒烟起火时。

（6）输送带严重跑偏、打滑、撕裂及磨损时。

（7）输送带上有易燃易爆品及三大块、杂物时。

（8）碎煤机、落煤筒严重堵煤、溢煤时。

（9）托辊大量掉落、部分螺栓松动、影响安全运行时。

（10）带式输送机或导料槽被杂物卡住时。

（11）转动部件卷绞异物时。

（12）犁煤器失控时。

（13）制动抱闸打不开时。

（14）电动机电流超限运行时。

628. 输送带异常停运后的处理原则是什么？

（1）尽快查明原因并处理，如现场值班人员不能处理，通知有关检修人员处理。

（2）应做好防止故障扩大或再次发生的措施，并将故障发生的时间、地点、现场原因及详细经过做好记录。在未采取可靠的安全措施和做妥善处理前，任何人不得启动。

（3）发生严重故障的设备在短期内不能恢复时，切换系统运行。

（4）故障发生后，应采取实事求是、严肃认真的态度，及时组织调查分析，同时必须坚持“四不放过”的原则。

629. 带式输送机运行中检查项目有哪些？

答：（1）带式输送机电动机和减速机无异声，减速机无漏油，油位在观察孔中部以上，油色透明，油温不超过80℃，振动值不超过0.1mm，滚动轴承温度不超过80℃，滑动轴承温度不超过70℃。

（2）电动机温度不超65℃。

（3）制动器打开，无摩擦、冒烟现象。

（4）各滚筒、托辊转动灵活无异声，滚筒包胶无脱落、粘煤现象。

（5）带式输送机表面无断裂、撕裂、划痕、跑偏、打滑现象。

（6）带式输送机清扫器与带式输送机接触良好。

（7）拉紧装置无串位现象。

（8）喷淋装置喷水正常。

（9）落煤管、导煤槽无漏煤、撒煤现象。

630. 为什么输煤皮带一般情况下不允许带载启动？会有什么后果？

答：带载启动，往往需要较大的启动力矩。重载启动时可能造成皮带打滑、冒烟、断裂、电动机过载甚至被烧毁等严重事故。有液力耦合器的皮带机，还会导致液力耦合器油温升高。

631. 输送带必须重载启动时，应注意哪些问题？

答：（1）消除堵煤。

（2）煤量较大时要铲下部分余煤减轻负荷，严禁强行运转，因过电流不能启动时，要待电动机温度下降后，再进行启动，每次启动的间隔应不少于30min。

（3）校正输送带并清除输送带下的积煤和杂物。

（4）启动之前全面检查输送带是否具备启动条件。

（5）启动过程中应仔细监视电流及运行状况随时准备紧急停车。

（6）碎煤机绝对禁止带负荷启动。

（7）处于备用状态的设备未经许可不得进行检修工作，正在进行检修的设备，未办理工作票终结手续或未经检修负责人同意并收回工作票，不得投入运行。

632. 输送带跑偏的原因及调整方法是什么？

答：（1）安装中心线不直。机架横向不平，使得输送带两侧有高低差，煤向低侧移动而引起输送带跑偏。此时可停止带式输送机调整机架纵梁解决。

（2）输送带接头不正。输送带采用机械接头法时，卡子钉歪或采用硫化接头时，输送带切口同输送带纵向中心线不垂直，都会使输送带承受不均匀拉力。运行时此种接头所到之处就会发生跑偏。此时应将接头重新接正。

（3）滚筒中心线同输送带中心线不垂直。这种情况主要是由于机架安装不正所致。可以通过改变滚筒轴承前后位置来调整，但此方法调整跑偏有限，因此，必须把装歪的机架头滚筒与机尾滚筒垂直中心线进行调整重装。输送带在滚筒上跑偏时，收紧跑偏的轴承座，这就使得跑偏拉力加大，输送带就会向松的一侧移动。

（4）托辊组轴线同输送带中心线不垂直。当有跑偏情况发生时，应将跑偏侧的托辊向输送带前进方向调整，此时，往往需要调整相邻的几组托辊。

（5）滚筒由于积煤而使滚筒表面变形，也会使输送带向一侧偏离。特别是输送湿度大的煤，机尾滚筒表面粘煤导致滚筒面变形，因此必须经常清扫。

（6）落煤偏斜也会引起输送带跑偏。这种现象表现为由空载变荷载就向一边跑偏。此时应调整落料位置，使煤落于输送带中间。

（7）一般来说，输送带两头跑偏的情况较多，两头跑偏多由于滚筒轴心与输送带中心线不垂直所致；输送带中间部分跑偏多由于托辊安装不正或输送带接头不正。如果整条输送带跑偏，多半是落煤偏斜所致；有时空车易跑偏，一般是由于初张力太大造成的，加上煤就可纠正；输送带同托辊面不是全部接触也易造成跑偏。

输送带跑偏的原因虽然多种多样的，但在设计上采用各种调心托辊，在维护上细心调整，在安装上严格执行有关规程，就可以避免或减少输送带跑偏情况的发生。

633. 输送带打滑原因及处理方法是什么？

答：（1）初张力太小，拉紧器拉力不够或拉紧小车被卡住，输送带与滚筒分离点的张力不够，造成输送带打滑。这种情况一般发生在启动时，解决办法是调整拉紧装置，将卡物取出或增加配重质量以加大初张力。

（2）传动滚筒与输送带之间的摩擦力不够，造成打滑。其原因多是输送带上有水或环境潮湿，摩擦系数减少。可在滚筒上加些松香末，但要注意不得用手投入，而应用鼓风设备吹入，避免发生人身伤亡事故。

（3）尾部滚筒轴承损坏不转或上下托辊轴承损坏不转的太多，使阻力增大造成打滑。应更换或维护损坏轴承。

（4）输送带上的负荷过大，超过输送带承载能力或启动过快等也会造成输送带打滑。输送带打滑时，应及时减小煤量，打滑不转时，应立即停止输送带运行并处理。

（5）输送带跑偏严重，输送带与机架、安全罩严重摩擦。应及时调整输送带。

634. 输送带纵向撕裂的原因及预防措施是什么？

答：输送带纵向撕裂是由于煤中的铁件和片石等坚硬异物卡在导料槽处或尾部滚筒及输送带之间，或因输送带跑偏严重及托辊脱掉等故障造成机架尖锐部位刮伤输送带，输送带以一定的速度运行时将输送带划裂。为此可采取以下措施：

（1）在输煤系统中加装除铁器和木块分离器来除掉异物，并保证其正常运行。

（2）在尾部落煤点减小缓冲托辊间距，或改成重型弹性缓冲托辊床，可防止坚硬物件穿透输送带。

（3）落煤筒出口顺煤流方向倾斜一定的角度，也有利于及时排料，减少撕裂的可能。

（4）定期检查落煤筒内和挡板上的衬板，避免衬板脱落。

（5）定期检查输送带清扫器紧固情况，没有变形。

（6）消除密封式导料槽中容易挤进碳块的间隙。

（7）避免“三大块”进入输煤皮带系统。

635. 输送带撒煤的原因主要有哪些？

答：（1）输送带超出力运行。

（2）输送带跑偏。

（3）输送带有破损。

（4）机架、导料槽、托辊、犁煤器等机械部分设计不合理或变形损坏。

636. 落煤筒堵塞的主要原因及处理方法是什么？

答：（1）原煤湿度过大。可更换干燥煤种。

（2）带式输送机导料槽胶皮太宽，出口小，拉不出煤。可减小胶皮宽度。

（3）输送带慢转。应急停输煤设备，查明输送带慢转原因，故障消除后再逆煤流启动输煤设备。

（4）落煤筒或导料槽卡住大块杂物。应急停该带式输送机，取出大块杂物。

（5）三通挡板位置不对，或不到位。切换挡板时应做到：必须要明确上下级设备运行方式，挡板需要切换到位；切换完毕，应仔细检查，确认挡板是否到位，不留缝隙。

637. 输送带启动失败的原因及处理方法是什么？

答：(1) 没有动力电源。送上动力电源。

(2) 没有控制电源。送上控制电源。

(3) 转换开关在就地位。调整转换开关位置。

(4) 报警未复位。复位报警。

638. 简述管式皮带机的基本结构。

答：管式皮带机是由呈六边形布置的托辊把输送带裹成边缘互相搭接的圆管状来输送物料的一种带式输送机。管式皮带机的头部、尾部、受料点、卸料点、拉紧装置等在结构上与普通带式输送机基本相同。输送带在尾部过渡段受料后，输送带由平行向槽型、深槽型逐渐过渡，而后物料被包裹起来卷成圆管状，进行物料密闭输送，到头部过渡段，再由圆管逐渐变为深槽型、槽型、平行，最后在头部滚筒展开完成卸料。

639. 管式皮带机的性能特点是什么？

答：(1) 可广泛应用于各种散状物料的连续输送。

(2) 输送物料被包在圆状输送带内输送，因此物料不会散落及飞扬。这样既避免了因物料的洒落而污染环境，也避免了外部环境对物料的污染。

(3) 输送带被六只托辊强制卷成圆管状，无输送带跑偏的情况，可节省土建（转运站）、设备投资（减少驱动装置数量），并减少故障点及设备维护和运行费用。

(4) 输送带形成圆管状，从而增大了物料与输送带间的摩擦系数，故管式皮带机的输送倾角可达 30°，减少了带式输送机的输送长度，节省了空间位置，降低了设备成本，可实现大倾角（提升）输送。

(5) 由于输送带形成管状，桁架宽度较相同输送量的普通带式输送机栈桥窄，减少了占地和费用。

640. 管式皮带机在运行中发生跑偏和扭转的原因是什么？

答：（1）尾部回程段积煤卷入尾部滚筒，而造成输送带跑偏。

（2）滚筒磨损不均或一侧粘煤导致输送带跑偏。

（3）当承载段为空载状态时，因输送带重叠段在圆管上部，造成“顶重”状态时（重心在上方），容易发生扭转。

（4）当物料过量，超过管状断面时，在过渡段托辊产生的阻力易造成输送带扭转。管式皮带机的充满率最大设计值为75%。

（5）输送带张力不均。

（6）因托辊卡涩、水淋等原因，影响托辊的回转状态，造成输送带和托辊的摩擦力发生变化，容易发生扭转现象。

第十九章　斗轮堆取料机

641. 斗轮堆取料机的结构组成和联锁保护有哪些?

答: 斗轮堆取料机具有堆料、取料、折返等功能，其大车行走、回转、俯仰、斗轮传动、胶带机等传动机构之间有联锁保护。斗轮堆取料机主要由取料机构、变幅机构、悬臂带式输送机、行走机构、回转机构、中部料斗及缓冲托架、尾车、司机室、洒水系统、栏杆走台、俯仰液压装置、集中润滑装置、动力及控制电缆卷筒装置、电气系统组成。

机上有煤场带式输送机与悬臂带式输送机之间的取料和堆料联锁；大车行走与锚定、夹轨器、电缆卷筒之间的联锁；堆料状态时，悬臂带式输送机与尾车带式输送机之间的堆料联锁；取料状态时，斗轮与悬臂带式输送机之间联锁（在取料过程中斗轮先启动为取料作业的先决条件的联锁和斗轮因某一原因停转，整机便立即停止工作的联锁）。

642. 斗轮传动装置由哪些部件组成?

答: 斗轮传动装置安装于前臂架的端部，为了堆料和卸料方便，安装时斗轮与垂直面内倾角10°。它由7～9个斗子、斗轮体、溜料板、支承轴承、斗轮轴、圆柱行星减速器、液力耦合器、电动机及轴承座和电动机支座、斗轮轴润滑系统等组成。

643. 斗轮机回转装置由哪些部件组成?

答: 回转装置由滚珠大轴承支撑部分及固定在转盘后部的驱动装置组成。大轴承由上、下座圈、轴承本体组成。上座圈与转盘焊接而成，下座圈与门座焊于一体，上下座圈用螺栓分别与轴承内、外两环连接。

驱动装置由电动机、限矩联轴器、制动器和减速器组成。减速器输出轴上装有齿轮与大齿啮合，实现悬臂回转。当回转主力矩超过安全力矩时，限矩联轴器动作，切断回转电源。

644. 斗轮机俯仰机构由哪些部件组成?

答: 为保证斗轮和悬臂带式输送机等机构在所需的位置上进行堆料或取料作业，需要俯仰机构操纵上部金属结构等变幅构件进行俯仰变幅。斗轮机采用油缸与液压系统，驱动上部变幅构件进行整体俯仰。

俯仰机构由俯仰液压系统、俯仰油缸及其管路，外加变幅信号发生器等组成，其中变幅信号发生器装在转台销轴上，由后臂架带动使其发生变幅信号。

645. 斗轮机尾车由哪些部件组成?

答: 尾车为全功能尾车。包括固定不动的主尾车、可起伏的副尾车、尾车带式输送机、副尾车变幅机构、连杆等。

整个尾车通过连杆与主机相连。堆料时，副尾车升起，将输煤系统中的来料经尾车带式输送机、中部料斗转运到悬臂输送带上，再堆至煤场。取料时，副尾车降下，悬臂带式输送机的来料经中部料斗落到输煤系统中的输送带上输出。尾车的起伏通过液压油缸动作来实现。

646. 悬臂带式输送机由哪些部件组成?

答: 悬臂带式输送机主要由传动装置、传输部分、清扫器和保护装置组成。

传动装置由电动机、液力耦合器、减速机、驱动滚筒等组成。液力耦合器能减少冲击和振动，改善启动特性，防止机构过载。减速器输出轴与驱动滚筒之间直接套装连接。为了减少粘煤，提高摩擦力采用菱形胶面驱动滚筒和胶面改向滚筒。

传输部分由输送带、托辊、改向滚筒等组成。为保证输送带有足够的张力，防止清扫器刮坏输送带，输送带的接口要进行粘接。

悬臂带式输送机设有跑偏保护装置、拉线开关、速度检测装置、中心料斗堵煤保护装置。

647. 斗轮机俯仰液压装置的工作原理是什么？

答：俯仰液压系统为开式液压系统，由电液换向阀改变供油方向，使俯仰油缸伸出或收回，达到俯仰变幅目的。为防止上部俯仰变幅构件因重心变化，引起俯仰油缸上升与下降超速变幅，而产生剧烈冲击和振动，在油缸进出的油路上均设有平衡阀，保证油缸以调定速度平稳地升降，当油缸停止工作时，能使变幅后的前臂或斗轮锁紧在所需的工作位置上，不会自动下降。

648. 斗轮机堆料作业方式及特点是什么？

答：堆料作业工艺有行走堆料、旋转堆料、定点堆料三种基本方式。

（1）行走堆料。堆料分数层、数列进行断续行走定点堆积。由料堆高度检器检测出煤点的高度（或人工控制），发出指令控制行走机构进行微动，一堆接一堆的进行堆积，达到设定位置，进行换列操作，反方向堆积；当堆完第一层各列后，进行换层操作，继续第二层堆积，继而堆完最后一小堆。特点是可把不同煤种进行混堆，这样堆放的煤堆，在采取回转取料时，入炉煤基本为混煤。

（2）旋转堆料。臂架始终固定在预定堆积高度上往返旋转堆积，达到设定次数后（即堆积到一定高度），行走机构微动一个设定距离，依次进行作业。该堆料方式的特点是这样堆放出的煤场形状较好，便于碾压，但对所需存煤场地要求较大。

（3）定点堆料。第一堆分数层进行堆积，待煤堆分数次堆积到一定高度后，臂架高度保持不变，按预先设定的旋转方向和角度旋转到第二个堆料点继续堆积，达到旋转范围后，即开动行走机构行走一定距离，这样一直堆积到设定的料堆长度后停止作业。该堆料方式的特点是需要存放的场地小，当煤场存放空间小，新、旧煤分堆时适宜采用该堆放方式，但不利于煤场整形和碾压。

649. 斗轮机取料作业方式及特点是什么？

答：斗轮机取料方式分为旋转分层取料和定点斜坡取料。旋转分层取料又分为分段和不分段两种。

（1）分层分段取料。把斗轮置于料堆顶层作业点上，然后旋转控制开始取料，每达到旋转范围时，行走机构微动一个设定距离，按照设定的供料段长度取完第一层后，进行换层操作。当取完最下一层后进行换段操作，把斗轮置于第二段最顶层的作业开始点上，重复进行取料。该取料方式的特点是有利于煤场存煤实现存新取旧，防止煤存放时间较长出现的存煤损耗。

（2）分层不分段取料。把斗轮置于料堆顶层作业点上，然后旋转控制开始取料，每达到旋转范围时，行走机构微动一个设定距离，开始反向旋转取料，直至取到尽头，随后大车返回开始作业点，同时臂架下降一个吃煤深度，继续上述过程取第二层煤。该取料方式的特点是取煤后煤场煤堆形状较好，适用于汽车进煤的煤场，但不利于煤场存煤的倒烧。

（3）斜坡取料。斗轮沿料堆得斜坡按照一定的进给量由上往下逐层旋转上煤，斗轮大臂每下降一次，大车都要后退一个距离，当取料达到要求的取料深度后，行走机构再向前走一个斗深，同时大臂抬起，进行第二斜坡取料。该取料方式适用于从煤堆中部取煤。

650. 斗轮机都有哪些限位？

答：斗轮机限位有：俯仰上限位，俯仰下限位，回转左限位，回转右限位，大车行走限位，电缆卷筒限位。

651. 斗轮机在联锁状态下堆取料操作步骤有哪些？

答：斗轮机在联锁作业时，必须按下列操作程序才能进行作业，否则不能运行。

（1）堆料。

1）副尾车扬起。

2）挡煤板放下。

3）悬臂带式输送机在堆料运行。

4）尾车输送带运行。

5）系统带式输送机堆料运行。

（2）取料。

1）副尾车伏下。

2）挡煤板升起。

3）系统带式输送机取料运行。

4）悬臂带式输送机取料运行。

5）斗轮机启动取料。

652. 斗轮机启动前的检查项目有哪些？

答：（1）检查斗轮回转大轴承钙基润滑脂加油泵油位正常，操作灵活。

（2）检查各减速箱无漏油，油质透明，油位正常。

（3）检查各液压油站无漏油，油质透明，油位正常。

（4）检查俯仰液压油站工作压力为15MPa，变位液压油站工作压力为16MPa。

（5）检查悬臂输送带及其转动部位无物料。

（6）制动器间隙在0.5～0.7mm。

（7）各下煤管无积煤，无杂物堵塞。

（8）斗轮斗齿无脱落、连接螺栓无松动。

（9）电缆卷筒电缆无划破。

（10）各电动机接地线可靠接地。

（11）悬臂输送带无跑偏、撕裂，张紧适当。

（12）控制箱和操作台各电气设备完好，控制转换开关在正确位置。

（13）检查副尾车支撑、斗轮电动机支架无开焊，轮斗齿与悬臂钢梁的间隙合适，相互间无剐蹭现象。

653. 斗轮机作业的准备工作有哪些?

答: 首先手动将锚定抬起，然后检查电气室各控制柜内的断路器是否全部闭合，再将高压电源、控制电源、动力电源合闸，放松夹轨器，选择控制方式。

654. 斗轮机的控制方式及各自特点是什么?

答: 斗轮机的控制方式有三种，分别为单动控制、联动控制、半自动控制。单动控制方式下，斗轮机各运行机构均可独立地启动和停止。此方式仅在各机构调试和检修时使用。正常工作时采用联动控制，各机构联锁运行。堆取料工艺流程都与系统输送带联锁。在联动控制方式下，手动控制的指令开关和按钮不起作用。半自动控制方式分为半自动取料和半自动堆料两部分，并且允许在半自动运行的情况下，进行手动干预。

这三种控制方式均设有零位保护和急停拉线保护。在进行控制方式转换时所有操作开关均需在零位（设有零位保护）。状态信号在屏幕上的显示为指示灯点亮。故障信号在屏幕上的显示为指示灯点亮并闪烁。

655. 斗轮机运行中的检查项目有哪些?

答:（1）检查各减速箱无漏油，油质透明，油位正常。

（2）检查各液压油站无漏油，油质透明，油位正常。

（3）检查俯仰液压油站及变位液压油站工作压力正常。

（4）制动器间隙在0.5～0.7mm。

（5）斗轮斗齿无脱落，连接螺栓无松动。

（6）电缆卷筒电缆无划破。

（7）检查副尾车支撑、斗轮电动机支架无开焊，轮斗齿与悬臂钢梁的间隙符合要求。

（8）各运转设备的电流表指示正常，不超限。

（9）各带式输送机无严重跑偏、打滑、划破、撕裂。

（10）堆取料机司机应集中精力进行操作和观察，尤其在回转和俯仰过程中，防止斗轮机臂架与建筑物发生剐撞，损坏斗轮机。

656. 斗轮机行走机构啃轨的原因及处理方法是什么？

答： 原因：

（1）两主动轮直径不相等，大车线速度不等，致使车体倾斜。

（2）传动系统偏差过大。

（3）结构变形。

（4）轨道安装误差过大。

（5）轨道顶面有油污或冰霜。

处理方法：

（1）更换车轮。

（2）使电动机、制动器合理匹配，检修传动轴、键及齿轮。

（3）修正变形。

（4）调整轨道，使其跨度、直线度、高程符合要求。

（5）清除油污或冰霜。

657. 斗轮机紧急停机的条件是什么？

答：（1）危及人身和设备安全。

（2）带式输送机发生断裂、撕裂或带式输送机严重跑偏。

（3）尾车带式输送机拉紧装置倾斜、出轨。

（4）大车行走机构两侧不同步、车轮出轨。

（5）回转机构被异物卡住或有严重异声。

（6）动力电缆、通信电缆及各小车电缆有破损、拉断现象。

（7）煤场坍塌，运行中溢煤所引起的大车轨道被埋没。

（8）电动机、减速机产生强烈振动、超温、着火。

（9）电气设备冒烟、着火。

658. 斗轮机回转或变幅机构不动作的原因及处理方法是什么？

答： 原因：

（1）限位未复位。

（2）电液换向阀不动作。

（3）油压偏低。

（4）滤油器堵塞。

（5）油泵电动机故障。

（6）电气故障。

处理方法：

（1）使限位复位。

（2）修复或调换电液换向阀。

（3）调整油压。

（4）清理滤油器。

（5）修复或调换油泵电动机。

（6）通知电气维修人员处理。

659. 斗轮机轮斗不转的原因及处理方法是什么?

答：原因：

（1）悬臂输送带未启（联锁原因）。

（2）机械故障。

（3）电气故障。

处理方法：

（1）启动悬臂输送带后再启动轮斗。

（2）会同维护人员一起检查处理。

（3）通知电气维修人员处理。

660. 斗轮机平台积煤是如何造成的?

答：（1）斗轮机取煤量太大。

（2）悬臂输送带跑偏撒煤。

（3）落煤口异物堵塞或粘煤多导致落煤不畅。

（4）堆煤时煤量太大。

（5）主尾车输送带跑偏撒煤。

（6）主尾车落料口异物堵塞或粘煤太多导致落料不畅。

（7）悬臂输送带取煤时跳闸，未联跳下级输送带。

（8）悬臂输送带速度慢导致撒煤。

（9）中心料斗不到位导致撒煤。

661. 斗轮机大修后保护传动试验的内容有哪些?

答:（1）斗轮机启动前声光预警，悬臂输送带、主尾车输送带拉绳、跑偏、撕裂保护。

（2）悬臂俯仰，回转限位；悬臂防撞保护；副尾车、中心料斗翻板堆、取料变位到位。

（3）动力电缆、控制电缆张力限位动作正常；大车行走限位，夹轨器动作正常。

（4）悬臂跨越煤场输送带时的最低俯仰角度保护动作正常。

第二十章　筛碎设备

662. 环式碎煤机的工作原理是什么？

答：环式碎煤机利用高速旋转的环锤冲击煤块，使煤块沿其裂隙或脆弱部分破碎，即大块煤碎成小块煤。

环式碎煤机主要破碎过程为：冲击、劈剪、挤压、折断、滚碾。由于高速旋转的转子环锤的作用，使煤在环锤与碎煤板、筛板之间，煤与煤之间，产生冲击力、劈剪力、挤压力、滚碾力，这些力大于煤在碎裂前所固有的抗冲击载荷以及抗压、抗拉强度极限时，煤就会破碎。根据环式碎煤机的结构特点，把碎煤过程分为两段：第一段，通过筛板架上部的碎煤板与锤环施加冲击力，破碎大煤块；第二段是小煤块在转子回转和环锤不断运转下，继续在筛板弧面上破碎，并进一步完成滚碾、剪切和碾磨作用，使之达到所要求的破碎粒度，从筛板栅孔中落下排出。

663. 齿辊碎煤机的工作原理及优缺点是什么？

答：齿辊碎煤机由两个旋转方向相反的齿辊组成。齿辊转动时，辊面上的齿牙可将煤块咬住并加以劈碎。物料由上部给入，破碎后的产物随着齿辊的转动从下部带出。破碎产物的粒度由两齿辊面之间的间隙决定，当大块坚硬物料落入破碎腔不能被轧碎时，齿辊受力增大，可动轴承压缩弹簧，增大两齿辊间隙，排出硬物，然后借弹簧的弹力使可动齿辊回到原来位置。

齿辊碎煤机是以劈碎作用为主，兼有冲击和弯曲等作用。齿辊碎煤机的优点是破碎产品粉化强度小，动力消耗较低。缺点是滚齿易磨损，不能破碎坚硬物料，生产效率较低，适用于对大块原煤的破碎。

664. 环式碎煤机的组成结构及各部件作用是什么?

答: 环式碎煤机主要由机体、机盖、转子、筛板和筛板调节器等组成，如下图所示。

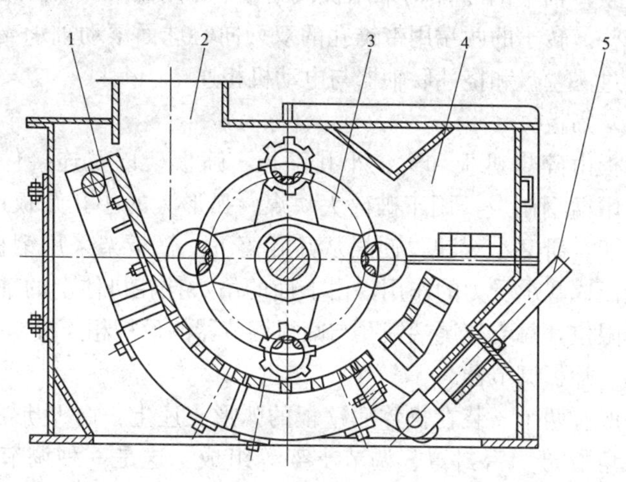

1—筛板；2—机体；3—转子；4—机盖；5—筛板调节器

(1) 机体。

机体采用中等强度的钢板焊接而成，其上部装有进料口、拨料器、检修门和起保护作用的耐磨衬板。在机体两侧有支撑转子轴承的座板、地基板；在机体内部分别装有转子和筛板架。在进料口的下方，筛板架上部和碎煤板处的空间组成碎煤室。拨料器采用优质耐磨的合金钢制成，起拨料和导向作用，用螺栓紧固在壁板上。筛板调节器固定在机体后方。

(2) 机盖。

机盖装在机体的后上部分，也是用中等强度的钢板焊接而成。其上部装有反射板，用于除去铁块和杂物；在拨料器上方，装有接铁盘构成除铁室，在后壁上装有除铁门，它与机体接合面均有密封衬垫。

(3) 转子。

转子由主轴、平键、圆盘、隔套、摇臂、环锤、环轴以及轴承座等零件组成。主轴是由高强度合金钢锻件加工而成。一组摇臂采用交叉排列，两端用隔套和圆盘隔开，通过平键与主轴相配合。环锤与隔套经良好的静平衡后，通过环轴套串在摇臂和圆盘上，并用弹性柱销限位挡住。为了防止轴上部件松动，轴两端用锁母锁紧。轴上的零件均采用优质耐磨合金钢制成，而环锤要求更高一些。转子的两端用带锥孔的双列向心球面滚动轴承支承着，主轴通过法兰盘和挠性联轴器与电动机相连。

（4）筛板。

筛板由碎煤机板和大、小孔筛板，筛板架以及连接件组成。碎煤板用锰钢制成，用于破碎大块煤。弧形大的小孔筛板用于滚压、剪切、研磨小煤块，使煤从筛孔落下。筛板架采用钢板和角钢焊接而成，承受力的作用，由上面的吊头挂在机体上的轴座内，由卡板限位，靠支架尾端销孔与筛板调节器的丝杆相连接。

（5）筛板调节器。

一般有两个，装在机体后壁板的弧形支座上，由U形座、丝杆、六角螺母、密封罩、调节支架等组成。这是一种调节形式。另外还有一种蜗杆传动机构，当弧形筛板与环锤轨迹的间隙需要调整时，可以使用扳手拧动六角螺母，使丝杆移动，筛板支架绕其轴上下摆动，从而达到调节目的。

（6）减振平台。

减振平台与碎煤机配套使用，起减振作用，特别是高位布置的碎煤机，能有效减少碎煤机对机房的振动，改善检修工作条件。减振平台由上下框架和减振弹簧组成，下框架固定在楼板上作为减振平台的基座，上框架同时与碎煤机和驱动碎煤机的电动机相连，使两者保持同一振动频率，上下框架之间采用钢制弹簧组连接。通过弹簧与上下框架相连，组成减振装置，用于吸收振动，达到减振作用。

665. 环式碎煤机的特点是什么？

答：（1）由于转子采用又厚又重的幅板式摇臂起着内部飞轮的作用，具有较高的动能，所以能达到很高的破碎量，而且功率消耗少，效率高。

（2）结构简单、紧凑，占地面积小，刚度大，质量比普通碎煤机轻得多。

（3）能保证排料粒度在30mm以下，而且均匀，是其他破碎机所达不到的。

（4）由于环锤可以自由摆动，当遇到煤中铁块或其他不能被破碎的杂物时，环锤可以沿着转子径向自动退缩，让其通过，经过拔料器的作用，运送到除铁室内，这是环式碎煤机的独特之处。

（5）由于采用了锤环设计，无鼓风作用，而且机体内空间小，风量小，煤尘泄漏较少。

（6）运行可靠，调整容易，检修方便，维护量小，对煤种变化适应性强。

（7）工作噪声低 。

（8）振动小，振动值一般小于0.15mm。

666. 环式碎煤机启动前的检查项目有哪些？

答：（1）碎煤机电动机外壳接地良好，地脚螺栓无松动，联轴器螺丝无脱落。

（2）机体地脚螺丝、机盖连接螺丝、轴承螺丝无松动脱落。

（3）内部锤环、筛板无损伤和严重磨损。

（4）碎煤机检查门关闭，销子插牢。

（5）联轴器的防护罩完整牢固。

（6）碎煤机减振平台弹簧无断裂和缺损。

（7）碎煤机液力耦合器密封良好，无漏油。

667. 环式碎煤机运行中的检查项目有哪些？

答：（1）碎煤机及电动机轴承温度最大值不超过80℃，否则应立即停机。

（2）碎煤机轴承振动最大值不应超过0.3mm（单峰值），达到0.3mm时应加强监视，轴承振动超过0.5mm应立即停机。

（3）碎煤机内部无异声。

（4）所有紧固件连接可靠，无松动现象。

（5）碎煤机出料粒度不超30mm。

（6）液力耦合器无漏油。

668. 环式碎煤机运行中注意事项有哪些？

答：（1）不允许带负荷启动。启动后，一定要在设备达到正常转速后方可给煤。停机前，应先停止给煤，待机内排空后再停止。

（2）运行中应注意监视电流表，正常运行电流应在额定范围内。发现电流摆动大或其他异常时，应立即停止向碎煤机给煤。

（3）运行中应注意煤质变化，如果煤中大块多、含水量大时，应适当减少给煤量。

（4）运行中参数异常时，应立即停止给煤，迅速查明原因，待故障排除后，方可投入运行。

（5）经常注意电动机、碎煤机的声响、振动、温度有无异常。

（6）运行中认真检查各部位螺栓无松动或脱落，检查门密封良好，无漏煤漏粉现象。检查门销钉应锁紧，禁止在运行中打开检查门。

（7）轴承温度不得超过80℃；在温度达到60℃时，要增加检查次数，并汇报班长。

（8）注意进煤和排煤情况，监视煤筛和碎煤机不得阻塞。

（9）禁止在转子未停止转动前，打开检查门。

（10）用水冲洗时，不得将水溅到电动机上。

669. 环式碎煤机工作要求是什么？

答：（1）不允许超过设计出力，煤量过大或不均匀时，容易堵塞碎煤机。

（2）严禁带负荷启动。不允许有“三大块”进入，一般入料粒度小于400mm×400mm。

（3）煤的湿度不能太大，运输水分在8%以上的湿煤时，运行负荷应降到额定出力的60%以下。

670. 碎煤机进行清理的注意事项有哪些？

答：（1）碎煤机堵煤时，维护人员进入碎煤机捅煤，必须切断碎煤机、滚轴筛电源，挂好标示牌，并采取防止碎煤机转子转动的措施，工作时应戴好安全帽，在一人监护下进行。捅上部积煤时应先由上部检查孔向下捅，不允许进入机内向上捅，以防砸伤。

（2）运行人员清理碎煤机弃铁室杂物，必须切断电源，上位机将滚轴筛打至检修位，在一人监护下进行。打开弃铁室检查孔，用专用工具将杂物清出，不许将手臂或身体探入碎煤机机体内。清理完毕将检查孔封闭严密，方可送电。

671. 碎煤机振动大的原因及处理方法是什么？

答：原因：

（1）环锤及环锤轴失去平衡。

（2）环锤折断失去平衡。

（3）轴承损坏。

（4）联轴器安装差。

（5）给料不均匀，造成环锤不均匀磨损，失去平衡。

处理方法：

（1）重新选装。

（2）更换新环锤。

（3）更换新轴承，注意游隙。

（4）调整联轴器。

（5）调整给料装置。

672. 碎煤机排料粒度大于规定值的原因是什么？

答：（1）碎煤机筛板孔有断裂。

（2）环锤磨损严重。

（3）环锤之间间隙过大。

（4）环锤与筛板间隙过大。

673. 碎煤机停机惰走时间短的原因是什么？

答：（1）转子不平衡。

（2）轴承损坏，摩擦阻力增大。

（3）间隙调整过小，造成摩擦。

（4）堵煤或机体内有杂物。

674. 碎煤机紧急停机的条件是什么？

答：（1）发生人身、设备损坏事故。

（2）电动机、碎煤机产生强烈振动。

（3）电气设备冒烟、着火。

（4）各部轴承超温。

（5）碎煤机内有剧烈金属撞击声、摩擦声。

（6）碎煤机电动机电流超额定值。

675. 滚轴筛的工作原理是什么？

答：滚轴筛是一种利用多轴旋转，推动物料前移，并同时进行筛分的设备。它的工作机构是一排排筛轴，每根筛轴分别由一台电动机驱动，并按相同方向旋转，使物料向前向下移动，同时搅动物料，小于筛孔尺寸的颗粒，受自重及筛轴旋转力的作用沿筛孔落下，进入下一条带式输送机；大于筛孔尺寸的颗粒留在筛面上继续向前移动，并落入碎煤机。

676. 变倾角式滚轴筛有哪些结构特点？

答：（1）每根筛轴上均安装有耐磨性梅花形筛片数片，相邻两筛轴上的筛片位置交错排列形成滚动筛面。

（2）筛轴变倾角合理布置，在设备入口段，筛轴和水平面的夹角大于出口段，使煤料进入设备先经初步粗筛后再进行二次细筛，可有效提高筛分效率并防止堵煤。

（3）每个筛轴均由电机减速机单独驱动，减速机与筛轴采用弹性柱销（螺钉）联轴器连接。各筛轴同向等速旋转，单组筛轴发生故障，燃煤可在前一筛轴推动下越过故障筛轴继续前进，设备可以照样运行。

（4）滚轴筛的每根筛轴上均设有机械和电气双重保护。

（5）每根筛轴的下端设有清理筛片的装置，便于清除筛片间的积煤。

（6）筛箱两侧均用活动插板连接，当更换筛片时，只需拆下筛轴两端的活动插板，就可以顺利地抽出筛轴，便于维护和检修。

（7）电动机与减速机同轴传动，安装在同一个底座上，整体性好，占地面积小，便于运输及安装。

（8）在机内入口处设有用电动推杆切换的挡板，可在滚轴筛检修时使煤料直接进入下级皮带而不影响系统的运行。

677. 滚轴筛启动前的检查项目有哪些？

答：（1）电动机外壳接地线接地良好，地脚螺栓无松动。

（2）检查滚轴筛各减速机无漏油。

（3）各转动轴的靠背轮螺栓完整，防护罩牢固。

（4）检查滚轴筛旁路挡板在筛面位。

（5）检查滚轴筛各筛轴之间无杂物。

678. 滚轴筛常见故障有哪些？如何处理？

答：（1）滚轴筛电动机过载跳闸：单电动机过载时，保护动作，电动机跳闸，其余筛轴继续运行；两台以上电动机过载跳闸时，滚轴筛跳闸。出现电动机跳闸故障时，应查明是电气系统异常引起还是机械部分过载造成，及时予以排除。

（2）联轴器过载保护柱销断裂：检查筛轴是否被铁件、木块等杂物卡住并超过允许扭矩，及时清除杂物之后更换柱销。

（3）运行中电流、声音、振动、温度如有异常，则应立即停运处理。

679. 滚轴筛运行中的检查项目有哪些？

答：（1）电动机温度不超过65℃。

（2）各转动部件无异声，联轴器护罩固定牢固。

（3）无漏油现象。

（4）旁路挡板在筛面位。

（5）筛轴运转平稳，无剐碰卡阻现象。

第二十一章　给配煤设备

680. 振动给料机的工作原理是什么？由哪些部件组成？

答：振动给料机是由电动机带动激振器输入轴，带动激振器内部采用齿轮连接的两组偏心轮反向旋转，从而使两组偏心轮产生离心力，由于方向相反，激振器产生的力是与其垂直方向的，给料槽倾斜安装于料斗下方，在激振器产生的力的作用下，使煤在给料槽槽体内连续向前跳跃运动，从而达到给料的目的。

振动给料机由给料槽体、激振器、弹簧吊挂装置、弹簧支座、传动装置等主要部件组成。

681. 振动给料机运行中的检查项目有哪些？

答：（1）电动机电流、振动正常，温升不超过40℃，声音无异常。

（2）槽体无冲撞支架现象，弹性联轴器运转正常，各部连接正常。

（3）激振器轴承、齿轮声音正常。

（4）变频器运行正常，冷却风扇冷却效果良好。

682. 叶轮给煤机的工作原理是什么？

答：叶轮给煤机是火力发电厂输煤系统中的一种配煤设备。它主要用于火力发电厂缝隙式煤沟，通过设备沿轨道前后行走和拨煤叶轮的转动，将煤沟槽两侧的原煤连续、均匀地拨到煤沟输煤胶带上，能在行走中给煤，也可定点给煤。

683. 叶轮给煤机启动前检查的项目有哪些？

答：（1）叶轮给煤机行走轨道无障碍物，轨道两端挡铁无缺失。

（2）行走、叶轮电动机接地线接地良好。

（3）叶轮电源滑线无破损。

684. 叶轮给煤机运行中检查的项目有哪些?

答:（1）电动机振动值不超过 0.085mm，温度不超过 65℃，无异音。

（2）减速机温度不超过 60℃，无异声。

（3）叶轮给煤机在行走过程中，检查滑线无打火现象。

（4）滑动均匀，无卡涩。

（5）叶轮给煤机在行走过程中，到达轨道端部限位开关后能自动返回。

685. 叶轮给煤机紧急停机的条件是什么?

答:（1）危及人身安全及设备损坏。

（2）电动机、减速机产生强烈振动、超温、有异声、有异味、冒烟、着火。

（3）行走时叶轮被卡住。

（4）发生堵煤和大量跑煤。

（5）发现行走轨道限位开关缺失。

（6）转动部位轴承温度过高。

686. 叶轮给煤机叶轮犯卡的原因是什么?

答:（1）大块煤、石头等杂物卡在煤槽缝隙中。

（2）金属缠绕物缠在叶轮轴颈部。

（3）叶轮结构变形。

第二十二章　辅　助　设　备

687. 输煤系统一般需要设置哪些辅助设备？

答：输煤系统设置的辅助设备有：电动三通挡板、电子皮带秤及其校验装置、入炉煤采样装置、犁式卸料器、缓冲锁气器、除尘器、除铁器、料流检测装置、带式输送机刮水器、喷雾装置、胶带机头部伸缩装置、防闭塞装置等。

688. 三通挡板切换的试验方法是怎样的？

答：（1）确认输送带停运，三通挡板无积煤。

（2）上位机操作每个三通挡板，就地确认动作正常，上位机与就地指示一致。

689. 三通挡板进行设备切换时，值班人员应注意哪些地方？

答：（1）必须要明确上下级设备运行方式，挡板要切换到的位置。

（2）清除挡板内的积煤，避免挡板卡涩。

（3）对挡板进行检查，电动挡板推杆无严重变形，电动机地脚螺栓固定牢固，各连接处牢靠，限位开关安全可靠，推杆无变形。

（4）操作人员看不见电动推杆位置时，应有一人监护，以避免挡板不到位或卡涩，损坏推杆或挡板。手动操作挡板，不要用力过猛，以防伤人。

（5）倒换完毕，应认真检查，确认挡板是否确实到位，不留缝隙。

690. 犁煤器的作用及原理是什么？

答：犁煤器是输煤系统最常用的配煤设备，全称是犁式卸料器。犁煤器的作用是将带式输送机等输送设备上的原煤拨送到原煤仓。犁煤器由卸煤托板、刮板、刮板支架以及操纵机构组成。

电动推杆是控制犁煤器抬落工作的主要部件，电动机为动力源，运行中行程靠行程开关来控制。通过电动推杆把刮煤板与输送带垂直接触，并与输送带纵向成一定的角度。当输送带载着煤运动到犁煤器前方时，煤就会沿着刮煤板方向被“推”下。当需要让煤通过时，把犁煤器抬起。

691. 犁煤器运行中检查的项目有哪些?

答:（1）抬、落犁煤器时无卡涩。

（2）刮煤板（犁刀）与胶带接触良好。

（3）落犁煤器上煤时无漏煤。

692. 新安装的犁煤器需要进行的调试项目有哪些?

答: （1）调试信号反馈正常，包括程控/就地、抬犁落犁信号。

（2）犁煤器各部位安装齐全完好，动作无卡涩、无异声。包括犁刀、副犁、推杆、电动机、托板、限位探头等。

（3）就地和程控分别调试抬落犁到位，压紧度适宜。

693. 除铁器是如何分类的?

答: 按磁铁性质的不同可分为永磁除铁器和电磁式除铁器两种。电磁式除铁器按冷却方式的不同可分为风冷式除铁器、油冷式除铁器和干式除铁器三种。电磁式除铁器按弃铁方式的不同可分为带式除铁器和盘式除铁器两种。

694. 除铁器的使用要求有哪些?

答:（1）一般不少于两级除铁。多级除铁尽可能选用带式除铁器，安装在输送带头部。

（2）盘式除铁器安装在带式输送机中部搭配使用。

（3）宽度在 1.4m 以下的带式输送机宜选用带式除铁器，宽度在 1.6m 以上的带式输送机宜选用电磁式除铁器。

（4）在除铁器下方选用无磁托辊或无磁滚筒。

695. 带式除铁器的结构组成及原理是什么？

答：带式除铁器由高性能永磁或电磁铁芯、弃铁输送带、减速器、框架、滚筒组成。当输送带上的煤经过除铁器的下方时，混杂在物料中的铁磁性物体，在除铁器磁芯强大的磁场力作用下被铁芯吸起。由于弃铁输送带的不停运转，固定在输送带上的挡条不停地将吸附的铁件扔进积铁箱，从而达到自动除铁的效果。

696. 盘式除铁器的结构组成及原理是什么？

答：盘式除铁器的吸铁原理与带式除铁器完全相同，当输送带上的煤经过除铁器的下方时，混杂在物料中的铁磁性物体，在除铁器磁芯强大的磁场力作用下被铁芯吸起，只是弃铁方式不同，盘式除铁器没有弃铁输送带，直接悬挂在运行输送带的上方轨道上，一般布置两台，根据设定的运行时间或吸铁量的多少，交替工作和弃铁。

697. 除铁器启动前的检查项目有哪些？

答：（1）各转动部分螺栓无松动和脱落。

（2）弃铁输送带无撕裂现象，输送带接头和弃铁刮板固定良好。

（3）除铁器上无杂物，固定吊环牢固，轨道滑轮无脱轨。

698. 除铁器运行中检查项目有哪些？

答：（1）除铁器无异声，无剧烈摇摆和振动现象，弃铁输送带无跑偏和撕裂现象，本体温度不超过 85℃。

（2）吸铁、弃铁工作正常。

（3）弃铁输送带上的刮板无损坏、无变形。

699. 除铁器运行中的注意事项有哪些?

答:(1)弃铁输送带上的刮板若有损坏、变形,应立即停运。

(2)除铁器工作时,周围有较强的磁场,不要身带铁件靠近,以免吸住,发生人身事故,注意手表和各种仪表不要靠近除铁器。

(3)运行中禁止擦拭、清扫设备。

700. 如何进行除铁器的吸弃铁试验?

答:(1)输送带停运后将除铁器打"手动"试验。

(2)除铁器启动励磁,用铁块实际验证,距离350mm应有效吸附铁块。

(3)弃铁后将其恢复"程控"。

(4)记录电流、电压、试验结果。

701. 输送带头部伸缩装置的作用是什么?由哪些部件组成?

答:输送带头部伸缩装置用于煤沟地下转运站或斗轮机煤场转运站,A、B路输送带交叉换位的设备,实现同层转运,使双路输送带向下一级两路输送带分别送料。头部伸缩装置主要由头部滚筒、头部护罩、清扫器、改向滚筒、固定托辊组、车体、行走轮组、驱动装置、驱动装置架、轴承装置架、悬挂托辊架、悬挂托辊组及行程控制装置等组成。

702. 头部伸缩装置的工作原理是什么?

答:头部伸缩装置一般布置在输送带头部,通过驱动装置拖动行走小车沿轨道移动进行工位转换,由接近开关实现伸缩头在各工位的停止,并配有锚定装置和防上仰装置。实现对两路或三路输送机的定位给料。

703. 头部伸缩装置启动前的检查项目有哪些?

答:(1)电动机、减速机、滚筒轴承座的地脚螺栓有无松动,电气设备接地线良好。

(2)减速机无漏油现象,且油位正常;联轴器连接螺栓无松动，防护罩完好牢固无摩擦现象。

（3）各滚筒不应有串轴现象。滚筒表面无脱胶剥落，齿条无裂纹断裂现象。

（4）各种托辊无卡涩、无严重磨损，支架无倾斜、松动变形，托辊架无脱轨，拉链无断裂现象，落煤管接口处密封完好。

（5）按照运行方式核对落煤管位置是否正确，限位开关无损坏。

（6）控制箱完好无损，指示正常，如程控操作，应将选择开关置“程控”位置。

（7）现场有良好照明，地面无积水、无积煤、无杂物。

（8）伸缩装置行走轮无脱轨被卡现象。

（9）行走托辊架行走轮无脱轨现象，且间距均匀。

（10）制动器良好，无松动滑车现象。

704. 头部伸缩装置运行中的注意事项有哪些？

答：（1）运行中注意各轴承不得有过热、振动、破裂和噪声现象，轴承温度不得超过65℃。

（2）减速机应无异声，减速机不得有漏油现象，油温不得超过60℃。

（3）电动机应无异声、无焦味。

（4）各滚筒、托辊及托辊架应转动灵活、无串轴、脱轨、卡涩、振动现象。

（5）在运行中需要切换时，只允许在无负荷、无粘煤的情况下倒换，否则必须清理完毕后方可倒换。

（6）在切换过程中，应注意行走轮和齿条的运行情况，发现异常，立即停机，注意落煤管是否对准。

705. 防闭塞装置的工作原理是什么？

答：电动机驱动振打臂产生一定幅度的振动，将粘在落煤筒内的物料振落在下面的输送带上达到防止落煤筒堵煤的作用。

706. 输煤系统中常用除尘装置的除尘原理是什么?

答:（1）离心力。含尘气流作圆周运动时，由于离心力的作用，尘粒与气流会产生相对运动，而使尘粒从气流中分离出来。

（2）重力。气流中的尘粒在重力的作用下自然沉降，从气流中分离出来。尘粒的沉降速度一般较小，所以这个原理只适用于粒径大的尘粒。

（3）筛滤。当含尘气流流经纤维滤布时，由于尘粒的尺寸比滤料中纤维间的空隙或滤料上粉尘间的空隙大，尘粒被阻留下来，称为筛滤。

（4）惯性碰撞。含尘气流在运动过程中遇到物体（如挡板、水滴等）阻挡。气流和细小的尘粒由于惯性小而容易改变方向并绕流过去，但粗大的尘粒由于具有较大的惯性而脱离流线，仍然保持原来的运动方向，这样尘粒就会发生碰撞，称为惯性碰撞。湿式除尘器的除尘原理就是惯性碰撞。

（5）扩散。细微尘粒，如小于1μm的尘粒在气体分子的撞击下，像气体分子一样作布朗运动，增加了尘粒和集尘物表面的接触，有助于尘粒从气流中分离，这种现象称为扩散。尘粒粒径越小，布朗运动越剧烈。

（6）拦截。当含尘气流在运动中遇到滤料纤维（或水滴）等障碍物时，细小的尘粒仍保留在流线上，尘粒半径大于尘粒中心至纤维边缘（或水滴表面）的距离的尘粒，被障碍物捕获，这种现象称为拦截。

（7）静电力。如果悬浮在气流中的尘粒带有一定的电荷，就可以通过静电力使它们从气流中分离出来。要得到较好的除尘效果必须设置专门的高压电场，使所有的尘粒都充分带电。

707. 输煤系统常见除尘器是如何分类的?

答: 除尘器按除尘原理可分为惯性除尘设备（如惯性除尘器）、重力除尘设备（如重力沉降室）、离心力除尘设备（如旋风除尘器）、洗涤除尘设备（如水浴除尘器、自激式除尘器、多管冲击除尘器）、过滤除尘设备（如袋式除尘器、颗粒层除尘器）和静电除尘设备（如静电除尘器）等。

根据除尘时是否用水可分为干式除尘器和湿式除尘器。

708. 多管冲击式水膜除尘器的工作原理是什么？

答：含尘气体从入口进入后，粒径较大的粉尘因惯性未随气流转弯，被挡灰板阻挡下落后被除掉，粒径较小的煤尘随着气流一起进入联箱，经过送风管，以较高的速度从喷口喷出，气流冲击液面形成大量的水滴和泡沫，使煤尘与水滴或泡沫充分接触而被捕集，含尘气体得到净化。净化后的空气经第一挡水板和第二挡水板除去所含的水滴后经风机排入大气，被捕集的煤尘沉降在除尘器水箱的底部。

净化气体用水在使用一定时间后，由于水中含有大量的粉尘而必须更换，更换水时由电动推杆将排水口处的活塞提起，含有大量粉尘的污水从排水口排出。当污水基本排完后，水位控制仪控制打开设在进水总管上的电磁阀，水通过进水管经设在除尘器箱体下部的冲洗喷嘴喷出，将箱体底部冲洗干净，然后由电动推杆将活塞放下，排水口关闭，箱体内的水位上升，待水位补充到除尘器所需高度时，水位控制仪控制电磁阀关闭，中断进水，箱体内多余的水由溢流管排出，此时除尘器可进入工作状态。

709. 多管冲击式水膜除尘器启动前的检查项目有哪些？

答：(1) 除尘器本体无漏水。

(2) 除尘器正常水位指示灯亮。

(3) 风机电动机外观完好。

710. 多管冲击式水膜除尘器运行中的检查项目有哪些？

答：(1) 除尘器风压指示器不低于 $300mmH_2O$（$1mmH_2O=9.806\ 65Pa$）。

(2) 电动机、风机无异声。

(3) 水压不低于 0.3MPa。

(4) 风机出口无粉尘溢出。

711. 多管冲击式水膜除尘器箱体的冲洗步骤有哪些?

答: (1) 确认除尘器在停运状态。

(2) 打开电动排污阀。

(3) 排污结束后开启电磁注水阀冲洗底部沉淀 (约 2min)。

(4) 关闭电动排污阀, 打开观察孔观察里面是否还有煤泥, 或者低水位灯亮说明还有煤泥, 则继续冲洗。

(5) 冲洗结束重新进行注水, 水位至备水水位, 等待下次工作。

712. 多管冲击式水膜除尘器运行中的注意事项有哪些?

答: (1) 除尘器运行时, 应使通过除尘器的风量保持在给定的范围内, 且尽量减少风量的波动。

(2) 应经常保持水位自动控制装置的清洁, 发现自动控制系统失灵时应及时检修。

(3) 风机停运后及时检查排水情况, 如有煤泥沉淀不能自排, 应及时联系维护人员处理。

713. 多管冲击式水膜除尘器运行中排黑烟的原因及处理方法是什么?

答: 原因是除尘器箱体缺水或导流板破损。除尘器启动时水位必须达到工作水位及以上, 否则无法启动。当控制回路异常或箱体水位计处积煤泥, 会误发水位正常信号, 使除尘器无水或低水位启动。

处理方法: 停止运行, 补水或联系维护处理。

714. 袋式除尘器的特点是什么? 由哪些部件组成?

答: 袋式除尘器属于过滤式除尘器, 又称布袋除尘器, 袋式除尘器收集小颗粒粉尘的性能较好, 除尘效率高, 可达到 98%～99%, 广泛应用于水泥、冶金、电厂输煤系统的净化中, 但是对温度较高、湿度较大、带黏性粉尘和有腐蚀性的烟尘不宜使用。

袋式除尘器是通过布袋对气体进行过滤的一种除尘设备，由主风机、反吹风机、摆线针轮减速机、顶盖、反吹风回转装置、过滤筒体、花板、滤袋装置、灰斗、卸灰装置等组成。

715. 袋式除尘器的工作原理是什么？

答：含尘气流经除尘器入口切线方向进入壳体的过滤室上部空间，大颗粒及凝聚尘粒在离心力作用下沿筒壁旋入灰斗，小颗粒尘悬浮于气体之中，弥漫于过滤室内的滤袋之间，从而被滤袋阻留；净化气体汇聚于上部清洁气体室，由主风机排出。随着运行时间的延长，滤袋外表面积尘越积越厚，滤袋阻力逐渐增加，当达到反吹风控制阻力上限时，由差压变送器发出信号，自动起动反吹风机及反吹旋臂传动机构，反吹气流由旋臂喷口吹入滤袋，阻挡过滤气流，并改变袋内压力工况，引起滤袋振击，抖落积尘。旋臂转动时滤袋逐个反吹，当滤袋阻力达到下限时，反吹清灰系统自动停止工作。

716. 高压静电除尘器的工作原理是什么？

答：含有粉尘颗粒的气体，在接有高压直流电源的阴极（又称电晕极）和接地的阳极之间所形成的高压电场通过时，由于阴极发生电晕放电，气体被电离。带负电的气体离子，在电场力的作用下，向阳极运动，在运动中与粉尘颗粒相碰，使尘粒带负电荷，在电场力的作用下，所有尘粒向阳极运动，尘粒到达阳极板后，放出所带电子，沉积于阳极板上，得到净化的气体排出除尘器外。

717. 离心卧式排污泵的工作原理是什么？

答：工作时泵壳中充满水，当叶轮转动时，液体在叶轮的作用下，作高速旋转运动。因受离心力的作用，使内腔外缘处的液体压力上升，利用此压力将水压向出水管。与此同时，叶轮中心位置液体的压力降低，形成真空，在大气压的作用下使水迅速自然流入填补，这样离心水泵就源源不断地将水吸入并压出。底阀严密与否是排污泵能否正常投入运行的关键。

718. 离心卧式排污泵常见故障及原因有哪些？

答：（1）启动后不排水。原因：水泵转向不对、吸水管道漏气、泵内有空气、进水口堵塞、排水门未开或故障卡死、排水管道堵死、叶轮脱落或损坏等。

（2）异常振动。原因：轴弯曲或叶轮严重磨损、转动部分零件松动或损坏、轴承故障、地脚螺栓松动等。

（3）不能自动启停。泵坑内的积煤太多，容易引起泵入口管堵塞、液位计失灵。应经常清理泵坑内的积煤。

719. 排污泵不打水的原因是什么？如何处理？

答：原因：

（1）电动机反转。

（2）阀门未打开到位。

（3）管道、叶轮被堵塞。

（4）被抽介质浓度过高。

（5）超过规定扬程。

处理：

（1）改变电动机转向。

（2）检查阀门状态。

（3）清理杂物。

（4）用水稀释，降低浓度。

（5）降低出口高度。

720. 排污泵运行中检查的项目有哪些？

答：（1）电动机振动不超过0.085mm，温度不超过65℃，无异声。

（2）联轴器螺栓无损坏、松动现象。

（3）启动后打水正常。

721. 排污泵运行中的注意事项有哪些？

答：（1）启动前，应检查泵及管路接合处有无松动，螺栓有无松动和脱落现象，外壳有无裂纹，阀门位置是否正常，吸水管是否被煤泥堵塞，旋转方向是否正常，转动是否灵活。

（2）水泵在运行过程中，检查轴承温度是否超过规定值（最高温度不超过80℃），润滑油（脂）能否满足要求。

（3）泵在运行中若发现异常现象（如杂音，振动），应及时停机检查。

722. 设置MHDF型一体化净水器的含煤废水处理系统的工艺流程是什么?

答：含煤废水处理系统主要由煤泥水沉淀池、煤水池、煤水提升泵、加药装置、搅拌装置、煤水处理设备、清水池、变频清水泵、煤泥泵、排污泵组成。各段煤泥水经过排污泵排到煤泥沉淀池沉淀后，由煤水提升泵提升到MHDF型一体化净水器，在煤泥水泵提升管路上装设有在线浊度仪，可控制加药装置的变量计量泵调节加药量的大小，管道混合器使药剂和污水充分混合，提高煤水处理率，混合加药后的煤泥水进入MHDF型一体化净水器，经过反应区、分离区、过滤区处理后用清水泵排到输煤栈桥作为冲洗水循环使用，煤泥用电动葫芦门式起重机、CD1钢丝式抓斗电动葫芦门式起重机将一、二级沉淀池的煤泥抓出，用汽车倒入煤场。

723. 煤水处理设备启动前的检查有哪些?

答：（1）泵底座、联轴器、轴承座等连接部位的螺栓无松动。

（2）用手盘动泵体联轴器灵活。

（3）打开无堵塞自吸泵上方的加水阀门，加入储液水不少于泵体容积的2/3，关闭阀门。

（4）煤水沉淀池内无严重积煤泥。

（5）煤水沉淀池无溢流。

（6）搅拌箱内处于满水状态。

（7）检查搅拌箱和储液箱内无残存物，如有残存物应通过排污管放空阀排出。

(8) 检查各泵和管道无泄漏。

(9) 确认计量泵进出口阀门全部打开。

(10) 煤水处理器内应有滤料石英砂，厚度为400mm。

(11) 各部电动机绝缘良好。

(12) 电源箱和操作箱上无积粉，操作开关灵活。

724. 煤水处理设备启动前的准备有哪些？

答：(1) 向搅拌箱和储液箱内注满水。

(2) 配制混凝剂浓度：(28%～30%聚合氯化铝) 5袋 (125kg) 与水稀释，配比1∶20。

(3) 配制助凝剂浓度：助凝剂 (聚丙烯酰胺) 3kg与水稀释，配比1∶650。

(4) 根据被处理污水的水质、水量调整好计量泵的加药量。

725. 煤水处理设备的启动如何操作？

答：(1) 煤水提升泵注水，开启入口门，启动煤水提升泵，开启出口门，开启加药装置出入口门。

(2) 打开净水器煤水手动入口阀。

(3) 每日接到保洁人员冲洗输煤栈桥需要启动清水泵通知时，及时启动清水泵供水 (启动前应对水泵注水)。

(4) 清水泵变频、工频控制旋钮置于停止位时清水泵停止，置于变频位时清水泵变频方式下自动运行，置于工频位时需要手动点动控制面板上启动、停止按钮控制清水泵启停。

726. 煤水处理设备运行中检查哪些项目？

答：(1) 各泵运行无异声。

(2) 变频控制柜无异声、无异味。

(3) 地脚螺栓无松动，联轴器保护罩齐全完好。

(4) 电动机接地线完好。

(5) 泵和电动机振动不超限。

(6) 将计量泵的流量调至设定值，并锁紧冲程调节手柄。

（7）检查搅拌箱、储液箱内无残存物。

727. 煤水处理设备的停运如何操作？

答：（1）停运煤水提升泵，关闭出口门。

（2）关闭煤水处理器入口阀。

728. 电子皮带秤的组成及工作原理是什么？

答：电子皮带秤主要由显示控制器、速度滚筒及速度传感器、计量托辊及称重架构、称重传感器等组成。

电子皮带秤的工作原理是：输送带将所载物料以一定的速度通过秤架上的称量段，称量托辊将所载物料质量传递给称重传感器，称重传感器将其质量转换成电信号，电信号由电缆传输到控制器。同时，速度传感器将输送带运行的速度转换成电信号，也送到控制器，质量信号及速度信号由控制器的微处理器进行处理，计算并显示出输送带上流过物料的瞬时及累计流量。

729. 动态链码检验装置的作用和工作原理是什么？

答：动态链码每一块都是标准质量，链码落下后与输送带等速运转，模拟输送带上物料，链码经过输送带的总质量与皮带秤称重值进行比对，用以检验皮带秤，修正偏差。

730. 电子皮带秤日常运行中的注意事项有哪些？

答：（1）要加强皮带秤的运行管理，及时清理皮带秤架上的积煤、积粉、物料块等杂物，秤架不得有卡塞处，保持称量架构、计量托辊的干燥清洁。

（2）计量托辊运转灵活、平稳，无缺失。

（3）防止皮带秤架过载或冲击，禁止人体或过重物体压在称量段上，禁止超皮带秤的额定值运行。

（4）保持测速滚筒表面的清洁及滚筒与输送带同步运转，保证速度计量的准确。

（5）为保证电子皮带秤系统动态测量准确度，定期对皮带秤进行标定。

731. 采样设备由哪些部分组成?

答: 采样设备主要由采样系统、制样系统、余煤返回系统和控制操作系统四大部分组成。入炉煤采样系统主要由输送带中部采样头或输送带头部采样头组成;入厂煤采样系统主要由螺旋采样头、螺旋采样头升降机构、采样选点机构等组成;入炉煤、入厂煤制样系统主要由给煤机构、破碎机构、缩分机构、样品收集机构组成:余煤返回系统主要由带式输送机、斗式提升机、螺旋输送机或料仓等组成;控制操作系统主要由控制系统、操作系统、检测系统等组成。

732. 如何对移动煤流采样?

答: 移动煤流子样可于输煤皮带上的煤流中或皮带端部的落流中采取。采样方法可用时间基或质量基系统采样、时间基或质量基分层随机采样。

移动煤流采样应用机械方法,在流量小于400t/h时,允许用人工方法从煤流中采样。

采样时,无论是机械采样还是人工采样,都应使采样器沿与煤流运行轨迹相垂直的方向截取一完整的煤流横截段为一子样。

733. 入炉煤头部采制样装置的工作原理是什么?

答: 入炉煤头部采制样装置安装在输煤皮带机头部,电动机通过摆线针轮减速机变速驱动,使槽式容器以一定速度伸入输煤皮带头部落煤流下方,当接到一个全断面煤样后,槽式容器退到原位,槽式容器门打开,通过落煤管直接落入一级给料机,一级给料机将煤样连续、均匀地送入一级破碎机,经过破碎后,粒度小于13mm的煤样落入二级给料机,二级给料机上的煤样经过煤层调节板调整后,厚度均匀的煤样就分为两部分。一部分通过跨在二级给料机上的旋转缩分器的旋转缩分取出样品,取出的样品再经过二级破碎机破碎,破碎后粒度小于6mm的子样落入样品收集器。另一部分是缩分后的余煤经过斗式提升机进入螺旋输送机，再由螺旋输送机把余煤通过落煤管送到正在工作中的主输送带上。

734. 入炉煤中部采制样装置的工作原理是什么？

答：入炉煤中部采制样装置安装在带式输送机中段，中部采样头按设定时间间隔在主输送带煤流上旋转一周后采取到一个完整的全断面煤样，煤样通过落煤管直接落入一级给料机，一级给料机将煤样连续、均匀地送入一级破碎机，经过破碎后，粒度小于13mm的煤样落入二级给料机，二级给料机上的煤样经过煤层调节板调整后，厚度均匀的煤样就分为两部分。一部分通过跨在二级给料机上的旋转缩分器的旋转缩分取出样品，取出的样品再经过二级破碎机破碎，破碎后粒度小于6mm的子样落入样品收集器。另一部分是缩分后的余煤经过斗式提升机进入螺旋输送机，再由螺旋输送机把余煤通过落煤管送到正在工作中的主输送带上。

735. 入厂煤采样装置的工作原理是什么？

答：入厂煤采样装置通过可编程控制器和微机自动到达预定采样点，选点机构自动锁紧，自动启动采制样系统，并由螺旋采样头升降机构驱动至预设煤层深处开始采样，集料仓关闭，到达微机给的随机数采样深度后，螺旋采样头回至上部极限位置，集料仓自动开启，煤样经过给料机均匀地送入一级破碎机，破碎后粒度小于13mm的煤样进入缩分器，缩分后的煤样通过落煤管进入二级破碎机，破碎后粒度小于6mm的煤样进入收集器。缩分后的余煤通过落煤管直接回到车厢。

736. LT116型入炉煤采样机的启动顺序是什么？

答：（1）输送带启动280s后，斗提机（二级给料机）启动，三通挡板（放料门）打至运行输送带，2s后启动破碎机，3s后启动初级给料机。

（2）输送带启动300s后，采样头动作，每隔300s从输煤皮带上刮取一次煤样。

(4) 采样头动作后，缩分器延时 5s 启动，按照设定的缩分次数刮取子样，送入集样筒，到达缩分时间 70s 后停止。

(5) 集样筒按照设定的转筒逻辑（计重、子样数、分炉）接受对应煤样。

737. SM/MO-120 型入炉煤采样机的启动顺序是什么？

答：(1) 输送带启动 2s 后，启动斗提机，4s 后启动破碎机，3s 后启动初给机。

(2) 输送带启动 300s 后，采样头动作一次，每隔 300s 从输送带上刮取一次煤样。

(3) 采样头动作后，缩分器延时 5s 启动，按照设定的缩分次数刮取子样，送入集样筒，到达缩分时间 85s 后停止。

(4) 集样筒按照设定的转筒逻辑（计重、子样数）接收对应煤样。

(5) 初给机具有节能设计，采样机动作 90s 后初给机停运，采样机再次动作时初给机同步启动。

738. 输送带停运后，采样机联锁停机顺序是什么？

答：(1) 采样头立即停止动作。

(2) 初级给料机、破碎机、斗提机（二级给料机）按照设定的延时依次停机，清扫系统残煤，清扫时间总计约为 60s。

739. 入炉煤采样机的远方启动如何操作？

答：(1) 将入炉煤采样机控制柜上转换开关切换到“自动”位。

(2) 带式输送机 A 路或 B 路运行。

当 A 路或 B 路输煤系统启动后，在采样机与输送带连锁投入的情况下，斗提机三通自动切换到 A 位或 B 位，延时 4min 采样机按逆煤流方向逐一启动斗提机、缩分器、疏通器、破碎机、螺旋给料机，集样器转动选择集样罐，采样头按设定时间开始采样。在采样机与输送带联锁未投入的情况下，在上位机调出 A 路或 B

路入炉煤采样机操作框，点击启动按钮，入炉煤采样机按逆煤流方向逐一启动，采样头按设定时间开始采样。

(3) 带式输送机A、B路同时运行。

当A、B路输煤系统启动后，联锁或上位机手动启动采样机，A、B路采样头按设定周期循环交替进行采样。

740. 入炉煤采样机的就地启动如何操作?

答: 将入炉煤采样机控制柜上转换开关切换到“手动”位。在斗提机三通操作盒上将斗提机三通转换开关切换到A或B位。在控制柜触摸屏进入“系统状态画面”，点动左下角绿色“操作按钮”，进入手动操作画面，按收集器、斗提机、缩分器、疏通器、破碎机、初给机启动按钮，可单一或顺序启动设备。采样头就地控制箱一般单独设置在输送带层采样头处，将转换开关切换到“手动”位，点动一次“启动”按钮，采样头旋转一次。

741. 入炉煤采样机运行中的检查项目有哪些?

答: (1) 检查集样器、斗提机、缩分器、破碎机、疏通器、螺旋给料机、采样头电动机温度不超过65℃，轴承温度不超过80℃。

(2) 电动机、轴承无异声，振动不超过0.085mm。

(3) 采样机系统无堵煤、漏煤现象，集样罐定位准确。

(4) 各限位开关、零速开关位置正确，工作正常。

(5) 触摸屏画面无报警，画面显示设备状态与现场实际状态对应正确。

742. 缓冲锁气器的工作原理是什么?

答: 使下落速度极高的落料在缓冲锁气板面上缓冲而减速通过，物料畅通而诱导鼓风基本被阻，物料通过缓冲锁气器后重新均匀堆放在输送带上。

第二十三章 燃 油 系 统

743. 电厂燃油系统主要由哪些部分组成？

答： 电厂燃油系统主要由供油系统、卸油系统、储油系统、油水分离回收系统、蒸汽伴热系统、冷却系统、消防系统组成。燃油系统一般按0号轻柴油设计。

744. 燃油泵房运行中的检查项目有哪些？

答： (1) 每2h用油气浓度测试仪测量泵房内油气浓度，测量值不大于200×10^{-6}。

(2) 如泵房油气浓度超过规定值，应开启泵房轴流风机和开窗通风。

745. 油区柴油储罐运行中的检查项目有哪些？

答： (1) 油位浮标应完好，动作灵活，指示正确。

(2) 油罐的盘旋铁梯牢固并无杂物，围栏、护板完好齐全。

(3) 油罐的人孔门关闭严密，法兰压紧螺栓齐全牢固。

(4) 油罐的呼吸阀保持畅通。

(5) 油罐正常温度不超过40℃。

(6) 油罐阻火器玻璃无破碎现象。

(7) 油罐最高油位应不超罐体高度的90%。

(8) 避雷装置、接地装置应完好。

746. 油区卸油泵运行中的检查项目有哪些？

答： (1) 卸油泵电动机无振动，声音正常，轴承温度不超过80℃。

(2) 在卸油泵运行过程中，若有异声或其他故障，应立即停泵检查。

（3）严禁用吸入管路上的阀门调节流量，以免产生汽蚀。

（4）泵不宜在30%流量以下长期运行。

（5）监视滤油器差压表，若发现堵塞，进行切换清理。

（6）监视卸油泵出口压力维持在0.3MPa。

（7）各管道、阀门无漏油。

747. 油区供油泵运行中的检查项目有哪些？

答：（1）检查轴瓦冷却水供给正常。

（2）供油泵电动机无振动，声音正常，轴承温度不超过80℃。

（3）供油泵电动机电流不超额定值。

（4）供油泵运行过程中，若有异声或其他故障，应立即停泵检查。

（5）监视滤油器压差表，若发现堵塞，应进行切换清理。

（6）监视供油压力不低于2.9MPa。

（7）各管道、阀门无漏油现象。

748. 油区准入规定有哪些？

答：进入前必须做好登记，同时交出火种、所有通信设备、金属制品，不得穿有铁掌、铁钉的鞋，进入油区前必须触摸静电释放装置释放静电。

749. 油区防火防爆规定有哪些？

答：（1）油区为明火禁区，严禁吸烟和用明火照明、做饭、取暖、烘烤油管。

（2）油区内不准堆放杂物和易燃易爆物品。

（3）地面经常保持清洁，污油应及时清理，擦拭用的废布、棉纱应存放在铁制的容器内。

（4）油罐50m以内禁止明火作业，必须动火时应办理一级动火工作票，并做好可靠的安全措施，严禁违章动火。

（5）油区内使用的电气设备必须是防爆型的。

(6) 检修时使用的工器具应符合《安规》的有关规定。

(7) 燃油设备必须按照规定安装避雷装置及防静电接地装置，并定期检验。

(8) 油区内禁止带电作业，不应敷设临时电线，所有动力线、照明线应有良好的绝缘。检修用电应设置固定电源。

(9) 油区内应配备充足的消防器材和灭火工具，确保可靠备用。

(10) 油区消防装置泡沫发生器必须完好，随时都能投入运行。

(11) 值班人员经常对消防设施进行检查，发现问题应及时汇报维护人员进行处理，并将有关内容记录在册。

(12) 管理人员应经常对油区消防设施进行检查，发现问题应及时整改，记录在案。

(13) 油区值班人员应认真检查进入油区人员是否随身携带打火用具，如有火种，应交出妥善保管好。

(14) 值班人员对进入油区的车辆要认真进行检查，发现车辆存在安全隐患应拒绝车辆进入油区。

(15) 禁止电瓶车进入油区，机动车进入油区应加装防火罩。

750. 油区轴流风机运行的规定有哪些?

答：(1) 当油泵房、污油室或配电间油气浓度达到 200×10^{-6} 时，必须立即开启相应房间内的轴流风机进行通风换气，正常运行时每个房间应保证有一台风机作为备用。

(2) 在正常运行中当油气体积浓度达到 0.2%降不下来时，必须将备用风机全部开启，直至浓度下降为止，当油气浓度下降到 0.1%时停止一台风机运行。

(3) 油区值班人员每班对各台风机进行一次启停检查，在风机运行中必须每小时进行一次检查，保证每台风机正常备用。

(4) 当室内温度超过 32℃时，开启轴流风机进行通风，低于 30℃时停止风机运行。

751. 油区都有哪些定期工作?

答:（1）油罐安全阀、呼吸阀、阻火器定期检查。

（2）油区轴流风机定期启动试验。

（3）油区静电球定期试验。

（4）油区卸油管定期检查。

（5）油区呼叫器试验。

（6）油区泡沫发生器电动阀门开关试验。

（7）油区油罐定期排污。

（8）油区污水泵、污油泵、排水泵、废水提升泵定期试验。

（9）油区泡沫液罐定期试验。

（10）油罐冷却水喷淋试验、油区消防水压力试验。

（11）油区油气浓度定期实测。

（12）油区消防报警试验。

（13）油区消防器材检查。

（14）供油泵定期切换。

第二十四章　运行技术措施

752. 输煤操作员站死机，此时输送带保护不起作用，应该如何处理？

答： 立即切断煤源，如果上煤仓煤位允许就走空输送带，或者联系就地巡检切换犁煤器；如果来不及，可按操作员站旁的急停按钮，或者就地拉拉线急停输送带，联系维护人员处理。同时关注机组负荷、煤仓煤位和操作员站死机处理进度，若确认短时间无法恢复操作员站上煤，需要及时逐级汇报，及时采取应急措施，避免由于汇报不及时，采取措施不当，而造成长时间无法上煤，导致机组被迫停机事件发生。

753. 设有多台振动给料机和落煤斗的输送带，如何防止运行中煤量超载？

答：（1）启动输送带后，先空载运行一周，再启动振动给料机，防止输送带上有煤或落煤斗内积煤自流进入输送带，造成启动初期煤量叠加超载。

（2）振动给料机调至最低频率启动，启动后根据煤量情况逐渐加载至需要频率。

（3）需要启动两台以上振动给料机时，应按煤流顺序逐台依次启动，各台给料机总负荷不能超过输送带出力。

（4）倒换振动给料机时，应先把原给料机落煤斗内余煤走空。

（5）推煤机配合作业的落煤斗，应保持推煤量均匀，当推煤量波动大或不足时，应降低振动给料机频率使煤量趋于均匀，禁止通过增加振动给料机频率来增大煤量。

（6）停运输送带前先停止振动给料机运行并走空落煤斗。

754. 机组启机准备阶段，运行人员应了解和准备哪些内容?

答: (1) 了解输煤系统是否有影响上煤的检修工作，如有，押回工作票。

(2) 根据启机需要，对应磨煤机上高热值煤种，按要求配煤。

(3) 了解煤场存煤情况，制定合适的取煤方案。

(4) 煤源不足时，及时联系调运。

755. 运行中原煤仓进水原因有哪些?

答: (1) 上级落煤筒粘煤冲洗，冲洗水积存在输送带上进入煤仓。

(2) 附近消防水或冲洗水管道漏水，淋入煤仓或淋在输送带上进入煤仓。

(3) 原煤仓消防蒸汽管泄漏。

(4) 保洁冲洗时操作不当致使冲洗水进入煤仓。

(5) 原煤仓处、料位计、落料口等地面与设备接口处有缝隙。

(6) 煤仓水膜除尘器补水不自动关闭，水箱满水沿风筒进入煤仓。

(7) 导料槽喷淋或干雾抑尘水管漏水进入煤仓。

756. 机组停炉期间，如何防止尾仓进煤?

答: (1) 停炉前检查前一台炉双路输送带尾仓及倒数第二个仓的犁煤器的严密性，如有漏煤现象，及时联系处理。

(2) 机组停炉期间，在输送带启动后，将前一台炉尾仓犁煤器落下，输送带运行期间不再抬起，每次停运输送带必须将余煤走空。

(3) 煤仓间输送带运行期间，加强尾仓犁煤器的检查，同时上位机注意尾仓煤位的变化，如尾仓煤位上涨或就地尾仓犁煤器漏煤，及时联系处理。

(4) 尾仓犁煤器不得作为拦截余煤使用，防止犁煤器长时间受冲击造成犁煤器漏煤。

757. 双电动机驱动的输送带，有时两台电动机的电流会出现较大偏差的原因是什么？

答：（1）电动机工作性能的差异，同型号的电动机在空载或相同负载下电流也不尽相同。

（2）负载不平衡的差异，负载大的一侧电流升高程度明显。

（3）传动部分的差异，比如液力耦合器缺油、驱动滚筒包胶磨损严重都会造成该电动机负载降低、电流下降。

758. 斗轮机停运状态下悬臂放在水平位置的原因是什么？

答：悬臂长时间低位或高位停止，轮斗减速机箱体不平，造成内部轴承一侧长时间缺油，运行时因缺油易造成轴损坏。

759. 从有害气体中毒方面，封闭的煤场内作业人员面临的风险及防范措施是什么？

答：风险：煤储存在煤场，会因发热自燃等原因产生 CO、CH_4、H_2S 等有害或易燃气体，以及煤场作业产生煤粉粉尘等有害扬尘。

措施：煤场安装有毒有害气体、粉尘浓度、氧气浓度测量和报警装置，设置通风、抑尘、消防设施。当有害气体报警或闻到刺鼻异味，煤场自燃有较大烟雾时，及时停止场内作业，人员撤出煤场。

760. 雨季输煤系统运行需要注意哪些事项？

答：（1）雨季来煤较湿，容易造成输煤系统粘煤、堵煤，需保持煤仓高煤位运行，防止因处理粘煤堵煤影响上煤，造成煤仓煤位低。

（2）下雨期间室外输送带尽量不用，防止输送带打滑、跑偏影响上煤。

（3）设置露天地下落煤斗的煤场，在落煤斗周围设置围堰，防止煤泥和雨水进入输送带。

(4) 及时关注天气变化，预计有连续降雨时，组织人员对露天煤场进行苫盖。

(5) 下大雨期间，来煤较湿，适当提高储煤罐、封闭煤棚内干煤的掺配比例，避免落煤筒堵煤、原煤仓棚煤、给煤机断煤等现象发生。

(6) 加强各输送带、转运站排污泵的检查，保证运行可靠。

(7) 输送带停运后及时检查落煤筒，发现因粘煤造成流通面积变小，及时联系处理。

761. 上煤过程中煤仓发生跑煤、溢煤的常见原因有哪些?

答: (1) 煤量大 。

(2) 输送带跑偏。

(3) 犁煤器类型，单向单侧型犁煤器容易撒煤。

(4) 原煤仓卸煤口粘煤。

(5) 原煤仓锁气器犯卡或锁气器配重处积煤造成锁气器打不开。

(6) 煤位计不准。

(7) 煤位高未及时抬犁。

(8) 犁煤器无法抬起未及时停运输送带。

762. 影响火车接卸速度的主要原因有哪些?

答: (1) 输送带单路运行。

(2) 部分叶轮给煤机故障。

(3) 火车采样机故障。

(4) 煤在卸煤沟内分布不均匀。

(5) 冬天冻煤不好卸车。

(6) 叶轮行走分配不合理。

(7) 卸煤工人卸煤不及时。

(8) 火车沟没有提前清沟，余煤量大，或者没有提前启动输送带导致顶沟无法继续进车。

(9) 斗轮机故障无法堆煤。

(10) 配煤掺烧原因，需按掺烧比例要求控制火车上煤量。

763. 输煤系统防寒防冻主要检查项目有哪些?

答: (1) 检查输煤系统消防水阀门井、煤场喷淋水系统各阀门井、暖气阀门井内是否有积水。

(2) 检查输煤各转运站、驱动间门窗关闭严密。

(3) 检查推煤机暖风系统投用良好。

(4) 检查房屋建筑门窗关闭情况，是否关严，有无伴热、暖气、门帘等防冻措施。

(5) 完成输煤系统检查，减速机、液力耦合器润滑油型号是否符合标准，保温、加热措施是否完善。

(6) 检查斗轮机、采样机室外用电缆是否能满足冬季低温使用要求，发现问题及时进行更换，电缆终端接头处是否有积水，封堵是否严密。

764. 从运行角度，如何缩短火车接卸时间?

答: (1) 提前和调度联系，了解火车大约到来时间，做好接卸准备工作。

(2) 火车来时提前将煤沟输空。

(3) 叶轮电流高时行车停止，待电流低时再行走。

(4) 两台叶轮撞车后某一台叶轮继续同另一台叶轮同方向行走，避免发生两台叶轮撞车后中间部位顶门。

(5) 火车到来时提前通知巡检就地检查煤沟情况，顶门时及时指挥行车停止将顶门部位输空。

(6) 如果煤沟有的地方空、有的地方堵，应及时与调度联系错车。

765. 冬季卸火车煤注意事项有哪些?

答: (1) 值长根据各煤场存煤情况和需要煤种进行调车。

(2) 接到来车信息提前安排好堆煤或者上仓，及时把火车沟清空。

（3）火车进沟后及时启动输送带进行堆煤和上煤，避免因为顶沟影响火车接卸。

（4）如果设备有问题单路输送带运行时，应使运行的输送带接近额定出力，加快卸煤，如果设备全部出现问题，应该把车调到其他期进行接卸。

（5）巡检人员就地指挥叶轮，防止顶沟。

（6）如果煤沟空时应该联系车站及时进车，加快采样，加快卸煤。

（7）若是冻车，应提前联系卸煤队增加卸煤人员。

766. 滚筒上粘煤有何危害？

答：滚筒上粘煤将导致输送带跑偏，引起输送带打滑，造成输送带鼓包等局部损坏。粘煤严重未及时清理将导致设备损坏。

767. 降低输煤单耗的措施有哪些？

答：（1）输煤输送带保证不低于70％出力稳定运行。

（2）减少输送带启停次数，尤其是机组停备较多时控制好输送带的启动时机。

（3）上煤前联系有关单位将煤源点准备好。具体为：汽车煤场存煤提前推平；斗轮机司机到位，斗轮机取料位到位，行走至煤场对应位置；推煤机司机到位，推煤机在可用状态，保证输送带启动后能及时取到煤。

（4）输送带停运时，观察输送带头部煤量，输送带走空及时停运。

（5）输煤某段输送带发生跳闸时，将下级运行输送带走空后及时停运，待故障处理完毕再启动上煤。

（6）输送带停运后及时停运对应转运站除尘器，磨煤机检修期间将煤仓间对应除尘器停运。

（7）煤场管理班关注煤场照明情况，根据季节变化及时联系有关单位调整煤场照明控制时间。

（8）配合火车接卸时，最后一沟进沟至下一列火车第二沟进沟前，火车沟输送带应单路运行，不能双路输送带采用限制煤量的方式对一路输送带上煤，特殊情况必须征得辅控值长同意并做好记录。

第二十五章　煤场管理与配煤掺烧

768. 煤质变化对锅炉运行的影响有哪些?

答:（1）水分的影响。水分的存在不仅使煤中可燃质含量相对减少，降低了发热量，还会因受热蒸发、汽化而消耗大量的热量（1kg水汽化约耗去2.3MJ热量），导致炉膛温度降低，煤粉着火困难，排烟量增大，从而增加了厂用电率，同时还增加了制粉系统堵塞的概率。燃用高水分煤，烟气中的水蒸气分压高，促进了烟气中三氧化硫形成硫酸蒸汽，增加锅炉尾部低温处硫酸的凝结沉积，造成空气预热器腐蚀、堵灰和烟道内衬的剥落。然而对于层式燃烧，适当增加水分可减少煤层阻力，提高通风量，改善燃烧状况。

（2）灰分的影响。灰分同水分一样是煤中的有害物质之一，灰分越高，发热量越低，燃用高灰分煤会给电厂运行带来一系列困难。

1）燃烧不正常。灰分增加，炉膛燃烧温度下降。如灰分从30%增加到50%，每增加1%的灰分，理论燃烧温度平均约降低5℃，因而使煤粉着火发生困难，引起燃烧不良，甚至熄火、打炮。

2）事故率增高。燃用多灰分煤还会增加锅炉受热面的污染、积灰，增加热阻，降低热能的利用，同时还增加机械不完全燃烧热损失和灰渣物理热损失等。

3）环境污染严重。燃用多灰分煤，灰量成倍或数倍地增加，使电厂排放的粉尘、灰渣量急剧增加，严重污染环境。

（3）挥发分的影响。挥发分是发电用煤的重要煤质指标。挥发分的高低对煤的着火和燃烧有着较大的影响。挥发分高的煤易着火、火焰大、燃烧稳定，但火焰温度较低；挥发分低的煤，不易点燃，燃烧不稳定，化学不完全燃烧热损失和机械不完全燃烧热损失增加，严重的甚至还引起灭火。

锅炉燃烧器形式和一、二次风的选择、炉膛形状及大小、燃烧带的敷设、制粉系统的选型和防爆措施的设计等都与挥发分有密切关系。

(4) 硫分的影响。硫分是一种极其有害的杂质，对焦化、汽化和燃烧都会带来极不利的影响。锅炉燃用高硫煤，对锅炉设备主要产生下列不良后果：

1) 引起锅炉高、低温受热面的腐蚀，特别是高、低温段空气预热器，腐蚀更为严重。

2) 加速磨煤机部件的磨损，尤其含黄铁矿多的煤，更为严重。对钢球磨煤机，磨制灰分大的煤比灰分小的煤，每吨煤钢球消耗量约大4倍。

3) 促进煤氧化自燃。对变质程度较浅的煤，当煤中含硫量增加时，常会引起煤粉仓内煤粉温度升高，在进入空气时，甚至会导致自燃。

4) 增加脱硫成本及大气污染。煤中硫燃烧后绝大多数形成SO_2，煤中硫每增加1%，则燃用1t煤就多排放约20kg的SO_2气体。随着硫含量的增加，脱硫系统成本增加；当烟气中硫含量超出脱硫系统出力时，SO_2随烟气逸出烟囱，增加了对周围环境的污染。

769. 煤质变化对输煤系统运行的影响有哪些？

答：煤质和煤种变化对输煤系统影响很大，主要表现在煤的发热量、挥发分、灰分、水分等衡量煤质特性的指标上。

(1) 发热量的变化对输煤系统的影响。煤的发热量是评价动力用煤最重要的指标之一。如锅炉负荷不变，当煤的发热量降低时，则煤耗量增大，输煤系统的负担加重，上煤时间延长，导致设备的健康水平下降，故障增多。同时入厂煤量增加，卸车设备、煤场设备、输煤输送带、筛碎设备都有可能因煤量增加而突破原设计能力。

（2）煤中灰分变化对输煤系统的影响。煤中灰分大小是衡量煤质好坏的重要标志，是测定煤质指标的重要内容。对动力用煤来说，灰分是无益的成分，它给运输增加了负担，也增加了输煤系统的负担。煤的灰分越高，固定碳就越少，煤的发热量也就越低。灰分较大的煤种，一般质地坚硬，破碎困难，对输煤管道磨损严重，会增加输煤设备的检修和更换工作量。

（3）煤中水分变化对输煤系统的影响。水分越大，煤中有机物越少，在煤的燃烧过程中，由于水分蒸发将会带走大量的热量（汽化潜热），从而降低了煤的热能利用率，增大燃煤的消耗量。

煤中水分大易引起设备粘煤、堵煤，严重时还会引起上煤中断，严重威胁运行的安全、可靠，影响生产。在严寒的冬季，会使来煤和存煤冻结，影响卸煤和上煤。煤中水分很少，在卸车和上煤时，煤尘很大，会造成环境污染，影响职工的身体健康。

（4）煤中挥发分含量对输煤系统的影响。挥发分大量增加时，输煤系统应注意防爆和自燃。尤其是燃用表面水分很少，而挥发分又较大的煤时，在卸车和转运过程中将会产生大量煤粉尘，当煤粉尘达到爆炸极限时，一旦遇有很小的火源能量，即会产生强烈爆炸。

770. 不同季节对输煤系统的运行有何影响？

答：不同的季节对输煤系统的影响是不一样的，各有其特点。

（1）冬季煤仓易棚煤，影响机组出力，输送带及滚筒易粘煤，造成输送带打滑及跑偏事故（指北方及西北部）。

（2）春、秋季雨水较频繁，露天的电气设备应防止雨水进入，引起电气设备损坏。

（3）夏季环境温度较高，所以值班人员应注意设备的温升，严防设备过热损坏。

771. 什么叫燃烧？完全燃烧的条件是什么？

答：燃烧是指燃料中的可燃成分与空气中的氧发生化学反应

并伴有放热和发光的现象。

完全燃烧应具备以下条件：

（1）足够的氧化剂，及时供给可燃质进行燃烧。

（2）维持燃烧中心温度高于燃料的着火温度，保证燃烧持续进行而不至于中断。

（3）有充分的燃烧时间。

（4）燃料与氧化剂混合得非常理想。

772. 什么叫煤的风化现象？

答：贮存在煤场中的煤，放置一段时间后发生一系列的物理、化学和工艺性质的变化称为煤的风化。煤堆的风化既有低温氧化，又有由于风干导致水分大量挥发造成的煤块碎裂。

773. 什么叫煤的自燃？

答：煤在空气中氧化时放出的热量无法向四处扩散而积聚在煤堆内，煤堆内温度不断升高，达到着火点发生煤自行燃烧的现象称为煤的自燃。

774. 煤的风化与自燃过程有几个阶段？

答：煤的风化与自燃过程分为三个阶段：

（1）诱导期：在一个相当长的时间内煤堆内温度不明显上升的过程。

（2）自热期：由于煤的氧化，煤的活性增大、氧化反应加速，当产生热量大于四周散失热量时温度升高的过程。

（3）化学变化期：在自热过程中，温度升高到临界点后，温度急剧增加，导致自燃；如在临界温度点前因外在条件改变温度下降则转入冷却，煤进入风化过程。

煤风化后失去自燃能力。不同的煤有不同的临界温度。

775. 影响煤自燃的因素有哪些？

答：（1）煤的碳化程度。碳化程度高的无烟煤，挥发分和水分的含量均低，结构紧密，在空气中不易风化和氧化，而且，它本身的着火温度较高，所以不易自燃。碳化程度低的褐煤和较轻的烟煤，挥发分较高，结构松散，在空气中容易风化和氧化，又由于它们的着火温度低，所以比较容易自燃。

（2）空气中氧的含量。煤发生自燃主要是空气中氧的作用。为了防止自燃，可采取以下两个办法：一是尽量使煤和空气隔绝，抑制其氧化；二是使空气流通把煤氧化时发出的热量带走，防止温度升高而自燃。

（3）水分含量。煤堆中水分过高或过低都不易自燃。当煤中含有适量的水分时，煤氧化产生的热量被水吸收使水分蒸发，而水蒸气在煤堆内温度较低的地方凝结时又放出热量，使煤堆的温度逐渐升高，达到燃点时便发生自燃。

（4）煤中黄铁矿的氧化作用。黄铁矿在煤堆湿润时，极易氧化，同时放出大量的热，使煤堆温度升高，煤块膨胀破碎，从而扩大氧化面，加速氧化，使煤容易自燃。

（5）煤的粒度大小。块煤与空气接触面小，并且容易通风散热，自燃的可能性较小。末煤与块煤相反，自燃的可能性大。

（6）气候影响。气候干燥时，空气中水蒸气少，煤中水分容易蒸发，积热也容易散出，煤堆不易自燃。而在天气闷热时，空气湿度大，煤堆温度也高，臭氧有强烈的氧化作用，会加速煤的氧化。

776. 储煤场防止煤堆自燃的措施有哪些？

答：（1）分层压实组堆。对易受氧化的煤如褐煤、长焰煤，组堆时最好分层压实，至少也得要表层压实，有条件时还可在煤堆表面披上一层覆盖物。实践证明，这是一种既有效又经济的根本措施。

（2）建立定期检温制度。对储量大、存期长的煤堆特别是变质程度低的煤，需每天检测一次煤堆温度，对其他类别煤可适当延长，并做好详细记录。

（3）及时消除自燃祸源。在检温过程中，一旦发现煤堆温度达到60℃的极限温度，或煤堆每昼夜平均温度连续增加值高于2℃（不管环境温度多高），应立即消除“祸源”。消除自燃祸源的方法是将“祸源”区域内的煤挖出，暴露在空气中散热降温或立即供应锅炉燃烧。注意不要向“祸源”区域煤中加水，这会加速煤的氧化和自燃。

777. 对长期储存易受氧化的煤应如何组堆?

答：对需长期储存且易受氧化的煤，最好采用煤堆压实且其表面覆盖一层适宜的覆盖物以防止自燃的方法。因为空气和水是露天储存煤堆引起氧化和自燃的主要原因。煤堆内若有空隙乃至空洞，空气便可自由透入堆内，使煤氧化放热；同时，煤堆内水分被受热蒸发并在煤堆高处凝结释放大量热量；再者，煤中的黄铁矿也受氧化放出热量。这些都会产生或加剧煤的氧化作用和自燃倾向。防止办法是在煤堆表面覆盖一层无烟煤粉、炉灰、黏土浆等。

此外，还可喷洒阻燃剂溶液，既可减缓煤的自燃倾向，又可减少煤被风吹走而造成的损失。

778. 如何确定煤场的倒烧周期?

答：应根据不同的煤种，确定煤场的倒烧周期。一般情况下，褐煤、长焰煤不超过1个月，气煤、肥煤、焦煤、瘦煤不超过2个月，贫煤、无烟煤不超过6个月。

779. 煤的储存应注意哪些问题？为什么?

答：为了满足生产的需要，煤场必须储存一定量的煤。为了使存煤氧化程度减弱和不发生自燃，在煤场储存煤时应注意以下几点：

（1）煤的储存时间及储存量。煤不宜储存过多，储存时间不宜过久。在一般情况下，煤的库存量大，不但大量地占用资金，而且储存期较长容易产生高温，引起煤堆自燃。电厂要根据负荷情况和运输条件，核实一定的储备量，一般以储备7～15天的用量为宜。

（2）煤的堆放。按煤的品种分开储存。因为不同品种的煤，它的碳化程度、分子结构和化学活性不同，氧化的难易和着火点也不同，所以应该按品种分开堆放。

（3）注意堆煤的环境。煤堆中不要混入易燃物品，要避免日光的晒射和雷雨的侵袭，减少氧化。煤不要堆放在有蒸汽、暖气或热水管道的地方，更要远离热源和电源。煤场最好采用水泥地面，场地必须干燥、平坦，自然排水畅通。

（4）控制煤堆温度。定期监视煤堆温度，防止自燃。除无烟煤及贫煤外，均应定期监视煤堆的温度，煤堆温度不得超过 60℃，一旦超过 60℃ 应及时燃用或采取降温措施。

780. 配煤掺烧的目标是什么？

答：（1）控制掺烧煤质在适合的范围内。

（2）最大限度地保证混煤的均匀性。

（3）保证锅炉安全高效地运行，不发生灭火、结焦、限负荷事件。

（4）保证各环保指标合格，不发生污染物排放超标被考核、通报事件。在排放允许值的 80%左右最佳。

（5）优化掺烧煤种的选择，以混煤标单最低为寻优目标，努力增加掺烧效益。

781. 在配煤掺烧实际操作中，可采取的掺烧方式有哪些？

答：配煤掺烧方式主要有三种：

（1）间断掺烧：一般用于电厂供煤比较困难或煤场较小、不便存放的情况，也称为周期性掺烧。采用这种掺烧方式的电厂一般对来煤随到随烧。

（2）炉内掺烧：采用不同的磨煤机分别磨制不同煤种，然后分别送入炉膛进行燃烧。也称为分磨掺烧。

（3）炉外掺配：在燃煤进入磨煤机之前，将掺烧的不同煤种按掺烧比例均匀混在一起，各台磨煤机磨制同一煤种，磨制完成后送入炉膛，使两种煤在整个燃烧过程均为混合燃烧。也称为炉前掺混。

实际掺烧中，由于煤种的复杂性和运行方式的多变性，往往要将炉外、炉内两种掺烧方式混合采用。

782. 炉外掺配有哪些具体的操作方法？

炉外掺配根据掺混位置的不同，又可分为煤场掺混、输送带掺混、仓内掺混等方式。具体操作方法有：

（1）煤场掺配：

1）汽车煤：从进车计划开始，将预掺配的煤种按掺配比例确定进车比例和进车时间，在煤场接卸时实现掺配。

2）火车煤与汽车煤：接卸汽车煤的煤场根据掺烧比例在汽车煤堆上平铺一定厚度的火车煤，在取煤时斗轮机通过控制取煤深度实现两种煤的掺配。

（2）输送带掺配：

1）两条输送带各取不同煤种，根据掺配比例控制输送带负荷，通过转运站同时进入一条输送带，实现输送带掺配。

2）设置落煤斗的输送带，通过调整不同落煤斗挡板开度或给料机频率，从而达到对应煤种单位时间的预定送煤量，即可达到预定的配煤比。

3）设有门式抓煤设施的电厂，依据预定的混配比确定各种煤的抓斗系数，混匀后，再用抓斗转移到混好的煤堆中备用。

（3）煤仓掺配：两路输送带各取不同煤种，根据掺配比例控制输送带负荷，通过控制犁煤器起落使两种煤同时进入一个煤仓，实现煤仓掺配。

783. 掺烧方式的选取与制粉系统的形式有什么关系？

答：掺烧方式与制粉系统的形式有关：

（1）中储式制粉系统对混煤掺烧方式的适应性差，通常只能选择炉前掺混方式。

（2）直吹式制粉系统对两种掺烧方式都适应，可以根据不同掺烧方式下炉内燃烧效果、锅炉运行参数的优劣、制粉系统的安全性来选择适合具体锅炉的掺烧方式。

784. 配煤掺烧总体技术要求有哪些？

答：（1）配煤掺烧要综合考虑所配煤种的发热量、水分、挥发分、硫分、灰熔点等因素，结合企业的常用煤种，通过试验确定混配方式、混配比例。

（2）掺烧低挥发分的较劣煤种时，要通过提高煤粉细度、煤粉浓度、一二次风温度，减小一次风速等措施保证锅炉着火安全。

（3）掺烧高灰分的较劣煤种时，除注意保持着火稳定外，还要合理控制总风量，建立各部位磨损台账，缩短锅炉“四管”检查周期。遇有停炉机会，应检查磨损情况，烟道积灰情况，结合灰分分析对磨损情况进行评定；掺烧高挥发分的煤种时，应检查燃烧器、受热面的结焦及腐蚀情况，重点是水冷壁高温腐蚀和空气预热器低温腐蚀，发现问题及时处理。

（4）褐煤具有易燃、易爆特点，掺烧褐煤时要加强接卸、储存、输煤、制粉、燃烧调整、灰渣排放等全过程的管理。

（5）混配煤后应加强对煤粉细度的化验、监督，确保煤粉细度与煤质相适应，并满足锅炉燃烧的需要。

（6）混配煤后应定期进行灰渣含碳量分析，通过分析进行燃烧调整，提高燃烧经济性。

（7）混配煤后应定期进行结渣特性分析，观察结渣情况，及时调整燃烧和吹灰方式，防止出现结渣和高温腐蚀发生。

785. 配煤掺烧有哪些管理要求？

答：（1）成立配煤掺烧机构，明确职责，各部门要加强沟通，协调解决掺烧过程中遇到的各种问题。企业要结合自身实际情况制定与配煤掺烧配套的安全、组织和技术措施。

（2）建立机组负荷、入炉热值、发电煤耗、燃单成本数学模型，充分利用不同时段的电网负荷规律，灵活调整掺配方式，确保配煤掺烧不影响发电量，实现企业综合效益最大化。

（3）根据不同煤源可供选择利用、设备适应掺烧的程度以及不同掺烧比例的经济性，制定出符合自身情况的配煤掺烧方式，新引进配烧煤种以及大幅调整配烧比例，还要重新组织做好试烧试验。通过不断摸索，不断总结，使配煤掺烧工作持续改进，使配煤掺烧水平不断提高。

（4）结合库存与市场情况，编制不同配煤掺烧方案下的采购方案，要充分考虑高质煤与低质煤、高硫煤与低硫煤的掺配，在保证安全、环保的情况下，做到标煤单价最低。

（5）在推进配煤掺烧工作过程中，要把握住安全生产底线，主动分析、控制各个环节的危险点，重点防止输煤系统着火、制粉系统爆破、锅炉灭火放炮、炉膛严重结焦、堵灰等不安全事件。

（6）实行配煤掺烧不能放松对节能减排的要求，各环节要密切配合，细化管理，确保掺烧后节能减排目标能够完成。

786. 劣质煤掺烧比例不适合时，会产生哪些不良影响？

答：（1）锅炉不能带负荷、灭火。

（2）制粉系统爆炸和出力不足。

（3）燃烧效率低、受热面磨损、炉内结渣、对流受热面脏污、灰渣系统出力不足。

（4）脱硫、脱硝、除尘效率降低而导致污染物排放增加、超标等。

第四篇

脱硫脱硝部分

第二十六章　脱　硫　系　统

787. 脱水皮带机跑偏的原因及处理方法是什么？

答： 原因：

（1）滤布宽度发生变化。

（2）调偏气缸推力不足。

（3）气路接错。

（4）电磁换向阀失灵。

（5）气路管路堵塞或泄漏。

（6）布料不匀引起滤饼不均。

处理方法：

（1）调整传感器位置。

（2）提高气源压力。

（3）气路重新接。

（4）检修或更换电磁换向阀。

（5）检修气路管道。

（6）改进布料方法。

788. 试述 pH 值对 SO_2 吸收的影响有哪些？

答： 从二氧化硫的吸收来讲，高的 pH 值有利于二氧化硫的吸收，pH 值=6 时，二氧化硫吸收效果最佳，但此时，亚硫酸钙的氧化和石灰石的溶解受到严重抑制，产品中出现大量难以脱水的亚硫酸钙、石灰石颗粒，石灰石的利用率下降，运行成本提高，石膏综合利用难以实现，并且易发生结垢、堵塞现象。而低的 pH

值有利于亚硫酸钙的氧化，石灰石溶解度增加，按一定比例鼓入空气，亚硫酸钙几乎可以全部得到就地氧化，石灰石的利用率也有提高，原料成本降低，石膏的品质得到保证。但低的 pH 值使二氧化硫的吸收受到抑制，脱硫效率大大降低，当 pH=4 时，二氧化硫的吸收几乎无法进行，且吸收液呈酸性，对设备也有腐蚀。

789. 脱硫入口烟气中 SO_2 浓度如何估算？

答：一般说来，煤燃烧时，每发出 1MJ 热量所产生的干烟气体积在过量空气系数 $\alpha=1.40(6\%O_2)$ 时为 0.3678Nm^3，这个估算值的误差在±5%以内。相应于煤每 1MJ 发热量的含硫量称为折算含硫量 S^{ZS}：

$$S^{ZS}=\frac{S_{ar}}{Q_{ar,net,p}}\times 1000 \qquad (g/MJ)$$

式中 S_{ar}——煤中收到基含硫量，%；

$Q_{ar,net,p}$——煤中收到基低位发热量，g/MJ。

$$C_{SO_2}=\frac{2\times S^{ZS}\times 10^3\times K}{0.3678}$$

$$=5438\times K S^{ZS}(mg/m^3，标态、干、6\%O_2)$$

式中 K——煤中硫的排放系数，一般取 0.8～0.9。

790. 怎样用物料衡算估算脱硫入口烟气中 SO_2 浓度？

答： SO_2 产生量=总燃煤量$\times S_{ar}\times 2\times K$

式中 S_{ar}——收到基硫分，%；

K——煤中硫的排放系数，对于锅炉燃煤硫的排放系数，一般取 0.80～0.9。

791. 什么是旋汇耦合器？其工作原理是什么？

答：旋汇耦合：通过旋流和汇流的耦合，简称旋汇耦合。

旋汇耦合器基于多相紊流掺混的强传质机理，利用气体动力学原理，通过特制的旋汇耦合装置产生气液旋转翻腾的湍流空间，气液固三相充分接触，大大降低了气液膜传质阻力，大大提高传质速率，迅速完成传质过程，从而达到提高脱硫效率的目的。

792. 简述旋汇耦合装置的作用。

(1) 使进入吸收塔的烟气迅速降温，有效地实现了在没有GGH情况下对吸收塔防腐层的保护。

(2) 均气的效果好。吸收塔内气体分布不均匀，是造成脱硫效率降低、运行成本高的重要原因。安装了旋汇耦合装置的吸收塔，均气效果比一般空塔提高15%～30%，脱硫装置能在比较经济、稳定的状态下运行。

(3) 减轻了吸收塔吸收区脱硫工作压力，与空塔相比，降低了循环泵的工作负荷和浆液消耗。

793. 简述管束式除尘装置工作原理。

答： 气流高速旋转向上运动，气流中的细小雾滴、尘颗粒在离心力作用下与气体分离，向筒体表面方向运动。而高速旋转运动的气流迫使被截留的液滴在筒体壁面形成一个旋转运动的液膜层。从气体分离的细小雾滴、微尘颗粒在与液膜层接触后被捕悉，实现细小雾滴与微尘颗粒从烟气中的脱除。

794. 简述引起吸收塔起泡溢流的因素。

答： (1) 燃煤燃烧不充分导致炭颗粒。

(2) 机组启动及助燃投油，导致吸收塔浆液含。

(3) 石灰石中含有有机物或含泥量太高。

(4) 浆液中 Mg^{2+} 富集。

(5) 工艺水中有机物含量高。

795. 简述石灰石吸收剂浆液为什么不直接加入氧化区。

答： (1) 吸收区的循环浆液之中的碳酸钙只有很少一部分参加了反应，进入反应罐的浆液中含有足够的碳酸钙来中和氧化区的硫酸。

(2) 氧化区的最佳pH值是4～4.5，实际运行的pH值都在

5.0以上，如果将吸收剂加入氧化区，将进一步抬升氧化区的pH值，降低氧化速度。

（3）如果将吸收剂加入氧化区，将会造成碳酸钙过剩，容易产生亚硫酸钙。

（4）过剩的碳酸钙进入脱水系统中，影响石膏的纯度。

796. 热工保护系统应遵循独立性原则，包括哪些？

答：（1）重要的保护系统的逻辑控制单独设置。

（2）重要的保护系统应有独立的I/O通道，并有电隔离措施。

（3）冗余的I/O信号应通过不同的I/O模件导入。

（4）触发脱硫装置解列的保护信号宜单独设置变送器（或开关量仪表）。

（5）脱硫装置与机组间用于保护的信号应采用硬接线方式。

（6）重要热工模拟量控制项目的变送器，应双重或三重设置。

797. 浆液循环泵常见故障及预防措施有哪些？

答：常见故障有机械密封泄漏、叶轮脱落、轴承损坏。为了防止上述故障的发生，在日常设备维护中，我们应检查机械密封冷却水是否畅通，冷却效果是否良好；检查叶轮的锁紧部件（三楔块）是否松动，紧力是否达到要求；为防止轴承损坏，应定期检验更换轴承润滑油，检查轴系对中性，避免振动，防止轴承损坏。

798. 试分析为什么启动离心泵时必须关闭出口阀门？

答：离心泵在启动时，为防止启动电流过大而使电动机过载，应在最小功率下启动。从离心泵的基本性能曲线可以看出，离心泵在出口阀门全关时的轴功率为最小，故应在阀门全关下启动。

799. 工业用吸附剂应具备什么条件？

答：（1）大的比表面积，要具有巨大的内表面，而其外表面往往占总面积的极小部分，故可看作是一种极其疏松的固体泡沫体。

（2）良好的选择性，对不同气体具有选择性的吸附作用。

（3）较高的机械强度，化学与热稳定性。

（4）大的吸附容量，吸附容量是指在一定温度和一定的吸附质浓度下，单位质量或单位体积吸附剂所能吸附的最大吸附质量。吸附容量除与吸附剂表面积有关外，还与吸附剂的孔隙大小、孔径分布、分子极性及吸附剂分子上官能团性质有关。

（5）来源广泛，造价低廉。

（6）良好的再生性能。

800. 喷雾干燥烟气脱硫技术的工作原理是什么？

答：喷雾干燥法脱硫工艺以石灰为脱硫吸收剂，石灰经消化并加水制成消石灰乳，消石灰乳由泵打入位于吸收塔内的雾化装置，在吸收塔内，被雾化成细小液滴的吸收剂与烟气混合接触，与烟气中的 SO_2 发生化学反应生成 $CaSO_3$，烟气中的 SO_2 被脱除。与此同时，吸收剂带入的水分迅速被蒸发而干燥，烟气温度随之降低。脱硫反应产物及未被利用的吸收剂以干燥的颗粒物形式随烟气带出吸收塔，进入除尘器被收集下来。脱硫后的烟气经除尘器除尘后排放。为了提高脱硫吸收剂的利用率，一般将部分除尘器收集物加入制浆系统进行循环利用。

801. 喷钙后对炉内灰分和静电除尘器的运行有何影响？

答：喷钙脱硫造成炉内灰分增加，其主要来源是：吸收剂带入的杂质、碳酸钙分配生成的氧化钙以及固硫反应后生成的硫酸钙等。影响电除尘器（ESP）的因素主要有：烟气量、粉尘比电阻、粉尘粒径、气流分布均匀性和烟气含尘浓度等。喷钙脱硫后影响 ESP 除尘效率的几项因素是：

（1）烟气通过活化器反应后，烟温可降低约 100℃，烟气体积减小，有利于提高除尘器效率；烟气经过增湿比电阻有所下降，有利于提高除尘器效率。

（2）喷钙后飞灰与石灰石粉混合物的中位径比飞灰略大一些，

容易收集。

（3）活化器中烟气速度较低，在该流动空间中有20%～30%的除尘效率，降低了ESP的除尘负荷。

802. 滚动轴承拆装注意事项有哪些？

答：滚动轴承拆装时应注意以下事项：

（1）确保施力部位及施力大小的正确性。如与轴配合的部位打轴承内圈，与外壳配合的部位打轴承外圈，应尽量避免滚动体与滚道受力变形或被压伤。

（2）对称施力，避免只打一侧导致轴承歪斜挤死不进，或啃伤轴颈。

（3）拆卸及装配前，一定要将轴和轴承清理干净，不能有锈垢或毛刺。

803. 吸收塔入口尘高会导致什么后果？

答：当煤种中灰分含量偏高，超过电除尘负荷或电除尘效率下降，都会引起进入FGD系统中的烟尘浓度偏高，一般要求进入FGD系统内烟尘含量不超过$50mg/m^3$（干标，6%氧量），烟气灰飞中含有Al^{3+}，会与烟气中HF溶解到浆液中的F^-形成氟铝络合物，这种络合物会包裹在石灰石表面，阻止石灰石的溶解，造成反应闭塞，导致浆液中毒。

804. 烟气中HF浓度偏高会导致什么后果？

答：烟气中HF浓度偏高，浆液中的三价铝离子和氟离子反应生成AlF_3和其他物质的络合物，呈黏性的絮凝状态，这种络合物会包裹在石灰石表面，阻止石灰石的溶解，造成反应闭塞，导致浆液中毒。一般要求塔内F^-浓度不超过900×10^{-6}。

805. 锅炉燃油导致油污进入吸收塔会导致什么后果？

答：燃油中的油烟、碳核、沥青质等物质在吸收塔内富集超过一定程度后也会导致石灰石的闭塞及石膏结晶受阻，导致浆液中毒，同时油污进入吸收塔后在脱水过程中油污还会堵住皮带机滤布孔隙，造成滤布使用寿命缩短。

806. 吸收塔内可溶性 Mg 含量偏高会导致什么后果?

答: Mg 元素在石灰石中可溶性物质是以 $MgCO_3$ 存在。一方面，它的存在对吸收塔内反应有一定的促进作用，但当塔内 Mg 浓度富集到一定程度后会引起塔内的 SO_4^{2-} 及 SO_3^{2-} 浓度增加，从而抑制吸收塔正常的化学反应，导致石膏中石灰石含量增加。

807. 什么是塔内浆液“中毒”?

答: 当吸收塔内离子浓度富集（Mg^{2+}、Al^{3+}、Cl^-）或灰飞浓度过高等问题都会导致吸收塔浆液中毒，影响石膏的结晶，容易生成细小的石膏晶体，同时也会增加水分子的黏度，导致吸收塔起泡等。当塔内浆液中毒时，会出现石膏晶体生长不规则、有杂质、不易脱水等问题。当浆液中 $CaSO_3$ 含量偏高时，其晶体为片状，容易堵塞石膏晶体的透水通道，导致脱水机真空度高，石膏含水率也高。

808. 烟气脱硫设备的腐蚀原因可归纳为哪四类?

答: 锅炉烟道气脱硫除尘设备腐蚀原因可归纳为以下四类：

（1）化学腐蚀。即烟道之中的腐蚀性介质在一定温度下与钢铁发生化学反应，生成可溶性铁盐，使金属设备逐渐破坏。

（2）电化学腐蚀。即金属表面有水及电解质，其表面形成原电池而产生电流，使金属逐渐锈蚀，特别在焊缝接点处更易发生。

（3）结晶腐蚀。用碱性液体吸收 SO_2 后生成可溶性硫酸盐或亚硫酸盐，液相则渗入表面防腐层的毛细孔内，若锅炉不用时，在自然干燥时，生成结晶型盐，同时体积膨胀使防腐材料自身产生内应力，而使其脱皮、粉化、疏松或裂缝损坏。闲置的脱硫设备比经常应用的更易腐蚀。

（4）磨损腐蚀。即烟道之中固体颗粒与设备表面湍动摩擦，不断更新表面，加速腐蚀过程，使其逐渐变薄。

提高脱硫设备的使用寿命，使其具有较强的防腐性能，唯一的办法就是把金属设备致密包围，有效地保护起来，切断各种腐蚀途径。

809. 温度对衬里的影响主要有哪几个方面？

答：温度对衬里的影响主要有四个方面：

（1）温度不同，材料选择不同，通常 110～140℃为一档，90～110℃为一档，90℃以下为一档。

（2）衬里材料与设备基体在温度作用下产生不同线步膨胀，温度越高，设备越大，其副作用越大，会导致二者粘接界面产生热应力影响衬里寿命。

（3）温度使材料的物理化学性能下降，从而降低衬里材料的耐磨性及扰应力破坏能力，也加速有机材料的恶化过程。

（4）在温度作用下，衬里内施工形成的缺陷（如气泡、微裂纹、界面孔隙等）受热力作用为介质渗透提供条件。

810. 石膏含水率高的主要原因有哪些？

答：（1）石膏旋流器底流浓度过低。

（2）石膏晶体过小。

（3）浆内浆液“中毒”。

（4）滤布堵塞或孔隙过大。

（5）脱水机故障。

811. 石膏晶体过小会导致什么后果？

答：作为商业应用的石膏颗粒一般在 35～50μm，此时脱水效果比较理想，当吸收塔内浆液循环时间过短，石膏结晶时间不够，石膏晶体粒径过小，在脱水过程中水分难以完全透过石膏晶体，导致真空泵负压过高，使脱水困难。一般设计的石膏停留时间要超过 15h，但当 FGD 入口总硫量超过设计值时，就可能导致石膏浆液密度增长过快，晶体生长时间不够。

812. 湿法脱硫石灰石用量计算依据是什么？

答：在石灰石-石膏湿法脱硫工艺中，化学反应方程式为：

$$2CaCO_3 + 2SO_2 + O_2 + 4H_2O \longrightarrow 2CaSO_4 \cdot 2H_2O + 2CO_2$$

理论上脱除1mol的SO_2需要1mol的$CaCO_3$，同时产生1mol的$CaSO_4 \cdot 2H_2O$（石膏）。

其中：SO_2分子量为64，$CaCO_3$分子量为100，$CaSO_4 \cdot 2H_2O$分子量为172。

813. 如何利用逻辑关系推算湿法脱硫中石灰石理论耗量？

答：石灰石用量＝（燃煤量×硫分%×2×85%×90%）×（100/64）÷90%（$CaCO_3$含量）×1.03（钙/硫比）。

说明：

85%：燃煤锅炉的SO_2转化率。

第一个90%：投运率和脱硫效率的乘积。

第二个90%：石灰石中$CaCO_3$的含量。

实际石灰石用量要比理论值高。

814. 脱硫烟气流量与负荷逻辑关系是什么？

答：(1) 烟气流量应与负荷同向变化，负荷增加烟气流量增加，负荷降低，烟气流量降低。

(2) 脱硫出口烟气流量应大于入口烟气流量（氧化风和水蒸气增加导致）。

815. 机组负荷与脱硫出入口SO_2变化逻辑是什么？

答：(1) 在煤种不发生变化时机组负荷与脱硫入口SO_2应同向变化：机组负荷增加，入口SO_2升高。

(2) 脱硫出入口SO_2应同向变化：入口升高，出口应同步升高，入口降低，出口应同步降低。

816. 机组负荷、入口SO_2浓度、供浆量和pH值的逻辑关系是什么？

答：(1) 在机组负荷稳定情况下，入口SO_2浓度与供浆量应同向变化：入口 SO_2 浓度增加，供浆量增加。

（2）在入口 SO_2 浓度稳定情况下，机组负荷与供浆量应同向变化：负荷增加，供浆量增加。

（3）在负荷和入口 SO_2 浓度稳定情况下，pH 与供浆量应同向变化，供浆量增加，pH 升高。

（4）pH 值应在 5～6 之间，变化应平稳，不应大幅度波动。

817. 吸收塔浆液密度、浆液循环泵电流、出口压力逻辑关系是什么？

答：

（1）浆液密度、浆液循环泵电流、出口压力同向变化。

（2）浆液密度不变，浆液循环泵电流和出口压力降低，浆液循环泵可能发生堵塞或磨损。

（3）浆液密度不变，浆液循环泵电流升高、出口压力降低，可能发生喷嘴脱落或喷淋管破损。

（4）浆液密度不变，浆液循环泵电流降低、出口压力升高，可能发生喷嘴堵塞。

（5）浆液密度应维持在 1050～1150kg/m^3。密度过高，系统磨损增加，浆液循环泵电耗增加，系统容易发生堵塞，脱硫效率降低；密度过低，则导致石灰石利用率降低，石膏中 $CaCO_3$ 含量增高，品质降低。

（6）浆液循环泵运行台数发生变化时，出口 SO_2 浓度应发生相应变化。浆液循环泵运行台数增加，出口 SO_2 浓度降低。

为保证安全，至少应保证两台浆液循环泵同时运行。在脱硫旁路取消情况下单台浆液循环泵运行风险较大，一旦浆液中断，高温烟气会烧损吸收塔内部件。

818. 浆液循环泵常见故障及预防措施有哪些？

答：常见故障有机械密封泄漏、叶轮脱落、轴承损坏。

为了防止上述故障的发生，在日常设备维护中，应检查机械密封冷却水是否畅通，冷却效果是否良好。检查叶轮的锁紧部件（三楔块）是否松动，紧力是否符合标准，为防止轴承损坏，应定期更换油质，检查轴系对中性，减小振动，避免对轴承的损坏。

819. 脱硫真空皮带脱水系统包括哪些设备？

答：全部设备包括：真空皮带脱水机、水环真空泵、滤布冲洗水泵、滤布冲洗水箱、相应的仪表和阀门。

仪表包括：滤饼测厚仪、滤布偏移检测、皮带偏移检测、滤布断裂检测、紧急拉线开关、滤布冲洗流量开关、润滑水密封水流量开关、真空泵工作液流量开关、气液分离器压力变送器、滤布冲洗水泵出口压力表、滤布水箱液位开关、气液分离器液位开关。

阀门包括：流量调节作用的阀门，如隔膜阀、蝶阀、球阀；压力调节作用的阀门，如减压阀；关断管路的阀门，如电动球阀、电动蝶阀、气动球阀、气动蝶阀；防止回流的阀门，如止回阀；仪表阀门，如根部阀、关断阀等。

820. 球磨机运行中轴承温度偏高、油过热的原因及处理方法是什么？

答：原因：

（1）冷却水流量低。

（2）油冷却器堵塞或有污垢。

（3）油黏性过强。

（4）加热器温度过高。

（5）油冷却器温度控制阀异常。

处理方法：

（1）清洗冷却器。

（2）清洗入口滤网。

（3）更换油质。

（4）处理温控阀缺陷。

821. 什么是钙硫摩尔比（Ca/S）?

答： 钙硫摩尔比（Ca/S）是指注入吸收剂量与吸收二氧化硫量的摩尔比，它反应单位时间内吸收剂原料的供给量。在保持浆液量（液气比）不变的情况下，钙硫比增大，注入吸收塔内吸收剂的量相应增大，引起浆液 pH 值上升，可增大中和反应的速率，增加反应的表面积，使 SO_2 吸收量增加，提高脱硫效率。

822. 氯离子高对脱硫系统有何影响?

答： (1) 氯离子会产生的金属腐蚀和应力腐蚀，还能抑制吸收塔内的化学反应，改变 pH 值，降低（SO_4^{2-}）的去除率；消耗吸收剂，氯化物有抑制吸收剂的溶解，降低脱硫效率。

(2) 氯离子含量过高会使石膏脱水困难，使含水量增加，石膏难以成型，影响石膏品质，降低效益。

(3) 氯离子含量过高会使吸收塔中不参加反应的惰性物质增加，浆液的利用率下降，若想达到预想的脱硫效率则需增加溶液和溶质，这样就使得循环系统电耗增加（一般设计控制在 20000×10^{-6} 以下）。

823. 吸收塔直径如何计算?

答： 吸收塔直径的正确测算既影响烟气流速，又影响浆池容积。选择一个合适的直径，确保烟气流速在逆流型吸收塔中烟气流速 2.5～5m/s。过高的烟气流速会使大液滴不易被除雾器捕捉，同时烟气滞留时间较短，二氧化硫吸收塔不能充分。而过低的烟气流速又会使二氧化硫吸收过程中气-液两相接触过快，二氧化硫不易被捕捉。

$$入口工况烟气流量=吸收塔横截面\times流速$$
$$=\pi\times直径^2\times流速/4$$

$$吸收塔直径=(4\times入口工况烟气流量/\pi/流速/3600)\times0.5$$

824. 液气比对石灰石/石膏法的脱硫系统有哪些影响?

答： 液气比是指与流经吸收塔单位体积烟气量相对应的浆液

喷淋量，它直接影响设备尺寸和操作费用。液气比决定酸性气体吸收所需要的吸收表面，在其他参数值一定的情况下，提高液气比相当于增大了吸收塔内的喷淋密度，使液气间的接触面积增大，脱硫效率也增大，要提高吸收塔的脱硫效率，提高液气比是一个重要的技术手段。另一方面，提高液气比将使浆液循环泵的流量增大，从而增加设备的投资和能耗，同时，高液气比还会使吸收塔内压力损失增大，增加风机能耗。

825. 氧化风机风量不足的原因有哪些?

答: 造成氧化风机风量不足的原因有:

(1) 皮带打滑转速不够（带联）。

(2) 转子间隙增大。

(3) 吸入口阻力大。

(4) 密封面有脏物引起安全阀泄漏。

(5) 安全阀限压弹簧过松，引起安全阀动作。

826. 水力旋流器的作用是什么? 运行中主要故障有哪些?

答: 水力旋流器具有双重作用：即石膏浆液预脱水和石膏晶体分级。进入水力旋流器的石膏悬浮切向流动产生离心运动，细小的微粒从旋流器的中心向上流动形成溢流；水力旋流器中重的固体微粒被抛向旋流器壁，并向下流动，形成含固浓度很高的底流。

水力旋流器运行中的主要故障包括：管道固体沉积、堵塞和内部磨损。

827. 三氧化硫生成量受哪些因素的影响?

答: (1) 燃烧物中含硫量越多，二氧化硫和三氧化硫生成量越多。

(2) 过量空气系数越大，三氧化硫生成量越多。

(3) 火焰中心温度越高，烟气中高温区范围越大，三氧化硫生成量越多。

828. FGD装置中主要的检测仪表有哪些?

答: FGD装置主要检测仪表有FGD出入口烟气压力、出入口烟气温度、旁路挡板差压、原烟气SO_2浓度、原烟气O_2浓度、净烟气SO_2浓度、净烟气O_2浓度、净烟气NO_x浓度、净烟气烟尘浓度、增压风机出入口压力、石灰石浆液箱液位、石灰石浆液密度、石灰石浆液流量、吸收塔液位、石膏浆密度、石膏浆pH值、石灰浆密度、浊度仪等仪表。

829. pH计故障时如何计算吸收塔内的补充浆液量?

答: 每小时参考补浆量为：吸收塔入口每小时二氧化硫产生量×100×1.03/64。补浆量间隔供入，同时观察脱硫效率的变化情况，如果脱硫效率明显下降，适当增大浆液供入量。

830. 什么是水锤效应?如何防止?

答: 水锤效应是一种形象的说法，它是指给水泵在启动和停止时，水流冲击管道，产生的一种严重水击。由于在水管内部，管内壁是光滑的，水流动自如。当打开的阀门突然关闭或给水泵停止，水流对阀门及管壁，主要是阀门或泵会产生一个压力。由于管壁光滑，后续水流在惯性的作用下，水力迅速达到最大，并产生破坏作用，这就是水力学中的“水锤效应”，也就是正水锤。相反，关闭的阀门在突然打开或给水泵启动后，也会产生水锤，叫负水锤，但没有前者大。

831. 吸收塔紧急补水阀与液位的关系是什么?

答: 吸收塔液位低于“低”液位时，紧急补水阀自动打开；吸收塔液位高于“中”液位时，紧急补水阀自动关闭。

832. 为什么脱硫运行期间要有一台石膏排出泵长期运行?

答: 因为石膏排出泵出口管道上装有pH计和密度计，用来测量吸收塔内浆液的pH值和密度，这两个参数又很重要，pH控制着吸收塔补浆阀的开、关，吸收塔浆液密度控制着石膏旋流器给料阀的开、关（即：决定着吸收塔什么时候排浆液）。

833. 简述水环式真空泵工作原理。

答：在泵体中装有适量的水作为工作液。当叶轮按顺时针方向旋转时，水被叶轮抛向四周，由于离心力的作用，水形成了一个决定于泵腔形状的近似于等厚度的封闭圆环。水环的下部分内表面恰好与叶轮轮毂相切，水环的上部内表面刚好与叶片顶端接触（实际上叶片在水环内有一定的插入深度）。此时叶轮轮毂与水环之间形成一个月牙形空间，而这一空间又被叶轮分成和叶片数目相等的若干个小腔。如果以叶轮的下部0°为起点，那么叶轮在旋转前180°时小腔的容积由小变大，且与端面上的吸气口相通，此时气体被吸入，当吸气终了时小腔则与吸气口隔绝；当叶轮继续旋转时，小腔由大变小，使气体被压缩；当小腔与排气口相通时，气体便被排出泵外。综上所述，水环泵是靠泵腔容积的变化来实现吸气、压缩和排气的，因此它属于变容式真空泵。

834. 脱硫吸收塔化验单中不溶解酸wt%数值高，如何分析及处理？

答：（1）吸收塔浆液中不溶解酸wt%数值高说明吸收塔浆液中杂质（如飞灰等）较多。

（2）吸收塔浆液中飞灰含量高会抑制碳酸钙（$CaCO_3$）的钙离子的释放，导致吸收塔大量补浆，pH增加不灵敏，脱硫效率下降。

（3）吸收塔浆液中不溶解酸wt%数值高，重点在电除尘效果差，应加强电除尘及输灰系统的调整。

（4）对于脱硫系统严重时，可向吸收塔地坑投加石灰粉来缓解。

835. 石灰石细度低的原因是什么？如何处理？

答：原因：

（1）制浆时磨机给料过大。

（2）磨机钢球量不足，大小钢球比例失调。

(3) 磨机浆液旋流器旋流子底流堵，或旋流子进口衬胶磨损、变形。

(4) 磨机浆液循环泵出口节流孔板磨损，磨机浆液旋流器入口压力低，旋流子分离效果差。

(5) 石灰石来料粒径较大，硬度过高。

处理：

(1) 合理调整磨机出力。

(2) 按比例补足钢球。

(3) 疏通堵塞旋流子，检查更换磨损及变形的旋流子衬胶体。

(4) 更换磨损的磨机浆液循环泵出口节流孔板。

(5) 控制石灰石来料，做到车车化验，化验合格后方可卸车。

836. 吸收塔连续长时间补浆，pH低、效率仍低的原因是什么？如何处理？

答：原因：

(1) 石灰石活性差。

(2) 吸收塔浆液中杂质较多，有氟化物抑制了钙离子的释放。

(3) 电除尘效果差，到脱硫吸收塔飞灰较多，影响钙离子的释放。

(4) 锅炉燃烧不好，有部分燃料燃烧不充分，导致吸收塔杂质较多。

处理：

(1) 做好石灰石验收把关工作，做到车车化验，化验合格后方可卸车。

(2) 加强电除尘的治理及调整。

(3) 调整锅炉燃烧，合理调整磨机运行方式及合理配风。

(4) 必要时可向吸收塔地坑投加石灰粉。

837. 简述吸收塔内pH值对SO_2吸收的影响，一般将pH值控制范围是多少？如何控制pH值？

答：pH值高有利于SO_2的吸收但不利于石灰石的溶解，反之，pH值低有利于石灰石的溶解但不利于SO_2的吸收。一般将pH值控制在5.0～6.2范围内。通过调节加入吸收塔的新鲜石灰石浆液流量来控制pH值。

838. 湿法制浆系统在运行中调整浆液细度的途径有哪些？

答：（1）保持合理的钢球装载量和钢球配比。

（2）控制进入球磨机石灰石粒径大小，使之处于正常范围。

（3）调节球磨机入口进料量。

（4）调节进入球磨机入口滤液水（或工艺水）量。

（5）调节旋流器水力旋流强度即入口压力。

（6）适当开启旋流器稀浆收集箱至浓浆的细度调节阀，让一部分稀浆再次进入球磨机研磨。

（7）加强化学监督，定期化验浆液细度，为细度调节提供依据。

839. 试述燃煤发电机组新建及改造环保设施的验收流程主要是什么？

答：新建燃煤发电机组的环保设施由审批环境影响报告书的环境保护主管部门进行先期单项验收。先期单项验收结果纳入工程竣工环保总体验收。现有燃煤发电机组应按照国家和地方政府确定的时间进度完成环保设施建设改造，由发电企业向负责审批的环境保护主管部门申请环保验收。市级环境保护主管部门验收的，验收结果报省级环境保护主管部门。环境保护主管部门应在受理发电企业环保设施验收申请材料之日起30个工作日内，对验收合格的环保设施出具验收合格文件。

840. 为什么要给氧化空气增湿？

答：主要目的是防止氧化空气管结垢。当压缩的热氧化空气从喷嘴喷入浆液时，溅出的浆液黏附在喷嘴嘴沿内表面上。由于喷出的是未饱和的热空气，黏附浆液的水分很快蒸发而形成固体沉积物，不断积累的固体最后可能堵塞喷嘴。为了减缓这种固体沉积物的形成，通常向氧化空气中喷入工业水，增加热空气湿度，湿润的管内壁也使浆液不易黏附。

841. 液气比对石灰石-石膏法的脱硫系统有哪些影响?

答: 液气比是指与流经吸收塔单位体积烟气量相对应的浆液喷淋量的比值，它直接影响设备尺寸和操作费用。液气比决定酸性气体吸收所需要的吸收表面。在其他参数一定的情况下，提高液气比相当于增大了吸收塔内的喷淋密度，使液气间的接触面积增大，脱硫效率也增大，要提高吸收塔的脱硫效率，提高液气比是一个重要的技术手段。另一面，提高液气比将使浆液循环泵的流量增大，从而增加设备的投资和能耗，同时，高液气比还会使吸收塔内压力损失增大，增加风机能耗。

842. 石灰石-石膏脱硫系统中，烟气再热器的作用是什么?

答: 烟气再热器从热的未处理烟气中吸收热量，用于再热来自脱硫塔的清洁烟气。

原烟气经过烟气再热器后温度降低，一方面是防止高温烟气进入吸收塔，对设备及防腐层造成破坏，另一方面可使吸收塔内烟气达到利于吸收 SO_2 的温度。

饱和的清洁烟气通过烟气再热器后温度升高，可起到以下四个方面的作用:

(1) 增强了烟气中污染物的扩散。

(2) 降低了排烟的可见度。

(3) 避免烟囱降落液滴。

(4) 避免吸收塔下游设备的腐蚀。

843. 试述循环泵浆液流量下降的原因及处理方法是什么?

答: 循环泵浆液量下降会降低吸收塔液气比，使脱硫效率降低。造成这一现象的原因主要有:

(1) 管道堵塞，尤其是入口滤网易被杂物堵塞。

(2) 浆液中的杂物造成喷嘴堵塞。

(3) 入口门开关不到位。

（4）泵的出力下降。

对应的处理方法是：

（1）清理堵塞的管道和滤网。

（2）清理堵塞的喷嘴。

（3）检查入口门。

844. FGD 系统脱硫率降低的原因有哪些？怎样处理？

答：原因：

（1）吸收塔出口和入口的二氧化硫浓度测量不准确。

（2）循环浆液的 pH 值测量不准确。

（3）烟气流量增大，超出系统的处理能力。

（4）烟气中的二氧化硫浓度过高。

（5）吸收塔的 pH 值偏低（小于 5.0）。

（6）循环浆液流量减小。

处理方法：

（1）校准二氧化硫监测仪。

（2）校准 pH 计。

（3）申请锅炉降负荷运行。

（4）检查并增加石灰石浆液的投配。

（5）检查脱硫系统循环泵的运行情况。

（6）增加脱硫循环泵的运行数量。

845. 试分析造成除雾器结垢和堵塞的原因。

答：（1）系统的化学过程。吸收塔循环浆液中总含有过剩的吸收剂，当烟气夹带着这种浆体通过除雾器时，液滴被捕集在除雾器板片上，如果未被及时清除，浆液滴会继续吸收烟气中未除尽的 SO_2，在除雾器板片上析出沉淀而形成垢。

（2）冲洗系统设计不合理。当冲洗除雾器板面的效果不理想时会出现干区，导致产生垢和堆积物。

（3）冲洗水品质。如果冲洗水中不溶性固体物含量较高，可能堵塞喷嘴和管道造成很差的冲洗效果。如果冲洗水中 Ca^{2+} 达到过饱和，例如高硬度的地下水或工艺回收水，则会增加产生亚硫酸盐/硫酸盐的反应，导致板片结垢。

（4）板片设计。如果板片表面有复杂隆起的结垢和有较多冲洗不到的部位，会迅速发生固体物堆积现象，最终发展成堵塞通道。

（5）板片的间距。板片的间距太小易发生固体堆积、堵塞板间流道。但太宽会使临界流速下降，除雾效果下降。

846. 数据采集处理和传输系统（DAS）基本功能要求是什么？

答：（1）数据采集。

（2）数据存储。

（3）数据运算。

（4）数据展示。

（5）数据上报。

847. CEMS系统中反吹系统的作用是什么？

答：为了防止尘埃在过滤器周围堆积，造成堵塞影响氧气流动，必须定时反吹。反吹周期时间根据具体工况由PLC进行控制。

848. 二氧化硫分析原理有哪几种？

答：紫外荧光、非分散红外、非分散紫外、紫外差分吸收（DOAS）或定电位电解测量技术。

849. 请写出标准状态下干烟气流量的计算公式，并注明各字母代表的含义及单位。

答：$Q_{sn}=Q_s\times\frac{273}{273+t_s}\times\frac{B_a+P_s}{101325}\times(1-X_{sw})$

式中 Q_{sn}——标准状态下干烟气流量，m^3/h；

Q_s——湿烟气流量，m^3/h；

B_a——大气压力，Pa；

P_s——烟气静压，Pa；

t_s——烟温，℃；

X_{sw}——烟气中含湿量，%。

850. 红外线气体分析仪的主要部件有哪些？

答：（1）红外辐射光源。

（2）测量气室。

（3）检测器。

（4）信号运算放大器。

（5）辅助装置。

851. 湿度在线监测分析方法主要有哪些？

答：（1）干湿氧测定法。

（2）湿度传感器测定法。

（3）激光光谱法。

（4）红外光度法。

852. 简述 CEMS 的全称及其作用。

答：烟气排放连续监测系统简称 CEMS，CEMS 具备自动统计显示小时均值数据功能，将数据传输到 DCS，并与省级环境保护主管部门和省级电网企业联网。

853. 简述污染物浓度超过限值的处理方法。

答：因机组启停导致脱硫除尘设施退出、机组负荷低导致脱硝设施退出并致污染物浓度超过限值，CEMS 因故障不能及时采集和传输数据，以及其他不可抗拒的客观原因导致环保设施不正常运行等情况，应主动向环保部门和电网公司如实汇报，并做好记录。

854. 简述大气污染物基准氧含量排放浓度折算公式。

答：

$$C = C' \times (21 - O_2)/(21 - O_2')$$

式中　C——大气污染物基准氧含量排放浓度，mg/m^3；

C'——实测的大气污染物排放浓度，mg/m^3；

O_2'——实测的氧含量，%；

O_2——基准氧含量，%。

855. 请简要分析石膏中亚硫酸钙含量过高的原因？处理方法是什么？

答：主要原因：

（1）油类或其他有机物被带入系统。

（2）氧化空气量不够。

（3）氧化空气分布不均。

（4）烟气含尘量超标。

（5）石灰石品质较差或粒径不符合要求。

处理方法：

（1）防止对氧化反应起抑制作用的有机物带入系统。

（2）检查氧化风风量。

（3）检查氧化风在吸收塔内的分布情况。

（4）控制烟尘的含尘不得超标，防止烟气中过细的烟尘颗粒对塔内起包裹作用，影响氧化反应的正常进行。

（5）提高石灰石品质，调整颗粒粒径。

856. 石膏中碳酸钙含量过高的主要原因是什么？处理方法是什么？

答：主要原因：

（1）塔内反应不完全（如 pH 控制过高，循环浆液停留时间偏短等）。

（2）石灰石活性不高，溶解性较差。

（3）烟气含尘量过高，影响石灰石的反应活性。

（4）石灰石颗粒粒径不符合要求，部分石灰石颗粒在浆液中未发生反应。

处理方法：

（1）严格控制吸收塔浆液 pH 值在合格范围内，保证浆液在塔内的停留时间。

（2）更换石灰石，提高石灰石的活性。

（3）降低脱硫系统入口含尘量。

（4）保证石灰石颗粒粒径在合格范围内，不能过粗。

857. 石膏脱水能力不足的原因是什么？

答：（1）石膏浆液浓度太低。

（2）烟气流速过高。

（3）二氧化硫入口浓度太高。

（4）石膏浆液泵出力不足。

（5）石膏水力旋流器数目太少、入口压力太低。

（6）到皮带机的石膏浆液浓度太低。

858. 石膏含水量超标的现象是什么？原因有哪些？应采取哪些处理措施？

答：石膏中含水量超标的现象是石膏含水量比较高，真空皮带脱水机真空度高，石膏不能成型，呈稀泥状。

含水量超标的原因：

（1）氧化不充分，亚硫酸盐含量高。

（2）石膏密度过低，石膏晶粒小。

（3）pH 值过高，石膏难以氧化结晶。

（4）烟气中含有大量粉尘、油分，堵塞滤布。

（5）真空度低于正常值。

（6）石膏旋流站故障、旋流子磨损或旋流站压力控制不稳定，使进入脱水机的石膏浆液含固量太低，造成石膏脱水困难。

处理措施：

（1）加强废水排放，改善石膏浆液品质。

（2）监视脱水系统的真空度，真空度下降时，立即查明原因，并及时处理。

（3）滤布冲洗干净。

（4）pH 值控制稳定，氧化充分。

（5）锅炉投油或粉尘超标时及时退出脱硫系统。

（6）定期化验石膏浆液成分和工艺水品质及旋流站底流含固量，发现问题及时处理。

859. 简述石膏的物理性质和化学性质。

答：石膏的矿物名称叫硫酸钙（$CaSO_4$）。自然界中的石膏主要分为两大类：二水石膏和无水石膏（硬石膏）。

二水石膏的分子中含有两个结晶水，化学分子式为$CaSO_4.2H_2O$，纤维状集合体，长块状，板块状，白色，灰白色或淡黄色。有的半透明。体重质软，指甲能刻划，条痕白色。易纵向断裂，手捻能碎，纵断面有纤维状纹理，显绢线光泽，无臭，味淡。

而硬石膏为天然无水硫酸钙［$CaSO_4$］，属斜方晶系的硫酸盐类矿物。分子中不含结晶水或结晶水含量极少（通常结晶水含量≤5%）。无水硫酸钙晶体无色透明，密度为2.9g/cm^3，莫氏硬度为3.0～3.5。块状矿石颜色呈浅灰色，矿石装车松散容重约1.849t/m^3，加工后的粉体松散容重为919kg/m^3。

硬石膏和二水石膏同属气硬性胶凝材料，粉磨加工后可用来制作粉刷材料、石膏板材和砌块等建筑材料。在水泥工业中，二者都可以作为水泥生产的调凝剂，起调节水泥凝结速度的作用。

860. 简述石灰石-石膏湿法脱硫系统中，采用抛弃法的利与弊。

答：我国是一个石膏硫资源丰富的国家，虽然分布不太均匀，但市场价不高。其次电厂烟气脱硫回收的石膏，由于燃煤煤质不稳定、电厂运行管理水平等，造成回收石膏质量不稳定。因此对一些地区，为减少FGD系统的投资，可以采用抛弃法。采用抛弃法就是将脱硫废渣直接排入灰场，这样会导致灰场使用寿命缩短，还有可能加速输灰管的结垢。但是使用抛弃法也有十分明显的好处：可以减少回收副产品工艺系统的投资，节省这部分系统所需的运行、检修和维护费用，降低运行成本，还可缩小整个系统的占地面积。而且由于简化了烟气脱硫工艺，提高了系统运行的安全性。

861. 试述吸收塔液位异常的现象、产生的原因及处理方法。

答：吸收塔液位异常指液位过高、过低或波动过大。

原因：

（1）吸收塔液位计不准。

（2）浆液循环管道泄漏。

（3）各种冲洗阀关闭不严。

（4）吸收塔泄漏。

（5）吸收塔液位控制模块故障。

处理方法：

（1）冲洗或检查校正液位计。

（2）检查修补循环管道。

（3）检查更换阀门。

（4）检查吸收塔及底部排污阀。

（5）更换模块。

862. 试述引起石灰石浆液密度异常的原因及处理方法。

答：石灰石浆液密度异常可能是由以下原因引起的：

（1）密度计显示不准。

（2）粉仓内的石灰石粉受潮板结或有搭桥现象。

（3）石灰石粉给料机机械卡涩或跳闸。

（4）密度自动控制系统失灵。

（5）制浆池补水流量异常。

相应的处理方法：

（1）检查密度计电源是否正常、石灰石浆液流量是否过低，如无异常，应人工测量石灰石浆液密度，并联系热工人员校准密度计。

（2）检查流化风机和流化风管，投运粉仓壁振打装置。

（3）清理造成给料机故障的杂物。

(4) 联系热工人员检查石灰石浆液密度控制模块。

(5) 检查工艺水泵运行情况，核对补水门实际开度与 DCS 显示开度是否相符。

863. 汽蚀和汽蚀溃灭是什么？

答： 在一定温度下，降低压力至改温度下的汽化压力时，液体便产生气泡，把这种产生气泡的现象称为汽蚀；汽蚀产生的气泡流动到高压处时，其体积减小以致破灭，这种由于压力上升气泡消失在液体中的现象称为汽蚀溃灭。

864. 化验石灰石中含镁离子量大，会对二氧化硫的脱除有什么影响？

答： (1) 浆液中镁离子可以提高二氧化硫的吸收脱出，在其他条件不变的情况下，随着镁离子的增加，脱硫效率会有很大的提高。

(2) 过多的镁离子会抑制石灰石的溶解，恶化未完全氧化的固体物的沉降和脱水特性，需要用较多的工业水来冲洗石膏滤饼中的镁离子。

865. 湿法脱硫系统中常用的阀门有哪些？

答： 湿法脱硫系统中常用的阀门有四种：

(1) 闸阀，如石灰石下料插板门。

(2) 夹紧阀，如加药系统调节阀门。

(3) 蝶阀，如除雾器水泵和工艺水泵出口阀门。

(4) 球阀，如设备冷却水、机封水大小阀门。

866. 除雾效率的定义是什么？

答： 除雾效率是指进入除雾器被捕捉的液滴和进入除雾器总的液滴的比值，是反映除雾器除雾效果的重要参数。

867. 氧化效率的定义是什么？

答： 实际参与到氧化作用的氧化空气量和实际鼓入吸收塔浆

液池内全部的氧化空气量的比值。

868. 喷淋管道选空心锥喷嘴的优点有哪些？

答：（1）喷嘴流量较低时仍能保持适当的液滴直径。

（2）低流速下，喷嘴最小断面上不会发生堵塞。

（3）同时能向上向下方向喷淋，能提高二氧化硫的脱出。

（4）本身的碳化硅材质防腐耐磨。

869. 石灰石抑制和闭塞的原因是什么？

答：高浓度的溶解氯化物及镁会产生抑制，产生共离子效应，石灰石抑制往往不容易发现，石膏浆液中高浓度的溶解的亚硫酸盐或氟化铝络合物在石灰石颗粒表面反应，堵塞溶解场所、引起石灰石封闭，pH 值急剧下降，石膏浆液品质变化，影响结晶。

870. 吸收塔密度显示较高的原因有哪些？

答：（1）测量部准确。

（2）烟气量较大，硫分浓度较高、蒸发量较大。

（3）石膏排出泵处理不足。

（4）石膏旋流器投运旋流子少、堵塞等。

871. 湿式球磨机衬板的作用是什么？

答：磨机衬板的主要作用是保护筒体，避免钢球和物料对筒体之间冲击和摩擦，防止浆液对筒体的腐蚀，并为钢球和物料提供旋转或提升的动力。

872. 脱硫系统为什么要进行废水排放？

答：脱硫装置内的浆液在不断的循环过程中，会富积氯离子、飞灰、重金属离子和酸性不溶解物，这些物质可以影响二氧化硫的吸收和加重设备酸性不溶解物腐蚀、磨损，还会影响石膏质量，因此必须进行废水排放，补充新鲜水来置换减少浆液中的有害物质的含量，从而较少对系统的腐蚀、磨损。

873. 脱硫设备对防腐材料的要求是什么？

答：（1）所用的防腐材质必须耐高温，在烟道气温下长期工作不老化、不龟裂，具有一定的强度和韧性。

（2）采用的材料必须易于传热，不因温度长期波动而起泡脱落。

874. 在脱硫系统防腐中，一般会采用哪几种防腐材料？

答：镍基耐蚀合金、橡胶里衬、玻璃鳞片、玻璃钢、聚四氟乙烯、聚丙烯（pp）、不透性石墨、化工陶瓷、人造铸石等。

875. 吸收塔重新衬胶采取哪些步骤？

答：（1）清除脱落、鼓包的原防腐层。

（2）将需要做衬胶的金属基体打磨干净。

（3）及时将底层防腐涂料涂在打磨好的金属面上。

（4）待底层涂料干透后再将衬胶材料粘接上去。

（5）必要时采取烘干措施。

876. 简述脱硫系统中搅拌器的作用。

答：安装搅拌器的目的是防止固体颗粒在箱罐或地坑中沉淀，确保浆液能够均匀地输送到下一个工艺中去，吸收塔浆液搅拌器的另一个作用是加强氧化空气的扩散，促进亚硫酸钙的氧化、石膏晶体的生成和石灰石的溶解。

877. 脱硫设备对防腐材料的要求是什么？

答：（1）所有防腐材料应当耐温，在烟道气温下长期工作不老化、不龟裂，具有一定的强度和韧性。

（2）采用的材料必须易于传热，不因温度长期波动而起壳或脱落。

878. 污染物的体积浓度是什么？

答：体积浓度是用每立方米的大气中含有污染物的体积

数（cm^3/m^3 或 mL/m^3）来表示，常用的表示方法是 ppm，即 $1ppm=1cm^3/m^3=10^{-6}$。

879. 何为稀释抽取式 CEMS?

答：稀释抽取式 CEMS 是指使用洁净的空气对烟气样品进行一定比例稀释后再使用气体分析仪进行分析并取得数据，之后将所得数据乘以稀释倍数来得出实际样品浓度的 CEMS 系统。

880. 如何从运行角度调整预防吸收塔浆液中毒?

答：（1）合理启停吸收塔循环泵，当吸收塔浆液密度 $<1180kg/m^3$，入口 SO_2 总量 $<2.0t/h$，且能保证循环泵停运后吸收塔供浆量 $<10t/h$，方可停运吸收塔循环泵。

（2）吸收塔密度 $>1200kg/m^3$ 时，不得停运吸收塔循环泵，当班不得停运脱水。

（3）正常运行时吸收塔 pH 应维持在 5.2～5.8 之间，禁止 pH 超过 5.8 运行。若停止石灰石供浆 1h 后吸收塔 pH 值还是大于 5.8，则将 1～2m 的吸收塔浆液倒至事故浆液箱，同时吸收塔补水至正常液位。

（4）石灰石制浆箱密度控制在 $1250kg/m^3$，连续 2h 供浆折算石灰石粉量 $>20t/h$，须降负荷运行。每座吸收塔石灰石粉耗粉量每班均不能大于 60t。

（5）FGD 入口 SO_2 总量超过 3.8t/h，启动第 2 台氧化风机，加快吸收塔浆液中亚硫酸钙氧化为硫酸钙，防止浆液异常。降负荷运行，控制入口 SO_2 总量 $<3.0t/h$。

（6）每天白班对吸收塔浆液、石灰石浆液的密度和 pH 值进行标定，保证化验值与 DCS 显示值一致。

（7）每班对吸收塔浆液取样沉降观察。若出现吸收塔长时间维持高 pH 运行、入口硫分过高、进浆量过多，需增加吸收塔取样次数。做到提前发现，提前控制。

881. 烟气脱硫设备的腐蚀原因可归纳为哪四类?

答: 烟气脱硫设备腐蚀原因可归纳为以下四类:

(1) 化学腐蚀。即烟道之中的腐蚀性介质在一定温度下与钢铁发生化学反应,生成可溶性铁盐,使金属设备逐渐破坏。

(2) 电化学腐蚀。即金属表面有水及电解质,其表面形成原电池而产生电流,使金属逐渐锈蚀,特别在焊缝接点处更易发生。

(3) 结晶腐蚀。用碱性液体吸收 SO_2 后生成可溶性硫酸盐或亚硫酸盐,液相则渗入表面防腐层的毛细孔内,若锅炉不用时,在自然干燥时,生成结晶型盐,同时体积膨胀使防腐材料自身产生内应力,而使其脱皮、粉化、疏松或裂缝损坏。闲置的脱硫设备比经常应用的更易腐蚀。

(4) 磨损腐蚀。即烟道之中固体颗粒与设备表面湍动摩擦,不断更新表面,加速腐蚀过程,使其逐渐变薄。

提高脱硫设备的使用寿命,使其具有较强的防腐性能,唯一的办法就是把金属设备致密包围,有效地保护起来,切断各种腐蚀途径。

882. 试述 FGD 中一级脱水的作用不好对石膏的影响。

答: (1) 提高浆液固体物浓度,减少二级脱水设备处理浆液的体积。进入二级脱水设备的浆液含固量高,将有助于提高石膏饼的产出率。

(2) 用分离出来的部分浓浆和稀浆来调整吸收塔反应罐浆液的浓度,使之保持稳定。

(3) 分离浆液中未反应的细颗粒石灰石,降低底流浆液中石灰石的含量,这有助于提高石灰石的利用率和石膏的品位。

(4) 向系统外(经废水处理系统)排放一定量的废水,以控制吸收塔循环浆液中 Cl^- 浓度。

(5) 一级脱水后的稀浆经溢流澄清槽或二级旋液分离器获得回收水,用来调节反应罐的液位或用来制备石灰石浆液。

883. 试述从吸收塔的吸收区补充新鲜石灰石浆液要好于从氧化区补充的原因。

答： 将新鲜石灰石加入氧化区会使过多的 $CaCO_3$ 进入脱水系统，从而带入石膏副产品中，影响石膏纯度和石灰石利用率，而且不利于 HSO^{3-} 氧化。因为当存在过量 $CaCO_3$ 时，浆液 pH 值升高，有助于 $CaSO_3 \cdot 1/2H_2O$ 的形成，要氧化 $CaSO_3 \cdot 1/2H_2O$ 是很困难的，除非有足够的 H^+ 使其重新溶解成 HSO_3^-。而把新鲜石灰石浆液直接补充进入吸收区有利于浆液吸收 SO_2，避免浆液 pH 值过快下降。吸收区内高气液接触表面积，也有利提高石灰石的溶解速度，从而加快 SO_2 吸收的速率。此外，从吸收区补充新鲜浆液，能使烟气在离开吸收塔前接触到最大碱度的浆液，有利于提高脱硫效率。

第二十七章　脱　硝　系　统

884. 氨的爆炸极限是多少？

答： 氨的爆炸下限为15.7%，爆炸上限为27.4%，引燃温度为651.11℃。

885. 氨的自燃点是多少摄氏度？

答： 氨的自燃点是651.11℃。

886. 标准大气压下，氨的沸点是多少摄氏度？

答： 标准大气压下，氨的沸点是−33.4℃。

887. 在常温常压下1体积水能溶解多少体积氨？

答： 1体积水能溶解900体积氨。

888. 在什么条件下气态氨会液化？

答： 在常压下冷却至−33.5℃或在常温下加压至700～800kPa，气态氨就液化成无色液体。

889. 氨对哪些金属有强烈的侵蚀作用？

答： 氨对铜、铟、锌及合金有强烈的侵蚀作用。

890. 氨在什么情况下会燃烧、爆炸？

答： 氨在空气中温度达到651℃以上可燃烧，氨气与空气混合物的浓度在15.7%～27.4%时，遇到明火会燃烧和爆炸。如果有油脂或其他可燃物质，则更容易着火。氨与强酸、卤族元素（溴、碘）接触会发生强烈反应，有爆炸、飞溅的危险；氨与氧化银、汞、钙、氰化汞及次氯酸钙接触，会产生爆炸物质。

891. 简述氨散逸后的特性。

答：液氨通常存储的方式是加压液化，液态氨变为气态氨时会膨胀850倍，并形成氨云；另外，液氨泄入空气中会形成液体氨滴，然后释放出氨气，虽然它的分子量比空气小，但它会和空气中的水形成含氨水滴而形成云状物，所以当氨气泄漏时，氨气并不自然地往空气中扩散，而会在地面滞留。

892. 简述氨作业人员需配备哪些防护用品。

答：除一般个人劳动防护用品外，还应为液氨作业岗位、消防人员配备过滤式防毒面具、空气呼吸器、隔离式防化服、防冻手套、防护眼镜等特种防护用品，并定期检查，以防失效。在生产现场备有洗眼、快速冲洗装置。

893. 人体忍受氨的浓度极限是多少？

答：人体忍受氨的浓度极限是50×10^{-6}。

894. 人吸入多大浓度的含氨空气会引起肺水肿甚至窒息死亡？

答：当人吸入含氨气浓度达到0.5%（5000×10^{-6}）以上的空气时，数分钟内会引起肺水肿，甚至呼吸停止窒息死亡。

895. 液氨汽化有哪两种类型？

答：自然汽化和强制汽化。自然汽化是指液氨储罐的液氨依靠自身的显热和吸收外界环境的热量而汽化的过程。强制汽化就是人为地加热液态氨使其汽化，强制汽化一般在专门的汽化装置中进行。

896. 液氨强制汽化分为哪两种方式？

答：液氨的强制汽化有两种方式，一种为气相导出方式；另一种为液相导出方式。

897. 液氨强制汽化液相导出方式可分为哪几种类型?

答: 目前常采用的是液相导出方式，根据系统设置的不同可分为自压强制汽化、加压强制汽化和减压强制汽化。

898. 简述液氨自压强制汽化的原理。

答: 液氨自压强制汽化的原理是利用液氨储罐内液氨自身的压力将液氨输送入汽化器，使其在外部热源加热过程中汽化，不断地向 SCR 系统输送氨气。

899. 简述液氨加压强制汽化原理。

答: 液氨加压强制汽化的原理是利用液氨泵将液氨加压到高于储罐的蒸汽压后送入汽化器，使其在加压后从热媒获得汽化潜热汽化。

900. 简述液氨减压强制汽化原理。

答: 液氨依靠自身的压力从储罐进入汽化器前，先进行减压再进入汽化器，依靠人工热源加热汽化，这种汽化方式称为减压汽化。

901. 液氨存储和处理系统由哪些部分组成?

答: 液氨存储和处理系统一般由卸料压缩机、储氨罐、液氨蒸发器、废氨稀释槽、氨气泄漏检测器，报警系统、水喷淋系统、安全系统及相应的管道、管件、支架、阀门及附件组成。

902. 卸料压缩机的作用是什么?

答: 卸料压缩机的作用一般是把液氨从运输的罐车中转移到液氨储罐中，特殊情况下可以把液氨由储罐转移到运输的罐车中或把液氨由一个储罐转移到另一个储罐中。

903. 简述卸料压缩机的工作原理。

答: 压缩机运转时，将回转运动变为活塞在气缸内的往复运

动，完成吸气、压缩、排气和膨胀四个工作过程。当活塞由外止点向内止点运动时，进气阀开启，气体介质进入气缸，吸气开始；当达到内止点时，吸气结束。当活塞由内止点向外止点运动时，气体介质被压缩，当气缸内压力超过其排气管中的背压时，排气阀开启，即排气开始；活塞到达外止点时，排气结束。活塞再从外止点向内止点运动，气缸余隙中的高压气体膨胀，当吸气管中压力大于正在缸中膨胀的气体压力并能克服进气阀弹簧力时，进气阀开启，在此瞬间，膨胀结束，压缩机完成了一个工作循环。

904. 卸料压缩机为什么安装气液分离器？

答：由于液体的不可压缩性，压缩机只能压缩气体。如果不慎使液体进入气缸，就会产生“液击”，使压缩机严重损坏，大量有毒气体就会迅速泄漏出来，造成重大事故。为防止发生“液击”事故，一般压缩机都配置了气液分离器，杜绝了液体进入压缩机现象的发生，确保压缩机的安全运行。

905. 卸料压缩机气液分离器由哪几部分组成？

答：气液分离器由筒体、浮子、切断阀、排液阀等组成。

906. 简述卸料压缩机气液分离器的工作过程。

答：在正常情况下，气体经过进气过滤器进入筒体后，由于气体密度较小，浮子不会上升，气体顺利通过切断阀流进压缩机，压缩机正常运行。若液体进入筒体，液体就会把浮子托起，并关闭切断阀，使液体不能进入压缩机。

907. 卸料压缩机气液分离器“进液”应如何处理？

答：一旦发生“进液”，应首先关闭气相管线上进排气阀门，电动机停电，查找进液原因，彻底排出气相管线内的液体。打开气液分离器的排液阀门，将筒体内液体排出；此刻压缩机进气压力表显示为零，即使气液分离器内存液已排净，但浮子仍被吸住；为使浮子复位，应先关闭进气管线上的阀门，后打开排液阀，使排气腔的高压气体回流到进气腔。此时，可以听到一声沉闷的轻响，表明浮子已经下沉复位。浮子复位后，即可按规定程序继续启动压缩机运行。

908. 卸料压缩机两位四通阀有几个位置？

答：卸料压缩机两位四通阀有正位和反位两个位置。

909. 卸料压缩机为何安装两位四通阀？

答：卸料压缩机两位四通阀是为简化操作而设置的，它是一种两位四通柱塞阀门。当将槽车的液相卸到储罐后，由于槽车罐的出液口距罐底有一定的高度，槽车停放时不可能是完全水平状态，槽车内将存留相当数量的液体和满罐高压力的气体不能卸净。这样将给用户带来经济损失，也为下次装车带来困难，因此，必须把存在槽车内的气、液回收。卸料压缩机安装两位四通阀后在卸氨过程中可以实现对槽车内残留液氨的回收。

910. 卸氨过程中两位四通阀是如何工作的？

答：在卸氨作业时，开启槽车、压缩机及液氨储罐的气相阀，开启槽车液相阀及液氨储罐的液相入口阀，使两位四通阀的手柄处于正位，即手柄处于垂直向下位置，启动压缩机。此时，压缩机抽吸液氨储罐内的气相并使其压力降低，而槽车罐内的气相压力升高，由于压差的作用，槽车罐内的液体经液相管流进液氨储罐。

由于装有两位四通阀，回收作业的操作变得极为简单，只要把槽车液相阀及液氨储罐液相入口阀关闭，将两位四通阀的手柄转动90°，即由正位变为反位，槽车罐内的气相在压缩机抽吸下，压力降低，存留的液体不断汽化，直到把槽车罐内的液、气回收至槽车罐内保持一定的余压，回收作业结束。

911. 卸料压缩机两位四通阀手柄能否处于倾斜位置？

答：不能。在任何情况下，两位四通阀的手柄都不允许处在倾斜位置，否则将堵塞压缩机的进排气通道。

912. 一般液氨储罐工作温度范围是多少摄氏度？

答：液氨氨罐的工作温度一般为－10～40℃。

913. 液氨储罐上一般安装哪些设备？

答：液氨储罐上安装有超流阀、止回阀、紧急关断阀和安全阀作为储罐液氨泄漏保护所用。液氨储罐还安装有温度计、压力表、液位计和相应的变送器，使信号送到主体机组控制系统。在液氨储罐的顶部有一个600mm或更大直径的人孔门。

914. 简述液氨蒸发器工作原理。

答：目前，燃煤电厂SCR工程中的液氨蒸发器一般以螺旋式为主，螺旋管内为液氨，管外为温水浴，以蒸汽直接喷入水中加热或由表面式换热器加热至60℃，再以温水将液氨汽化，并加热至常温。液氨蒸发器水温通过控制过热蒸汽的调节阀，使液氨蒸发器内水温保持在60℃，当水温达到85℃时则切断蒸汽来源，并在DCS上报警。

915. 液氨蒸发系统由哪几部分组成？

答：液氨蒸发系统由调节阀组、液氨蒸发器、气氨缓冲罐、热源装置等组成。

916. 液氨蒸发器运行中要密切关注哪些参数？

答：液氨蒸发器运行中要密切监视氨气压力和温度，以防压力、温度失去控制，液氨大量进入气氨缓冲罐。

917. 氨系统为什么安装气氨缓冲罐？

答：液氨经过蒸发器蒸发为氨气后进入气氨缓冲罐，对氨气起缓冲作用，保证氨气有一个稳定的压力；另外在缓冲罐内还进行气液分离。

918. 气氨缓冲罐的运行注意事项有哪些?

答: 气氨缓冲罐特别要注意氨气的冷凝，通过罐体安装的温度表、压力表计可以判断是否有冷凝现象。当出现冷凝现象时可启动罐体的电伴热、蒸汽伴热等，以提高罐体温度，实现冷凝液的汽化。

919. 简述氨区稀释槽的作用。

答: 氨稀释槽属于可能出现危险情况时处理氨排放的设备，其结构比较简单。废氨稀释系统把位于氨站的设备排出和泄漏的氨气进行稀释。槽中的稀释水需要周期性地更换，排至废水池中。

920. 简述氨区稀释槽是如何设计的。

答: 稀释槽的液位由溢流管线维持，箱顶喷水，箱侧进水，箱底部设置有氨气入口和废水排污口，根据工程的地理位置考虑是否需要设置防冻热水接口。

921. 简述氨区废水处理流程。

答: 氨区稀释槽的排放水、氨罐喷淋冷却水等通过沟道或管道收集到氨区的废水池，由废水泵排到全厂废水处理系统处理。

922. 对氨管道、阀门及其附件材质有什么要求?

答: 根据氨的弱碱性、系统运行压力及腐蚀性，所有接触氨的管道可选用碳钢管或不锈钢管作为氨气管，氨系统中所有阀门不允许采用灰铸铁制作，并且氨管道的阀门及其附件所有仪表与阀门的垫圈禁止采用铜质材料。所有接触氨与氨气的管道阀门等附件上需要安装防静电导体。

923. 氨区的漏氨浓度报警及保护动作值是多少?

答: 液氨储罐区、蒸发区及卸料区应分别设置氨泄漏检测仪，并定期检验。氨泄漏检测仪报警值为 15mg/m^3(20ppm)，保护动作值为 30mg/m^3(39ppm)，联锁投运消防系统。

924. 氨系统超温超压联锁保护如何设置?

答: 液氨储罐应设置超温、超压保护装置，超温设定值不高于40℃，超压设定值不大于1.6MPa，保护动作时能够自动联锁启动降温喷淋、切断进料。

925. 一般液氨储罐储存系数是多少?

答: 一般液氨储罐储存系数不得大于0.8。

926. 一般情况下液氨运输单位应具有哪些资质?

答: 液氨的运输单位必须具有危化品运输许可资质，运输液氨的槽车应在检验有效期内，并配备有押运员。槽车驾驶员及押运员必须具有地方政府颁发的危险化学品从业人员资格证书。

927. 为防止卸氨时泄漏，对液氨槽车有哪些要求?

答: 液氨槽车必须装配有紧急切断阀、干式快速接头。干式快速接头应严格按照使用说明书定期检查、维护、更换。

928. 液氨槽车入厂一般有哪些规定?

答: 液氨槽车进入厂区前，通知本厂消防部门。液氨槽车进入厂区应由专人引导，进入氨区前必须安装阻火器，按照规定路线行驶，定置停放。车辆停稳后，应在两个后轮的前后分别放置防溜车止挡装置，驾驶员必须离开驾驶室。

929. 卸氨时发生氨泄漏，如何保证槽车可靠切断卸氨?

答: 液氨槽车必须安装紧急切断阀。卸氨前，必须对液氨槽车紧急切断阀作一次动作试验，确保紧急切断阀可靠。

930. 为防止发生人身伤害，一般对卸氨现场有何要求?

答: 卸氨过程中，液氨槽车卸车接口周边20m范围内，除押运员和接卸操作员外，严禁其他人员逗留。押运员和接卸操作员不得擅自离开操作岗位。

931. 为防止产生静电，卸氨过程中有哪些注意事项？

答：在接卸液氨时，液氨槽车必须规范接地。卸氨工作完毕后，应静置10min方可拆除静电接地线。液氨进入液氨储罐前的流速应控制在1m/s以内。

932. 为防止液氨槽车启动发生火灾，卸氨结束后还需进行什么工作？

答：卸车结束后，应使用便携式检测仪对相关管道设备进行检测，待确认周围空气中无残氨后方可启动液氨槽车。

933. 液氨泄漏应急预案演练周期是如何规定的？

答：每半年组织一次液氨泄漏事故应急预案演练；每季度对液氨使用、接卸等生产岗位及专责负责人进行一次防毒面具、正压呼吸器、防护服等穿戴的演练。

934. 简述氨系统泄漏的处理原则。

答：立即查找漏点，快速进行隔离；如氨泄漏处产生明火，未切断氨源前，严禁将明火扑灭；当不能有效隔离且喷淋系统不能有效控制氨向周边扩散时，应立即启用消火栓、消防车加强吸收，并疏散周边人员。人员进入泄漏现场，注意做好个人防护。严禁带压堵漏和紧固法兰等。

935. 氨区水系统的功能有哪些？

答：氨区水系统的功能包括：罐体冷却降温、消防灭火、泄漏液氨的稀释吸收。

936. 氨区固定式万向水枪应如何设计？

答：液氨储罐轴向未布置蒸发区的一侧，宜在液氨储罐之间的轴向延长线方向的围墙上设置固定式万向水枪；液氨储罐轴向布置蒸发区的一侧，宜在液氨储罐与蒸发区分界线延长方向的围墙上设置固定式万向水枪。固定式万向水枪的数量不少于“储罐数+1”；固定式万向水枪应为直流/喷雾两用，且能上下、左右调节，以覆盖氨区所有可能的泄漏点；每只固定式万向水枪的给水强度应不小于5L/s；围墙外应设置高1.4m的固定式万向水枪操作平台。

937. 一般对氨区室外消火栓有何要求？

答：液氨储罐组围墙外应布置不少于3只室外消火栓，消火栓的间距应根据保护范围计算确定，不宜超过30m。每只室外消火栓应有2个DN65内扣式接口，并配置消防水带箱，每箱内配2支直流/喷雾两用水枪和4条DN65长度25m的水带。

938. 氨区电气系统有何要求？

答：为预防火灾，氨区所有电气设备、远传仪表、执行机构、热控盘柜等均应选用相应等级的防爆设备，防爆结构选用隔爆型（Ex-d），防爆等级不低于IIAT1。

939. 简述氨泄漏时人员救治原则。

答：现场急救原则要求“三快”，即快抢、快救、快送。快抢：迅速将伤员抢救脱离伤害现场，送至安全区域。快救：迅速采取应急救治措施，救治伤员。快送：重者迅速送至医院进行救治。救护者应做好个人防护，进入事故区营救人员时，首先要做好个人呼吸系统和皮肤的防护，佩戴好氧气呼吸器或防毒面具、防护衣、橡胶手套。将被氨熏倒者迅速转移出污染区至温暖通风处，注意伤员身体安全，不能强拖硬拉，防止给中毒人员造成外伤。

940. 氨中毒如何急救？

答：对病人进行复苏三步法（气道、呼吸、循环），保证气道不被舌头或异物阻塞。检查脉搏，如没有脉搏应施行心肺复苏。将中毒者颈、胸部钮扣和腰带松开，同时用2%硼酸水给中毒者漱口，少喝一些柠檬酸汁或3%的乳酸溶液；对中毒严重不能自理的伤员，应让其吸入1%～2%柠檬酸溶液的蒸汽；对中毒休克者应迅速解开衣服进行人工呼吸，并给中毒者饮用较浓的食醋，严禁饮水。经过以上处置的中毒人员应迅速送往医院诊治。

941. 如何处理氨系统火灾？

答：氨系统发生火灾时立即拨打火灾报警电话119。报警内容应包括：事故单位；事故发生的时间、地点、化学品名称、危险程度；有无人员伤亡以及报警人姓名、电话。隔离、疏散、转移遇险人员到安全区域，建立500m左右警戒区，并在通往事故现场的主要干道上实行交通管制，除消防及应急处理人员外，其他人员禁止进入警戒区，并迅速撤离无关人员。消防人员进入火场前，应穿着防化服，佩戴正压式呼吸器。氨气易穿透衣物，且易溶于水，消防人员要注意对人体排汗量大的部位，如生殖器官、腋下、肛门等部位的防护。

942. 氨系统泄漏应如何处理？

答：处理氨泄漏的原则是首先控制，使泄漏不再扩大，然后采取措施将事故容器与系统断开，关闭设备所有阀门。当氨浓度较大时（大于39×10^{-6}）氨区保护系统自动停运压缩机及关闭相关阀门，如保护拒动则立刻手动停运或关闭。消防喷淋系统自动进行喷淋，同时可手动用水淋浇漏氨部位，容器里氨液及时排空处理。如发现管道漏氨后，应迅速关闭事故管道两边最近的控制阀门，切断氨液的来源。并采取临时打管卡的办法，封堵漏口和裂纹，然后对事故部位抽空。

943. 影响脱硝效率有哪些因素？

答：（1）催化剂的活性。

（2）脱硝运行调整，低氮燃烧器的调整，即脱硝入口氮氧化物的浓度大小。

（3）脱硝出口NO_x的控制浓度，出口NO_x控制越高，效率越低，反之效率越高。

（4）烟气流场的分布：包括导流板、整流格栅的安装，以及烟气的冲刷后破损程度。

（5）催化剂的损坏脱落状况及堵塞情况。

（6）脱硝反应器的设计与安装质量等。

944. 简述尿素的理化特性。

答：尿素是一种白色或浅黄色的结晶体，吸湿性较强，易溶于水。尿素分子式为 $CO(NH_2)_2$，在高温高压（160～240℃，2.0MPa）或者高温常压（300～650℃，0.1MPa）条件下，C—N 键断裂分解成 NH_3 与 CO_2。尿素分子量为 60.06，工业或农业用品为略带微红色固体颗粒，无臭无味，含氮量约为 46.67%，密度为 1.335g/cm^3，熔点为 132.7℃。

945. 火电企业尿素制氨一般采用哪两种方法？

答：一般采用水解法或热解法。

946. 简述尿素水解的基本原理。

答：尿素水解制氨的工艺原料为干态颗粒尿素，使用高温、高压蒸汽对尿素溶液进行水解，得到最终产物为 NH_3、CO_2 和 H_2O 的混合物，调压后直接进入 SCR 系统喷氨装置。主要反应是：

$CO(NH_2)_2 + H_2O \longrightarrow 2NH_3 + CO_2 + 21.34kcal$（吸热）

实际上，尿素水解是分两步来完成的，具体为：

第一步：$CO(NH_2)_2 + H_2O \longrightarrow NH_2COONH_4$

第二步：$NH_2COONH_4 \longrightarrow 2NH_3 + CO_2$

947. 尿素水解是如何发生的？如何控制？

答：尿素水解反应总体上是吸热反应，其中第一步反应为放热反应，第二步为吸热反应。在一定的压力和温度条件下反应达到平衡，通过控制反应温度的升高或降低来控制产生氨气混合气体的数量，从而适应不同锅炉负荷的变化。水解反应器在一个较高温度及压力接近平衡的工况条件下运行，利用蒸汽换热，反应器内维持一个闭合的物料平衡。

948. 尿素水解制氨响应负荷变化的时间是多少？

答：尿素的水溶液水解成氨需要一定的条件和时间，因此其跟踪机组负荷变化速度较慢，响应时间为5～15min。

949. 尿素水解反应的影响因素有哪些？

答：主要是反应温度（T）、尿素溶液的浓度、溶液停留时间、反应的活化能等，其次是要不断地将生成物中的氨和二氧化碳移走，使反应始终向水解方向进行。

950. 尿素水解反应对温度有何要求？

答：尿素水解是吸热反应，提高温度有利于化学平衡。在60℃以下，水解速度几乎为零；至100℃左右，水解速度开始提高；在140℃以上，尿素水解速度急剧加快。

951. 尿素溶液的停留时间对尿素水解反应有什么影响？

答：尿素的水解率随停留时间的增加而增大，随着停留时间的延长，水解率增大。

952. 尿素溶液浓度对尿素水解有什么影响？

答：尿素的水解率还与尿素溶液的浓度有关，溶液中尿素浓度低，则水解率大。

953. 溶液中氨浓度对尿素水解反应有哪些影响？

答：尿素的水解率与溶液中氨含量的关系密切相关。氨含量高的尿素溶液水解率较低。水解器在水解反应中，能否有效地将水解生成的氨和二氧化碳从水溶液中解吸出来（即移走生成物），是水解反应能否有效进行下去的关键。根据化工行业的经验，如果反应环境中氨和二氧化碳的含量降低为原来的10%，即使进料中尿素含量提高 6 倍，最终废液中尿素含量将降低为原来的 5%左右。

954. 尿素水解压力和温度是如何互相影响的？

答：根据水解的原理，为了保证尿素水解的连续进行，系统必须有水溶液的存在。在系统需要氨量一定的情况下，随着系统温度的提高，有必要提高系统的运行压力，否则尿素的水解氨也将增多，耗水量也将增多。系统水量的减少，反过来又会影响水解反应的进行速度和效率。所以对应一定的水解系统，在某一浓度尿素溶液水解系统中，系统运行的压力和温度是对应的，升高运行温度，必须同时提高系统运行压力，以保持系统的水平衡。

955. 简述尿素水解制氨流程。

答：配制尿素溶液时，将储存于尿素储存间的袋装尿素拆包，拆包后的尿素经斗提机输送到溶解罐里。用去离子水经蒸汽加热将干尿素溶解成 40%～50%质量浓度的尿素溶液，再通过尿素溶液混合泵输送到尿素溶液储罐。加热蒸汽疏水回收至疏水箱。此外，尿素储存罐处预留尿素罐车接口。

尿素溶液储存罐里的尿素溶液利用蒸汽加热对其进行保温，温度维持在 40～50℃。溶液罐里的尿素溶液通过溶液输送泵持续送至水解反应器，进行水解产生氨气。加热蒸汽疏水回收至疏水箱。

尿素溶液经由尿素溶液输送泵进入水解反应器，利用蒸汽对其进行加热水解，水解产生出来的含氨气流经流量调节模块分配后进入氨空气混合器被热的稀释空气稀释后，产生体积浓度小于5%的氨空气混合气体由喷氨隔栅喷入烟道系统。

956. 简述尿素热解原理。

答：尿素热解反应过程是将高浓度的尿素溶液喷入热解炉，在温度为 350～650℃的热烟气条件下，液滴蒸发，得到固态或者熔化态的尿素。纯尿素在加热条件下分解，最终合成 NH_3 和 CO_2。

NH_3作为SCR还原剂送入反应器中，在催化器作用下有选择性地将NO_x还原成N_2和H_2O。

957. 尿素溶液制备及供应系统包括哪些设备?

答: 尿素溶液制备及供应系统包括斗式提升机（部分无斗提机，为尿素罐车）、尿素溶解罐、尿素溶解罐搅拌器、尿素溶解罐盘管式加热器、尿素溶液混合泵、尿素溶液储罐、尿素溶液储罐盘管式加热器、尿素溶液高流量循环泵、疏水箱、疏水泵、废水箱（池）、废水泵、溶解罐间排风扇等。

958. 尿素水解区包括哪些设备?

答: 尿素水解区包括水解器、水解器盘管加热装置、尿素计量供给系统、催化剂箱、减温减压装置、测量系统、控制系统等。

959. 如何配置用于水解的尿素溶液（溶解罐为空罐）?

答: 尿素溶解罐内注入除盐水，启动搅拌器，投入加热蒸汽，启动尿素溶液混合泵，建立尿素溶解罐系统循环，加入尿素颗粒，投入自动。

960. 简述尿素水解制氨水解器的启动流程。

答: 水解器的启动流程：水解器内注入除盐水煮洗，排空煮洗液，然后配置催化剂，注入催化剂，注入除盐水，启动高流量循环泵，启动加热系统，投入自动。

961. 尿素水解溶液制备有哪些注意事项?

答: 需要监测与调整的参数包括：

（1）尿素溶解罐液位与温度。在尿素溶解罐中，用除盐水配置40%～60%的尿素溶液，溶液浓度可根据需要调节。当尿素溶液温度过低时，蒸汽加热系统启动，使溶液的温度保持在大于45℃（与尿素溶液浓度相关），防止特定浓度下的尿素结晶，影响尿素溶解。

（2）尿素溶液储罐液位与温度。尿素溶液进入溶液储罐后，溶液浓度约为 50%。为防止尿素溶液低温结晶，需要控制溶液温度高于 40℃。通过变频式高流量循环泵与压力控制回路，调节尿素溶液供应管道上的尿素溶液流量、压力与循环回路的回流量，以维持尿素水解器的溶液供应量平稳。

（3）疏水箱液位。

（4）尿素溶液混合泵回流溶液温度与压力。

（5）尿素溶液密度。

962. 尿素溶液制备及储存系统运行中注意事项有哪些？

答：尿素溶解罐及溶液储罐的温度要监视，如果出现相关蒸汽进口电动门已经关闭，罐体温度还长时间上涨，则需检查是否蒸汽电动门不严。要定期检查蒸汽伴热是否工作正常。新配制尿素溶液储罐储满后需静置 12h，并对其排污 1min。

963. 工作人员在进行尿素水解操作时需进行哪些安全防护？

答：进行尿素水解操作时，工作人员应戴口罩、橡胶手套、防护眼镜，穿长筒胶靴。

964. 简述尿素热解原理。

答：（1）尿素溶液蒸发析出尿素颗粒。

（2）尿素热解生成等物质的量的氨气和异氰酸（HNCO）。

（3）异氰酸进一步分解生成等物质的量的氨气和二氧化碳。

965. 影响尿素热解反应的因素有哪些？

答：影响因素主要有温度、流场分布、雾化系统。

966. 尿素水解系统气相管道堵塞应如何处理？

答：如果水解反应器出口气相带液，液滴为尿素溶液。带液气体经过阀门截流后，压力降低，液滴中的水分汽化，液滴中的尿素结晶析出，会在阀门后产生堵塞问题。解决方法是在尿素水解反应器气相出口设置高效除雾器，减少气相带液。另外，当生成物输送过程中，保温伴热措施不到位，会引起生成物发生逆反应，生成氨基甲酸铵结晶，堵塞输送管道。解决的方法是通过在氨气输送管道周围增设蒸汽伴热带，保证氨气输送管道内混合气体温度不低于160℃。

967. 尿素水解系统如何防腐?

答: 尿素水解过程生成的中间产物（如氨基甲酸铵等）具有腐蚀性。解决腐蚀性问题的方法是对水解反应器、尿素输送管道和氨混合气管道使用316L材质的钢材。

968. 如何解决尿素水解响应慢的问题?

答: 当机组负荷发生变化或由于煤质变化，导致炉膛出口NO_x的生成量发生变化，会引起系统对氨气需求量发生变化。

尿素水解制氨系统适应负荷变化应包括以下三点:

(1) 控制尿素水解反应器内的液相液位高度，保证水解反应器内有足够的气相空间。气相空间充满高压的水解反应生成气体，能够起到气体储罐和缓冲罐的功效。当机组负荷发生变化，引起系统对氨气需求量发生变化时，水解反应器气相出口的调节阀首先发生动作，水解器气相空间的储气能够满足负荷变化初期对供氨量的要求。

(2) 通过优化控制，当机组负荷发生变化时，通过给尿素水解器进料控制阀和加热蒸汽流量控制阀加入前馈的方式，缩短系统反应时间。

(3) 尿素水解反应器设计时，应布置足够的受热面，维持反应器反应参数并保证负荷变动时有快速响应的能力。

969. 尿素水解反应器液位高-高报警的原因及处理方法是什么?

答: 原因：给料泵正在运行；液位调节阀故障；水平仪故障。

处理方法：停止给料泵；监测和修理调节阀；排出过多液体；检查设备，修理或更换。

970. 尿素水解反应器液位低-低报警的原因及处理方法是什么？

答：原因：阀门出现故障或截断阀被关上；液位调节阀故障。处理方法：检查并修理尿素供给管道中的堵塞问题；检查并打开手动截止阀；检查液位调节阀，修理或更换。

971. 煤粉炉主要产生哪种类型的氮氧化物？

答：在煤粉炉产生的氮氧化物（NO_x）中，NO 占 90%以上，NO_2 占 5%～10%，N_2O 占 1%左右。

972. SCR 脱硝主要发生的化学反应是什么？

答：

$$4NH_3 + 4NO + O_2 \longrightarrow 4N_2 + 6H_2O$$

$$2NO_2 + 4NH_3 + O_2 \longrightarrow 3N_2 + 6H_2O$$

973. 简述 SCR 脱硝反应器工艺流程。

答：还原剂氨气经氨气管道输送至炉前，氨气在混合器中和稀释风充分混合后浓度在 5%以下，通过匀布器均匀喷入反应器。通过氨在 SCR 反应器中催化剂的作用下与烟气中 NO_x 进行化学反应，生成氮气和水，达到降低排烟中 NO_x 含量的目的。

974. 催化剂磨损的主要原因是什么？

答：催化剂的磨损主要是由烟气中的飞灰撞击催化剂表面造成的。磨损与气流分布、飞灰的浓度、烟气流速、飞灰特性、撞击角度和催化剂本身的性质有关。

975. 脱硝催化剂主要有哪几种类型？

答：SCR 系统的催化剂主要有四种类型，即贵金属型、金属氧化物型、沸石型和活性炭型。

976. 氨逃逸对下游设备有哪些影响?

答: 由于氨与氮氧化物的不完全反应，会有少量的氨与烟气一道逃逸出反应器，这种情况称为氨逃逸。氨逃逸可导致:

(1) 生成硫酸氢氨沉积在催化器、除尘器和空气预热器上，造成催化剂中毒和空气预热器的堵灰、腐蚀及除尘效率下降。

(2) 造成FGD废水及空气预热器清洗水中含氨。

(3) 造成飞灰中的含氨化合物，改变飞灰的品质。

977. SO_2 转换成 SO_3 对尾部烟道设备的影响有哪些?

答: 由于在SCR反应器中 SO_2 将转化成 SO_3，反应器下游的 SO_3 会明显地增加，特别是SCR布置在高含尘烟气段系统中，可生成硫酸氢氨黏附在催化剂、除尘器表面，影响脱硝效率和除尘效率，黏附在预热器换热元件上造成堵塞，在露点温度下FGD换热系统中会凝结过量的硫酸，从而对受热面造成腐蚀。

978. SCR脱硝主要由哪些系统组成?

答: SCR脱硝系统主要由液氨储存系统、液氨蒸发系统、氨气与空气混合系统、氨气喷入系统、脱硝反应器系统、氨气在线监测系统等组成。

979. SCR脱硝效率主要取决哪些因素?

答: SCR脱硝技术的 NO_x 脱除效率主要取决于反应温度、NH_3 与 NO_x 的化学计量比、混合程度、反应时间等。

980. 燃煤火电厂一般意义上的氮氧化物包括哪些种类?

答: 燃煤火电厂中一般意义上的氮氧化物包括NO、NO_2、N_2O、N_2O_3、N_2O_4、N_2O_5 等，统称为 NO_x，其中，对大气造成污染的主要是NO、NO_2 和 N_2O。

981. NO_x 对环境有哪些危害？

答：（1）引发酸雨和硝酸盐沉积。

（2）引发光化学烟雾，造成近地面空气中 O_3 和 PAN（过氧化乙酰硝酸盐）浓度升高，危害人的呼吸系统和动植物的发育。

（3）N_2O 是在燃烧的起始阶段形成的极其稳定的一种氮氧化物，可以在大气中存在上百年，是一种危害很大的有害气体。

（4）N_2O 是一种破坏臭氧层的物质。

982. 氮氧化物从生成机理上可分为哪几种类型？

答：根据生成机理，燃料形成的 NO_x 分为燃料型、热力型、快速型。

983. 影响热力型 NO_x 产生的主要因素是什么？

答：（1）影响热力型 NO_x 产生的一个主要因素是温度。随着反应温度 T 的升高，其反应速率按指数规律增加。当 $T<1500$℃时，NO 的生成量很少；而当 $T>1500$℃时，T 每增加 100℃，反应速率增大 6～7 倍；亦即 NO 生成量增大 6～7 倍；当温度达到 1600 ℃时，热力型 NO_x 的生成量可占炉内 NO_x 的生成总量的 25%～30%。

（2）另一个主要因素是反应环境中的氧浓度，NO_x 生成速率与氧浓度的平方根成正比。

984. 快速型 NO_x 是如何产生的？

答：碳氢化合物燃料燃烧燃料过浓时，在反应区附近会快速生成 NO_x。由于燃料挥发物中碳氢化合物高温分解生成的 CH 自由基可以和空气中 N_2 反应生成 HCN 和 N，再进一步与氧气作用以极快的速度生成 NO_x，其形成时间只需要 60ms，所生成的量与炉膛压力的 0.5 次方成正比，与温度的关系不大。快速型 NO_x 生成量很少，在分析计算中一般可以不计，仅在燃用不含氮的碳氢燃料时才予以考虑。

985. 燃料型 NO_x 是如何产生的?

答: 燃料型 NO_x 由燃料中氮化合物在燃烧中氧化而成。它在煤粉燃烧生成的 NO_x 中占 60%～80%。

986. 煤的燃烧过程分哪两个阶段?

答: 煤的燃烧过程由挥发分燃烧和焦炭燃烧两个阶段组成。

987. 燃料型 NO_x 的形成由哪两部分组成?

答: 燃料型 NO_x 的形成由气相氮的氧化（挥发分）和焦炭中剩余氮的氧化（焦炭）两部分组成。

988. 如何减少燃料型 NO_x 的生成量?

答: 燃料型 NO_x 的生成速率与燃烧区的氧气浓度的平方成正比，因此，控制燃料型 NO_x 的转化率和生成量的主要技术措施是降低过量空气系数。在 NO_x 的生成区域采用富燃料燃烧方式，是十分有效且比较方便的减排 NO_x 的技术措施。

989. 火电厂一般可从哪些方面脱硝?

答:（1）燃料脱硝。

（2）改进燃烧方式和生产工艺，在燃烧中脱硝。

（3）燃烧后 NO_x 控制技术。

990. 燃料煤含氮量一般为多少?

答: 通常燃料煤的含氮量为 0.5%～2.5%。

991. 煤粉炉 NO_x 控制技术有哪几种方式?

答: 煤粉燃烧中 NO_x 控制技术大致包括低氮燃烧器、空气分级燃烧技术、燃料分级燃烧、烟气再循环的技术。

992. 简述选择性非催化还原技术（SNCR）脱硝原理。

答: 选择性非催化还原法是在无催化剂的条件下，用 NH_3、尿素等还原剂喷入炉内与 NO_x 进行选择性反应，因此必须在高温区加入还原剂。还原剂喷入炉膛温度为 850～1100℃的区域，还原剂（尿素）迅速热分解成 NH_3 并与烟气中的 NO_x 进行 SNCR 反应生成 N_2，该方法是以炉膛为反应器。

993. 简述选择性催化还原技术（SCR）脱硝原理。

答：选择性催化还原法（SCR）技术是还原剂（NH_3、尿素）在催化剂作用下，选择性的与 NO_x 反应生成氮气和水。SCR 脱硝工艺系统可分为液氨储运系统、氨气制备和供应系统、氨/空气混合系统、氨喷射系统、SCR 反应器系统和废水吸收处理系统等。

994. 简述电子束法的脱硝原理。

答：电子束法是用高能电子束（0.8～1.0MeV）辐射含 NO_x 和 SO_2 的烟气，产生的自由基氧化生成的硫酸和硝酸，再与 NH_3 发生中和反应生成氨的硫酸及硝酸盐类，从而达到净化烟气的目的，该方法可以实现高效脱硝、脱硫，脱硝率可达 85%以上，脱硫率在 95%以上。

995. 简述湿法脱硝的原理。

答：湿法脱硝的原理是氧化剂将 NO 氧化成 NO_2，生成的 NO_2 再用水或碱性溶液吸收，从而实现脱硝。由于 NO 在 NO_x 占比在 90%以上，而 NO 难溶于水，因此对 NO_x 不能用简单的洗涤法。

996. 氨喷射系统由哪几部分组成？

答：氨喷射系统包括注氨分流调整系统、氨气流量控制模块和氨喷射格栅。

997. 喷氨格栅的作用是什么？

答：氨喷射格栅位于 SCR 反应器前端，使氨气均匀分布于烟气中，利于 NH_3 和 NO_x 充分接触，提高脱硝效率。

998. SNCR 系统烟气脱硝包括哪些基本过程?

答: (1) 接收、储存、制备还原剂。

(2) 还原剂的计量输出、与水混合稀释。

(3) 在锅炉合适位置注入稀释后的还原剂。

(4) 还原剂与烟气混合进行脱硝反应。

999. 影响 SCR 脱硝性能的因素有哪些?

答: (1) 烟气温度。

(2) 烟气流量。

(3) 飞灰特性和颗粒尺寸。

(4) 催化剂中毒反应。

(5) 氨逃逸率。

(6) SO_2/SO_3转化率。

(7) 气氨混合气体与烟气混合的均匀度。

1000. 一般对 SCR 入口烟温有何要求?

答: SCR 反应器布置在锅炉省煤器与空气预热器之间，反应温度在 320～420℃范围内，催化剂在此温度范围内才具有活性。烟气温度低于 320℃时，易生成铵盐，减少了与 NO_x 的反应；而且生成铵盐附着在催化剂的表面，易引起污染积灰进而堵塞催化剂的通道和微孔，降低催化剂的活性和脱硝效率。烟气温度高于420℃时，催化剂通道和微孔发生变形或烧结，导致有效通道和面积减少，加速催化剂的老化；另外温度高还会使氨气与氧气反应生成 NO_x。

1001. 如何控制 SCR 入口烟气流量?

答: SCR 入口烟气流量影响 NH_3 与 NO_x 的混合程度，因此，需要选择合理的流速来保证 NH_3 与 NO_x 的均匀混合使反应得以充分进行。此外，流速的选择应避免烟灰在催化剂上的积累，并且还要避免对催化剂的磨损，烟气通过催化剂的流速应低于 6m/s。

1002. 飞灰特性和颗粒尺寸对SCR系统有何影响？

答： 烟气组成成分对催化剂产生的影响主要是烟气粉尘浓度、颗粒尺寸和重金属含量。粉尘浓度、颗粒尺寸决定催化剂节距选取，浓度高时应选择大节距，以防堵塞，同时粉尘浓度也影响催化剂量和寿命。某些重金属能使催化剂中毒，例如：砷、汞、铅、磷、钾、钠等，尤以砷的含量影响最大。烟气中重金属组成不同，催化剂组成将有所不同。

1003. 脱硝催化剂低温中毒反应是如何发生的？

答： 在脱硝的同时也有副反应发生，如 SO_2 氧化生成 SO_3，氨的分解氧化（$>$450℃）和在低温条件下（$<$320℃）SO_2 与氨反应生成 NH_4HSO_3。而 NH_4HSO_3 是一种类似于“鼻涕”的物质会黏附在催化剂上，隔绝催化剂与烟气之间的接触，使得反应无法进行并造成下游设备（主要是空气预热器）堵塞。催化剂能够承受的温度不得高于 450℃，超过该限值，会导致催化剂烧结。

1004. 脱硝系统对 SO_2/SO_3 转化率有何要求？

答： SO_2 氧化生成 SO_3 的转化率应控制在1%以内。

1005. 烟气与氨气混合的均匀度对脱硝有何影响？

答： 只有混合气流在反应器中速度分布均匀及流动方向调整得当，脱硝性能才能得以保证。采用合理的喷嘴格栅，并为氨与烟气提供足够长的混合烟道，是其均匀混合的有效措施。

1006. 机组启动和低负荷运行中如何防止烟气结露？

答： 在点火时催化剂处于冷态的情况下，烟气通过反应器时会在催化剂表面结露。避免结露的方法就是对催化剂进行预热。如果提高锅炉空气预热器入口空气温度的方式是采用暖风器，则可以在锅炉点火前，先投运暖风器来对锅炉进口空气进行加热，然后使空气流经锅炉后对催化剂进行预热。这种方法，对于无暖风器的热风再循环的空气加热系统，或者在没有可用的邻炉加热蒸汽时，无法采用。在锅炉低负荷运行时，如果其省煤器出口的烟气温度低于允许的喷氨温度，为防止硫酸氢铵和硫酸铵在催化剂表面沉积，应立刻停止喷氨。

1007. 如何防止机组启动过程中催化剂发生油黏污？

答：正常情况下，锅炉停炉及低负荷稳燃过程中燃用轻柴油时，燃烧比较完全。在锅炉冷态启动过程中，粘污在催化剂表面的油污，会在锅炉负荷和烟气温度升高后蒸发，对催化剂活性的影响在可以接受的范围。

如果是在锅炉调试过程过长等情况下，锅炉频繁启停，并且油枪雾化效果很差时，由于油的未完全燃烧，会造成较多的油滴粘污在催化剂表面。附着在催化剂表面的油滴就有可能在更高的温度下燃烧，造成催化剂的烧结。

应对措施：

（1）采用新型点火方案（如等离子点火），降低锅炉燃油量。

（2）油枪采用蒸汽雾化，保证油的雾化效果。

（3）如果条件允许，建议在锅炉燃烧系统启动调试的后期或者锅炉本体主要调试完成后再安装催化剂。

（4）适时吹灰，减少催化剂表面灰和油的污染。

（5）如果在锅炉点火启动或者调试过程中，已经发现较长时间内燃油雾化及燃烧效果很差，或者已经发现催化剂表面受到了油的黏污，就需要采取分段升温的方法，缓慢加热催化剂，使催化剂表面黏污油滴的各成分分段蒸发。采取以上措施后，就能确保不会发生油黏污造成的恶性事故。

1008. 蜂窝状催化剂的优点是什么？

答：蜂窝状催化剂具有模块化、相对质量较轻、长度易于控制、比表面积大、回收利用率高等优点。

1009. 造成催化剂活性降低的因素有哪些？

答： 影响催化剂活性降低的重要因素有催化剂的烧结、碱金属、砷等催化剂中毒、钙的腐蚀、催化剂孔堵塞腐蚀以及硫酸盐的沉积等。

1010. SCR 声波吹灰器有什么作用？

答： SCR 声波吹灰器的设置是为了向催化剂表面提供有效持续的气流，主动、迅速地清除催化剂表面积灰。

1011. SCR 烟气脱硝主要设计性能指标有哪些？

答： SCR 烟气脱硝主要设计性能指标有脱硝效率、氨逃逸率、SO_2/SO_3转化率、催化剂寿命、反应器阻力损失等。

1012. 什么是催化剂的烧结？

答： 催化剂长时间暴露于 450℃以上的高温中可引起催化剂活性位置（表面积）烧结，导致催化剂的颗粒增大、表面积减小，从而使催化剂的活性降低。防止高温烧结主要是保证进入催化剂的烟气温度不高于催化剂的允许温度，并且避免在锅炉启动和运行过程中油滴、未燃炭等可燃物颗粒堆积在催化剂表面发生高温燃烧。

1013. 发生锅炉尾部二次燃烧后，SCR 系统需采取什么措施？

答：（1）停止喷氨，关闭喷氨调节阀、快关阀。

（2）停止稀释风机（稀释风机运行无异于火上加油，煽风点火）。

（3）停止声波吹灰器运行（因为声波吹灰器，本质也是压缩空气）。

（4）慎用蒸汽吹灰（蒸汽吹灰本身有利于扑灭催化剂区域的二次燃烧，但应考虑催化剂怕潮的要求，根据实际情况慎用）。

1014. 发生锅炉爆管后，SCR 系统需采取什么措施？

答： 锅炉爆管后，烟气携带大量水汽造成催化剂大量积灰，应及时联系锅炉停运。

1015. SCR 入口氮氧化物超设计值，应如何处理？

答： 入口氮氧化物超过设计值时，严禁盲目加大喷氨量，机械地实现“达标排放”。过量氨气可能导致大量氨逃逸，直接危及设备和系统安全运行。应调整锅炉（风量等），降低氮氧化物的浓度。

1016. 应从哪几个方面提高脱硝系统经济性？

答：（1）加强吹灰器运行管理，减少系统阻力。降低吸风机负荷。

（2）加强吹灰器运行管理，防止催化剂积灰、堵塞、磨损，延长催化剂寿命。

（3）控制烟温，避免损坏催化剂。

（4）关注燃煤灰分，如果灰分严重超设计值，可能导致催化剂堵塞磨损，应加强吹扫，并进行配煤燃烧。

（5）调整负荷和烟气温度，提高脱硝投运率，履行社会责任的同时，获得环保电价补偿。

1017. 如何防止空气预热器堵塞、腐蚀？

答： 空气预热器堵塞的一个重要原因是：逃逸的氨与三氧化硫反应形成铵盐，烟气温度偏低导致空气预热器堵塞。氨逃逸是铵盐形成的一个因素，我们常常忽略另一个原因：行业内普遍控制氨逃逸为 3×10^{-6}。实际上针对不同的三氧化硫浓度，要求的氨逃逸也不同。三氧化硫浓度伴随着煤的硫分升高而增大，即使氨逃逸不超标，喷入的氨气也可能与三氧化硫反应形成铵盐。这也就是为什么高硫煤地区空气预热器容易堵塞的原因。

防止空气预热器堵塞，从运行的角度应适当提高烟气温度，加强空气预热器的吹扫。延长空气预热器吹扫时间，效果要优于增大吹扫频次。

1018. 造成喷氨管路堵塞的原因有哪几方面？

答：施工期间杂物、铁锈；液氨携带杂质；氨气温度低，导致一些杂质结晶（黄色晶种体）。

1019. 停机后一般需对 SCR 系统进行哪些检查？

答：（1）检查催化剂层积灰、堵塞、磨损情况并清理。

（2）检查喷氨格栅是否堵塞。

（3）检查声波吹灰器内喇叭口积灰。

（4）蒸汽吹灰器行程有无死区、喷枪是否堵塞等。

1020. 投运脱硝蒸汽吹灰器需注意哪些事项？

答：（1）当采用声波吹灰器＋蒸汽吹灰器时，应以声波吹灰器为主，蒸汽吹灰器为辅。声波吹灰器一直投运（顺控），蒸汽吹灰器主要根据压差适时吹扫。

（2）当催化剂层压差正常情况下，蒸汽吹灰器应每周至少吹扫一次，避免长期不运行设备锈蚀，卡涩。

（3）蒸汽吹灰器重点关注：蒸汽压力和温度。加强疏水。

（4）蒸汽吹灰吹枪卡涩，应关断蒸汽阀，避免蒸汽不停吹扫一处催化剂，对催化剂造成损伤。

（5）由于催化剂怕潮，因此当机组刚启动烟气温度未上来之前，不宜进行蒸汽吹扫。

1021. 脱硝声波吹灰器的维护有哪些注意事项？

答：由于声波吹灰器吹扫是一组组进行，当某个声波吹灰器异常时不易发现，应定期进行（一般一周检查一次）逐个检查，及时发现“滥竽充数”者，并进行处理。机组停运进入反应器内检查催化剂层并清理声波吹灰器内喇叭口，应关闭压缩空气，以免吹灰器误动“震耳欲聋”对检修人员造成伤害。

1022. 何时投运脱硝声波吹灰器？

答：机组启动，声波吹灰器应及时启动（其顺控一直投入，定期吹扫)，不论脱硝投运与否。

1023. 如何提高脱硝声波吹灰器的吹灰效果?

答: 声波吹灰器宜按组吹扫（同时启动一组同层吹灰器），吹灰器间声波叠加效果更好，(个别电厂强调逐一吹扫，主要考虑气源因素，以厂家和设计为准)。当发现催化剂压差有增大趋势时，应加强吹扫。从实际经验看，增大吹扫频次不如延长吹扫时间效果好。但时间不要延长太多，否则加快声波吹灰器膜片疲劳度，容易损坏。

压缩空气压力是保证吹扫效果的基础，所说压缩空气压力是指吹扫压力，未吹扫时压力没有任何参考价值。

第五篇

安全生产规范

1024. 发电厂运行管理工作应坚持什么方针?

答: 发电厂运行管理工作应坚持“安全第一、预防为主、综合治理”的方针。

1025. 班前会和班后会怎么组织?

答: 班前会和班后会由班长组织，班组安全员、技术员协助，开展“三讲一落实”班组安全活动，并做好记录。

班前会：接班（开工）前，结合当班作业方式和任务，做好危险点分析，布置安全措施，交代注意事项。

班后会：总结讲评当班工作和安全情况、作业现场风险防控措施落实情况，表扬好人好事，批评忽视安全、违章作业等不良现象。

1026. 班组（值）怎么开展安全日活动?

答: 班组（值）每周或每个轮值进行一次安全日活动。安全日活动主要内容：学习上级有关安全生产文件和会议精神、事故通报，分析本企业、车间和班组发生的不安全事件，开展班组违章模拟事故分析，分析作业环境可能存在的危险因素、应采取的防控和应急措施以及应急设备、设施的使用等。

由班长组织，班组安全员协助，部门、车间（区队）负责人及企业党政领导参加并指导、检查活动情况。企业党政领导应轮流参加班组的安全日活动，每月不少于1次。

1027. 交接班的内容是什么?

答:（1）运行方式及方式变动情况。

（2）现场作业及安全措施部署情况，重点核对接地装置。

（3）设备、系统缺陷和消缺情况。

（4）全厂带负荷情况、潮流分布、负荷预计。

（5）所辖设备的运行状况。

（6）异常、事故及处理情况。

（7）定期工作开展情况。

（8）现场安全措施、运行方式与值班记录、模拟图的对应情况。

（9）公用设施、台账、器具及文明卫生情况。

（10）上级指示、命令、指导意见。

1028. 简述交班应进行哪些工作。

答：（1）交清运行方式及注意事项、交清设备运行状况和设备缺陷情况、交清运行操作及检修情况。

（2）对发生的缺陷按《设备缺陷管理标准》进行处理。

（3）对设备运行的各种情况进行准确、详实、全面的记录。

（4）对本班发生的异常情况按《运行分析管理标准》有关内容执行。

（5）做好管辖区域、CRT 及表盘的卫生清洁工作。

（6）交清本班进行的定期工作，交清设备巡回检查时发现的异常及处理情况。

（7）说明调度、上级的指示、命令及下发文件。

（8）对接班人员提出的疑问，交班人应做详实的解答。

1029. 简述接班应进行哪些工作。

答：（1）接班前的检查：查报表、日志记录；查各表盘、CRT 画面设备运行情况；接班时主要运行参数及现场实际设备运行情况。

（2）查管辖区域及表盘卫生应达到《文明生产管理标准》要求。

（3）接班后，做到“五清楚”，即：运行方式及注意事项清楚、设备缺陷及异常情况清楚、操作及检修情况清楚、安全情况及预防措施清楚、现场设备及清洁情况清楚。

（4）对新投入运行的设备必须由班长安排专人进行接班前检查。

1030. 遇有哪些情况不能交接班?

答:（1）当班发生的异常处理不清及重大操作、事故处理未告一段落时不交接。

（2）岗位不对口、精神状态不好不交接。

（3）备用设备状态不清楚不交接。

（4）设备维护及定期试验未按规定执行不交接。

（5）调度及上级命令不明确不交接。

（6）记录不全、不清不交接。

（7）工作票措施不清不交接。

（8）工作票终结后，安全措施无故不拆除不交接。

（9）设备缺陷记录不清不交接。

（10）岗位清扫不干净不交接。

（11）工器具不齐全不交接。

1031. 特殊情况下交接班的规定是什么?

答:（1）交接班时遇有重要操作或正在处理事故时，交班值长应领导全值人员继续操作或处理事故，接班人员应协助交班人员进行事故处理，并服从交班值长的指挥，直到操作告一段落或事故处理完毕后方可进行交接班。

（2）接班人员未按时到岗，交班人员应向值（班）长汇报，并继续留下值班，直到有人接班，方可进行交接班。接班人员精神状况不好，接班值（班）长必须找相应岗位人员代替，交班人员在代替人员到来之前不得交班。

1032. 巡回检查管理标准和实施细则的内容包括哪些?

答: 巡回检查管理标准:

（1）明确检查、监督、考核的部门及职责。

(2) 定岗位、定时间、定设备、定方法、定标准。做到每个岗位有详细的巡视路线、巡视时间、巡视设备、巡视方法和巡视标准。

巡回检查技术分析报告的内容：

(1) 预警设备、报警设备及趋势变化的分析、采取的措施、事故处理预案。特殊情况下应加强巡回检查次数。

(2) 设备存在一、二类缺陷，新投运的设备、主要辅助设备失去备用时，要进行不定期巡回检查，至少每小时对其巡回检查一次。

(3) 雷雨、大风、大雪、大雾等恶劣天气到来前、后，要对室外电气设备、煤场及其重点设备加强检查。

(4) 在夏季大负荷高温天气时，要重点加强主、辅机各冷却设备及转动设备的轴承温度、凝汽器真空、水塔水位等设备、参数的巡回检查。

(5) 在冬季遇有寒流时，要对转动设备冷却水、油系统电加热、蒸汽伴热、室内外开关柜、开关箱内电加热装置、室外阀门井、水塔结冰等重点加强巡回检查。

(6) 新投产设备、大修或改进后的设备第一次投运时。

(7) 在设备启停过程中，特别是在设备启动过程中，必须进行就地检查监视，待设备运行稳定后方可离开。

1033. 接班班组管理流程是什么？

答：(1) 接班负责人必须提前 30min 到岗了解上值（班）生产情况，以便在班前会时介绍生产情况。

(2) 接班人员应统一服装，提前 25～30min 进入现场、整队，由班（机组）长介绍生产情况及接班检查的注意事项及重点项目。

(3) 按接班巡回检查分工进行接班检查，检查现场设备、控制室检查 CRT 及表盘运行参数、日志、表单记录、管辖区域及表盘卫生，对应岗位进行交底。

(4) 班前会在接班前 5min 由接班班长（机组长或值长）主持，各岗位汇报检查情况。

(5) 在无异常情况具备接班条件并接到班长（机组长或值长）

接班命令后，方可进行接班。

（6）在运行日志上签字，正式接班。

1034. 定期工作指的是什么？

答：定期轮换是指运行设备与备用设备之间轮换运行；定期试验是指运行设备或备用设备进行动态或静态启动、保护传动，以检测运行或备用设备的健康水平。定期轮换与定期试验统称为定期工作。

1035. 安全生产“三同时”是指什么？

答：《中华人民共和国安全生产法》规定了生产经营单位在新建、改建、扩建工程中安全设施必须坚持“三同时”的原则。所谓“三同时”，即建设项目的安全设施，必须与主体工程同时设计、同时施工、同时投入生产和使用。

1036. 工作人员应学会哪些急救措施？

答：所有工作人员都应学会触电、窒息急救法、心肺复苏法。并熟悉有关烧伤、烫伤、气体中毒等急救常识。

1037. 违章分为哪几类？

答：违章分为以下四类：作业性违章、指挥性违章、装置性违章、管理性违章。

1038. 对电动机的启动间隔有何规定？

答：在正常情况下，笼型转子的电动机允许在冷态下启动2～3次，每次间隔时间不得小于5min，允许在热态下启动1次。只有在事故处理时，以及启动时间不超过2～3s的电动机可以视具体情况多启动一次。

1039. 电力生产的“三大规程”和“五项监督”是什么？

答：电力生产的“三大规程”是安全规程、运行规程、检修规程。“五项监督”是金属监督、化学监督、绝缘监督、环保监督、仪表监督。

1040. 运行值班人员要达到“三熟三能”包含哪些?

答: 运行值班人员“三熟”是指熟悉设备、系统和基本原理，熟悉操作和事故处理，熟悉本岗位的规程制度。运行值班人员的“三能”是指能分析运行状况，能及时发现故障和排除故障，能掌握一般的维护技能。

1041. 如发现有人触电，怎么办?

答: 发现有人触电时，应立即切断电源，使触电人脱离电源并进行急救。如在高空工作，抢救时必须注意防止高空坠落。

1042. 在哪些情况下禁止对设备进行修理工作?

答:（1）正运转的设备。

（2）电源未切断。

（3）没有卸掉压力的设备。

（4）没有办理安全检查登记的设备。

（5）内部介质和污物未清理干净的设备。

1043. 电气设备有哪四个状态?

答: 电气设备的四个状态是：运行状态、热备用状态、；冷备用状态、检修状态。

1044. 什么是直流电?什么是交流电?

答: 在通电导体中如果电流的大小和方向都不随着时间而改变，这样的电流称为直流电；如果电流的大小和方向都随时间周期性变化，这样的电流称为交流电。

1045. 电气设备操作的“五防”是什么?

答:（1）防止误拉、合断路器。

（2）防止带负荷拉、合隔离开关。

（3）防止带电挂接地线或合接地开关。

（4）防止带电接地线或接地刀合开关。

（5）防止误入带电间隔。

1046. 为什么电力系统要规定标准电压等级？

答：从技术和经济角度考虑，对应一定的输送功率和输送距离有一个最合理的线路电压。但是，为保证制造电力设备的系列性，又不能任意确定线路电压，所以电力系统要规定标准电压。

1047. 什么叫电气二次设备？

答：电气二次设备是与一次设备有关的保护、测量、信号、控制和操作回路中所使用的设备。

1048. 电气二次设备包括哪些设备？

答：主要包括：

（1）仪表。

（2）控制和信号元件。

（3）继电保护装置。

（4）操作、信号电源回路。

（5）控制电缆及连接导线。

（6）发出音响的信号元件。

（7）接线端子板及熔断器等。

1049. 什么是安全电流？

答：安全电流是指对人体不发生生命危险的电流（交流电50mA以下，直流电10mA以下）。